国外城市规划与设计理论译丛

社会城市

——埃比尼泽·霍华德的遗产

［英］ 彼得·霍尔
科林·沃德 著

黄 怡 译
吴志强 校

中国建筑工业出版社

著作权合同登记图字：01－2007－3397 号

图书在版编目（CIP）数据

社会城市——埃比尼泽·霍华德的遗产/（英）霍尔，（英）
沃德著；黄怡译．—北京：中国建筑工业出版社，2009
（国外城市规划与设计理论译丛）
ISBN 978－7－112－10795－7

Ⅰ. 社…　Ⅱ.①霍…②沃…③黄…　Ⅲ. 居住区－城市规划－
研究　Ⅳ. TU984. 12

中国版本图书馆 CIP 数据核字（2009）第 031413 号

Sociable Cities：The Legacy of Ebenezer Howard/Peter Hall and Colin Ward，－0471985058
Copyright © 1998 by Peter Hall and Colin Ward
　Published 1998 by John Wiley & Sons，Ltd.
Chinese Translation Copyright © 2009 China Architecture & Building Press
All rights reserved．This translation published under license.

本书经英国 John Wiley & Sons，Ltd. 出版公司正式授权翻译、出版

责任编辑：徐　纺　董苏华
责任设计：郑秋菊
责任校对：李志立　王雪竹

国外城市规划与设计理论译丛

社会城市
——埃比尼泽·霍华德的遗产
[意]　彼得·霍尔　著
　　　科林·沃德
黄　怡　译
吴志强　校

*
中国建筑工业出版社出版、发行（北京海淀三里河路9号）
各地新华书店、建筑书店经销
北京嘉泰利德公司制版
北京中科印刷有限公司印刷
*
开本：787×1092毫米　1/16　印张：14¼　字数：342千字
2009年7月第一版　2018年1月第二次印刷
定价：60.00元
ISBN 978-7-112-10795-7
　　　　（30179）

目　录

第一部分　第一个世纪 ⋯⋯⋯⋯⋯⋯⋯⋯⋯⋯⋯⋯ 1

第二部分　即将来临的世纪 ⋯⋯⋯⋯⋯⋯⋯⋯⋯ 89

图表一览

中文版序

能为《社会城市》中文版作序，是一种殊荣，也是一份特别的荣耀。与我合著本书的科林·沃德与我一起共享这份喜悦。我们写作出版此书，以其纪念一项特别盛事：1898 年埃本尼泽·霍华德的影响广泛的著作《明日！一条通往真正改革的和平之路》出版一百周年，此书后来以更为人知的书名《明日的田园城市》再版。然而在书名的更改中丢失了一些重要的涵义。因为，正如我们在书中阐释的，霍华德以英国史无前例的快速的城市增长和变化为背景，尤其以他生活和工作的城市——伦敦为背景而著述。

伦敦历经一个世纪，从一座 110 万人口的城市增长为一座 650 万人口的城市，成为世界上最大的城市。这种增长未能充分地得到控制和规划，造成了公共卫生、空气和水源污染、住房破旧、失业和贫困等问题的爆发。最重要的是，大批穷人被困在靠近城市中心的贫民窟中，因为他们不得不在他们赖以生存的临时工作岗位附近居住，由于缺乏合适的大运量交通，他们无法在距伦敦较远距离的好些的住宅中过上更健康的生活。结果，在 19 世纪的 80 年代和 90 年代，伦敦被社会抗议和社会混乱恐惧所摧毁。

在此背景之下，霍华德提出了一个独特的处方。如他在著名的"三磁体"图式中所概括的，其"通往真正改革的和平之路"是，打算通过创造一个新的生活和工作方式获得：田园城市，坐落于开放的乡村之中，结合了城镇生活和乡村生活的所有最好特点，而没有随之而来的不利。这里，人们会居住在小家庭中，有他们自己的庭园，毗邻他们可以寻到工作的工厂，同时也容易到达田野和农场。但是这些绝不是孤立的市镇：霍华德称为市际铁路的一个轻轨网络，会将一系列这些田园城市整体连接成为一个巨大的多中心的巨型城市地区，他称之为"社会城市"。"社会城市"可以提供同样广泛的机会——在就业、教育、休闲和文化上——与巨型城市一样，但是完全以一个开放的乡村为背景。

网络化成"社会城市"的"田园城市"，因而将不但代表了一个理想的定居形式，而且代表了一种新的生活方式的基础，这种新的生活方式以三磁体图式底部的孪生目标为基础：自由与合作。每座田园城市的人们将自由地过他们自己的生活，并且将按照和平的社会合作方式自愿地走到一起，产生他们自己的卫生和福利方案，来提供给穷苦的人们和老人们。而且，上升的土地价值，由社会城市的成长创造而得，可以提供资源来支持这些行动。

这就是梦想，并且——正如我们在书中所指出的——在伦敦北面 60 公里处的莱奇沃思的第一座田园城市中，它很快惊人地转化为行动。20 年后，离伦敦更近的另一座田园城市韦林，以及后来的哈特菲尔德和斯蒂夫尼奇两座规划的新城，和莱奇沃思一起构成了霍华德的"社会城市"在今日的一个标志性范例。

但是这段历史有一个悲剧性的因素，因为在建造莱奇沃思的过程中，霍华德的合作设想部分地被抛弃了。这个梦想不但始终依赖公民间的合作，而且始终依赖私人部门介入合作，他们的工厂可以提供工作。在莱奇沃思合作契约很快破裂了，因为实业家们不同意支付土地租金的上涨部分，而这些租金赢利是用以支撑地方福利政府发展所需的。接着几十年后，在 20 世纪 40 年代，当英国政府在全英国范围内在其"新城"纲领下执行该计划时，是通过集权化的政府协作来实现的，这与霍华德的设想大相径庭。

对我们来说，在英国这里有着深刻的教训，正如在我们书的后半部分试图论证的。但是毫无疑问，对中国来说有着更加重要的启发，这是一个目前正在比我们那时更加广大得多的规模上城镇化的国家，一个正在经历涉及千百万更多人口同样引发的压力类型的国家。在珠江三角洲和长江三角洲广袤的巨型城市地区，此刻正努力满足受全球经济下降趋势影响的千百万居民的需求，他们面临着抉择，是在城市中失业，抑或回到农村的贫困中去。霍华德的启示惊人地贴切得当：存在着另一种生活和工作的方式，基于通过以社会和谐原则为基础建设协作的田园城市，将人们从巨型城市移动到周围地区。

霍华德的见解当然早已为中国的学术和专业读者所熟悉。《明日的田园城市》于 1987 年被译成中文，并在 2000 年公开出版。在 1998 年，此书首版 100 周年之际，中国规划领域的主要学术期刊均发表文章庆祝这一事件。尽管如此，这本新译作仍将希望起到两个作用：其一，帮助阐释霍华德的思想对于他写作时所处时代的重要性；其二，将我们关于霍华德对可持续城市的规划重要性的思考带给中国读者。兼之，在全世界同时尽力应对全球气候变暖挑战的这样一个时期，随着中国通过一轮新的生态城市计划领头迎接这场挑战，田园城市提供了一个解决办法，甚至连霍华德也从未领会到：这可能是实现可持续的城市发展的道路，以资源使用减到最小程度和环境冲击减到最低程度为基础。本书中文版的编辑者们几乎选择了一个最合适的时机将霍华德的先见带给中国政府和人民。

彼得·霍尔

（Peter Hall）

伦敦，2009 年 3 月

CHINESE FOREWORD

It is a great honour, and a very special privilege, to be invited to write a foreword to this Chinese edition of *Sociable Cities*. Colin Ward, who co-authored the book with me, shares my pleasure. We wrote and published the book to celebrate a very special event: the centenary of the publication, in 1898, of Ebenezer Howard's hugely influential book *To-Morrow: A Peaceful Path to Real Reform*, later re-issued under its much better-known title *Garden Cities of To-Morrow*. Something important was however lost in that change of title. For, as we explain in the book, Howard wrote against a background of unprecedentedly rapid urban growth and change in England and above all in London, the city where he lived and worked.

London had grown in the course of a century from a city of 1.1 million people to one of 6.5 million, the largest in the world. That growth had been inadequately controlled and planned, resulting in acute problems of public health, polluted air and water, poor housing, unemployment and poverty. Above all, a mass of poor people were trapped in slums close to the city centre, because they had to live close to the casual work on which they depended to live, and there was no adequate mass transit that would allow them to live more healthy lives in better housing at greater distances. In consequence, London in the 1880s and 1890s was wracked by social protest and the fear of public disorder.

Against this background, Howard offered a unique prescription. His Peaceful Path to Real Reform, as he outlines it in the famous diagram of the Three Magnets, would be achieved by creating a new way of living and working: the Garden City, located in the middle of open countryside, combining all the best features of town life and country life without any of the attendant disadvantages. Here, people would live in small homes with their own gardens, close to the factories where they would find work but also within easy access of fields and farms. But these were to be no isolated places: a light rail network, which Howard calls the Inter-Municipal Railway, would connect a whole series of these garden cities into a huge polycentric mega-city region, which he calls Social City. Social City would offer the same wide range of opportunities—in employment, education, leisure and culture—as the mega-city, but all against a background of open countryside.

Garden Cities, networked into Social Cities, would therefore represent an ideal settlement form but also a basis for a new way of life, based on the twin objectives at the foot of the Three Magnets diagram: Freedom and Cooperation. The people of each Garden City would be free to live their own lives but would also voluntarily come together in peaceful social cooperation, generating their own health and welfare schemes to provide for the poor and old and needy. And rising land values, created by the growth of Social City, would provide the resources to support these actions.

That was the vision, and—as we show in the book—remarkably it was soon translated into action, in the first Garden City at Letchworth, 60 kilometres north of London. Joined twenty years later by a second Garden City at Welwyn, closer to London, and later by two planned new towns at Hatfield and Stevenage, today they constitute a remarkable example of Howard's Social City.

But there is an element of tragedy about the story, because in the process of building Letchworth Howard's cooperative vision was partially abandoned. That vision always depended on cooperation not only among the citizens, but also in the involvement of the private sector, whose factories would provide the work. At Letchworth that compact soon broke down, because the industrialists would not agree to pay the rises in land rent that were needed to support the growth of the local welfare state. And, decades later in the 1940s, when the British government implemented the programme on a national scale in its New Towns programme, it did so through centralised state corporations that were very different from Howard's vision.

There are profound lessons here for us in Britain, as we try to argue in the second half of our book. But surely there are even more important lessons for China, a nation which is now urbanising on a much vaster scale than we did then, and which is experiencing the same resulting kinds of strain involving many more millions of people. In the vast mega-city regions of the Pearl River and Yangtze River deltas, now struggling to meet the needs of tens of millions of citizens affected by the global economic downturn, who are faced with a choice between remaining in unemployment in the cities or returning to rural poverty, Howard's message is startlingly relevant: there is another way of living and working, based on decanting the people out of the mega-cities into the surrounding regions, through construction of cooperative garden cities based on the principle of social harmony.

Howard's vision is of course well known to Chinese academic and professional readers. *Garden Cities of To-Morrow* was translated into Chinese in 1987 and published in 2000. And in 1998, the centenary year of its first publication, the main Chinese academic journals in urban planning field published essays to celebrate the event. But this new translation will hopefully play two important roles: first to help explain the significance of Howard's vision for the times in which he wrote, and secondly to bring to Chinese audiences our thinking on Howard's significance for the planning of sustainable cities in the contemporary world. For, at a time when the entire world simultaneously grapples with the challenge of global warming, as China leads in meeting that challenge by a programme of new eco-cities, the garden city offers a solution that even Howard never grasped: that this may be the way of achieving sustainable urban development, based on minimising resource use and minimising environmental impact. The editors of this edition could hardly have chosen a more appropriate time to bring this argument to the government and people of China.

(PETER HALL)

London, March 2009

序　言

　　《社会城市——埃比尼泽·霍华德的遗产》一书的出版，是城乡规划协会（TCPA）成立一百周年的首个庆祝活动，协会的前身是霍华德和少数思想接近的热心人于1899年6月10日在伦敦成立的田园城市协会。《社会城市》在霍华德的《明日！一条通往真正改革的和平之路》（To-morrow! A Peaceful Path to Real Reform）出版之月的一百年后诞生，而后者开创了田园城市思想，是20世纪具有原创性的城乡规划经典读本，虽然对这一点不无争议。

　　协会原先的打算是为那本名著准备一个新的版本。但是本书的两位作者彼得·霍尔爵士（他是我们的主席）和科林·沃德（以前是我们的环境教育官员），均为社会和环境规划事务的著名作者和评论家，他们已经完成了一些更有意思的事情。

　　自然地，在一册纪念性的书中，他们评价了霍华德及其思想在当今世纪的成功与失败，但是接着采用了连霍华德肯定也会欣赏的一种方式，他们检验他的思考与现代环境的相关性。对于他们的结论："在1998年的英国，当世界已变得无可辨认时，他的要旨与我们仍有一个令人惊异的、几乎是超现实的相关性"，我们丝毫不感到惊讶。按照下个世纪可持续发展的原则来理解霍华德的工作，他们表明了多中心的社会城市如何可能被规划。

　　我们希望，他们将这些思想在英国中部和南部地区的应用，将在我们的委员会和公众中激发广泛的争论。我们决定卓有成效地贡献给一个新的一致主张，关于保护和发展如何在社会需求的全部范围内——亦即环境的、社会的和经济的范围内被协调。如霍华德时代一样，我们的关注依然保持在：通过有实效的、可实现的规划政策，寻求与环境质量相结合的社会的正义、繁荣和平等。

　　随着城乡规划协会迈入她的第二个百年，我们正自觉地追随着众多披荆斩棘、优秀卓越和关心社会的协会会员与支持者们的足迹，正如我们今日所做的，具有想象力和创造力地解决不断发展的城乡规划问题。我们的前辈已经为我们在其上建造奠定了永久的基础。

格雷姆·贝尔（Graeme Bell）

城乡规划协会会长

前　言

埃比尼泽·霍华德的《明日！一条通往真正改革的和平之路》于1898年10月出版。8个月后，于1899年6月，霍华德成立了田园城市协会来传播他书里的思想。按照它原先的版本，《明日！一条通往真正改革的和平之路》售出了几百册，但是——1902年以《明日的田园城市》（Garden Cities of To-Morrow）重新出版——它注定要成为在整个20世纪城市规划历史上最富影响和最重要的书籍。在此后的70年里，它在来奇沃思（Letchworth）和韦林（Welwyn）卓有成效地展示出先锋的田园城市，霍华德在其中发挥了他自身的作用，然后——在他1928年辞世后很久——在英国产生了大约30座新城，以及在全世界数不清的仿效。

田园城市协会首先变成田园城市和城镇规划协会，然后又变为城乡规划协会。在这本为纪念城乡规划协会成立一百周年而出版的书中，我们努力完成两件事：在第一部分，讲述霍华德运动的第一个百年中的故事；在第二部分，提出在即将到来的新世纪，他的思想如何仍然与文明并可持续的新社区的创造完全地相关联。

这个记录的某些部分已较早见诸于：城乡规划协会自己的杂志《城乡规划》上；1996年彼得·霍尔于剑桥大学土地经济学系所作的讲演，收录在《登曼（Denman）报告》[1]中，以及在城乡规划协会–约瑟夫·朗特里（TCPA-Joseph Rowntree）基金会关于住房用地的调查报告《人们——他们将去向何方？》[2]中。我们感激约瑟夫·朗特里基金会，也感激土地经济学系，因为他们帮助发展了这些想法。

在第1—3章中的历史纪事在很大程度上来源于两本权威著作：罗伯特·比弗斯（Robert Beevers）著的埃比尼泽·霍华德传记和丹尼斯·哈迪（Dennis Hardy）的城乡规划协会纪念史。[3]我们在脚注中多次标明了这些资料来源，但是在此我们仍然希望致以特别的谢意。

我们也要感谢玛格达·霍尔（Magda Hall）帮助引导我们注意到加利福尼亚农民市场运动的成功，这构成了最后一章结构中重要的支撑。

最后，感谢威立（Wiley）出版社的特里斯坦·帕尔默（Tristan Palmer）一直

---

1. 霍尔1996年.

2. 布雷赫尼（Breheny）和霍尔1996年 c.

3. 比弗斯1988年；哈迪1991年 a，1991年 b.

卓有成效地处理出版事宜，感谢彼得·兰姆（Peter Lamb）的地图和卡琳·方塞特（Karin Fancett）对最后打印稿的细致编辑。

彼得·霍尔（Peter Hall）

科林·沃德（Colin Ward）

伦敦和克西（Kersey）高地，1998年3月

第一部分

第一个世纪

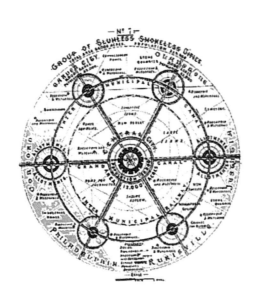

第 1 章
霍华德的起步

1898 年 10 月，当埃比尼泽·霍华德发表《明日！一条通往真正改革的和平之路》时，他只是一位默默无闻的 48 岁的速记员，家境贫困而又强撑门面，和烦扰的妻子及 4 个孩子住在伦敦北部的一所不大的宅子里。为了出版此书，他不得不从美国人乔治·迪克曼（George Dickman）那里接受了一笔 50 英镑的贷款，迪克曼是柯达照相公司在英国的总经理，一位精神至上主义的同辈信仰者。霍华德本来可能会自己买下大部分的书分发给朋友，但是未曾料到，书的销路足够地好，这鼓舞了出版商，斯旺·索南夏因（Swan Sonnenschein）以每本 1 先令的价格发行了便宜的平装本，1900 年过后不久，两个版本共售出 3000 多册。[1]

这是一个数量适中的开始。但是，10 年之内，1902 年以《明日的田园城市》再版，霍华德的书已经产生了一个在全世界引起回响的知识震动波：1903 年第一座田园城市在赫特福德郡（Hertfordshire）的莱奇沃思创建；德国的样本则早已在图板上成型，将很快被付诸实施；该书接连被译成各种语言。在该书首次出版后的半个世纪，也就是它的作者辞世后的 20 年，这本不大的书在他的祖国已酿成了一部《议会法》（Act of Parliament）和许多新城的指定。历史上极少有任何一本书曾带来如此卓绝的影响。

霍华德：其人

然而，在 1898 年，《明日！一条通往真正改革的和平之路》的出版是一桩不顺利的事。也许除了霍华德本人以外，极少有人相信这本书将属于那些稀有的著作之一，将独立地改变历史的进程。霍华德绝对缺少那种让他在一个世纪后将作为一个媒体人物被描述的个性；他本来就不完全是为了上镜头的机会而生。弗雷德里克·J·奥斯本（Frederic J. Osborn），他忠实的副手和追随者，这样谈及他：

---

1. 菲什曼（Fishman）1977 年，54，引自霍华德一部未完成的自传草稿；比弗斯 1988 年，43，57，104。

对于知道霍华德令人惊讶的成就的陌生人来说，他的个性是一个让人惊奇的持续的源泉。他是最谦虚、最不摆架子的人，不在意自己的个人外表，极少显露其内心的力量。中等个头，体格强壮，衣着平常，总是相当不修边幅。他是那种在人群中轻易地被人忽略的人。萧伯纳（Bernard Shaw）先生非常钦佩他的作为，当他说这个"令人惊异的人"看上去只是一个"上了年纪的无名之辈"、"证券交易所可能已经作为一个无足轻重、想法古怪的人将他开除"时，只是夸张了那个事实。[1]

塞西尔·哈姆斯沃思（Cecil Harmsworth）（《每日邮报》的艾尔弗雷德的兄弟），非常了解他，形容他为"我们善良的小个子朋友，在我们当中行为是如此谦逊"[2]。赫特福德郡当地的一位初级律师，霍华德为在莱奇沃思的第一座田园城市购置土地时遇见他，此人就极少友善，"一个无关紧要的小人物，对一双尖利的眼睛来说，他看起来可不值许多先令。"[3]

此外，还有更多的。他可以左右一个舞台，而且极有可能，他也许已经控制了一个电视台（图1）。

他最显著的外形特征是，明朗健康的气色，精致的鹰嘴一样弯曲的侧面轮廓和一副真正优美而有力的嗓音，因而，在他年轻的时候，作为一名业余的莎士比亚演员深受欢迎也就不足为奇了。[4]

图1 埃比尼泽·霍华德。这张显示出他热情和决心的照片，一定是拍摄于大概在他大胆地单方面出价购买位于韦林的土地之时，当时他的朋友们不得不来担保他（第3章）。图片来源：城乡规划协会

坦普尔市（City Temple）的帕克（Parker）博士告诉他，他可能成为一名成功的传教士。尽管他在公共舞台上处于优势，在个人生活和事业上他却被忽视了，这部分地因为他太实心实意了，几乎不关注管理的细节；这是他精力集中的

---

1. 奥斯本 1946 年，22—23.
2. 托马斯（Thomas）1983 年，1.
3. 引自比弗斯 1988 年，86.
4. 奥斯本 1946 年，23.

结果。但是每个人都喜欢他，尤其是孩子们。[1]

直到 19 世纪 90 年代，他的生活一直处于一种艰苦枯燥的工作和个人的失败之中。1850 年 1 月 29 日，霍华德出生于伦敦一户中－中阶层的商人家庭（图 2），在英格兰南部的小镇上度过了他的童年：萨德伯里（Sudbury）、伊普斯威奇（Ip-swich）和切森特（Cheshunt）——这个事实有助于解释他对乡村的倾心爱恋。15岁时，他离开了学校，成了城里的一名职员。但是在 21 岁时，他移民去了美国，成了内布拉斯加州一名拓荒的农民。这次经历是场灾难。一年之后，他在芝加哥找到一份速记员的差事，在工作中形成了他将终身遵循的一些原则。

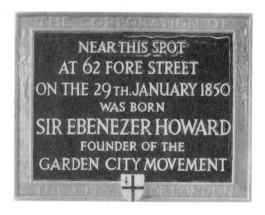

图 2　埃比尼泽·霍华德出生地纪念标记牌。诞生地位于伦敦城堡；但是对他形成影响的是芝加哥和美国牧场。图片来源：彼得·霍尔摄
（纪念牌中文字大意为：田园城市运动的奠基者埃比尼泽·霍华德爵士于 1850 年 1 月 29 日诞生于靠近福尔街 62 号的这个地点。——译者注）

从 1872—1876 年，他在芝加哥度过 4 年，那些年一定是一种循规蹈矩的日子。霍华德总是否认他在这座多风的城市找到了灵感，但是后来描写他生活的传记作者们都认为，霍华德一定是在这儿，在密歇根大街他的住处，获得了田园城市思想的萌芽；在 1871 年的大火之前，芝加哥本身以"田园城市"为世人所知，尽管在重建工作中很快丧失其特征。霍华德一定熟悉在德斯普兰斯（Des Plaines）河滨的新田园郊区，它距离城市 9 英里（14 公里）之遥，由伟大的景观建筑师弗雷德里克·劳·奥姆斯特德（Frederick Law Olmsted）设计。[2]

此后，霍华德在 1876 年回到伦敦。他在格尼斯（Gurneys）公司谋到了一个职位，官方的议会记录员，并且在一家私人公司一次不成功的尝试之后，他留在了格尼斯以及其他公司，在他生命的其余日子里，从事同样的工作。"他的生活

---

1. 奥斯本 1946 年，23.
2. 比弗斯 1988 年，7；奥斯本 1950，226—227；斯特恩（Stern）1986 年，133—134.

总是处于一种工作辛劳、收入微薄的状态"[1]。但是有一个优势，霍华德一定已经非常清楚地看到：他告诉自己，通过他的职业，他已经为事业做好准备，这将让他置于当时重要议题的争论之中。[2] 他还有一个爱好，如同许多爱好最后演变成一种迷恋：他认为自己是一位发明家，当沉迷于一个想法的时候，他会不顾朋友的所有忠告而固执己见。[3] 他认为田园城市是一项发明，正如他对可变间距的打字机所作的改良一样，而那从未带来任何结果。[4] 这是他个性的一个重要线索：奥斯本，一个如此了解霍华德的人，说："让我强调一下，霍华德不是一个政治理论家，不是一个梦想家，而是一个发明家"，一个有了想法然后能在图纸上将它表达出来的人。[5]

骚动中的城市：霍华德的理性培养

但是对于 30 岁的霍华德来说，伦敦远不仅仅是一个辛勤地速记和梦想一种新型打字机的地方。因为，随着 19 世纪 70 年代让位于 80 年代，这是一座在社会和智识方面都处于骚动之中的城市。

整个城市是激进运动和"事业"的温床。[6] 威廉·莫里斯（William Morris）与 H·M·海因德曼（H. M. Hyndman）决裂，为社会主义者同盟创立了《公共福利》周刊；无政府主义者在彼得·克鲁泡特金王子（Prince Peter Kropotkin, 1842—1921 年，俄国地理学家，无政府主义者。其父为世袭亲王，但他于 1871 年放弃了贵族继承权——译者注）的庇护下创立了《自由》杂志；另一杂志《今日》由亨利·钱皮恩（Henry Champion）和休伯特·布兰德（Hubert Bland）运作。[7] 这些团体中的每个人都想要一种新的社会秩序，但没有人十分明白，一个人到底应该做什么：

> 一个人应该像海因德曼一样沉迷在大街上，像莫里斯一样沉迷在树桩演说场，还是沉迷在无政府主义者公社、生产者合作社以及新生活团体的自我改善的理想主义之中？[8]

---

1. 奥斯本 1946 年，19.
2. 比弗斯 1988 年，7.
3. 奥斯本 1946 年，19.
4. 比弗斯 1988 年，12.
5. 奥斯本 1946 年，21.
6. 哈迪（Hardy）1991 年 a，30.
7. 麦肯齐和麦肯齐（MacKenzie and MacKenzie）1977 年，76—77.
8. 麦肯齐和麦肯齐 1977 年，77.

新生活团体，由巡回空想家托马斯·戴维森（Thomas Davidson）和爱德华·皮斯（Edward Pease）、珀西瓦尔·查布（Percival Chubb）于 1883 年创立，他们本质上是一群试图创立人间乐园来取代天堂的人。基本上，它在 1883 年 10 月 24 日召开的第一次会议，标志着费边社的开始。[1]

10 年后，在 1893 年，J·布鲁斯·华莱士（J. Bruce Wallace），后来的田园城市协会创始人之一，创立了他自己的兄弟会，它的分支对每种非正统的主张来说都成为一块磁石：

> 任何一种"奇想"都可以进来，并在开放的讲坛上宣讲他的观点，这个讲坛每个星期天下午提供。无神论者、唯心论者、个人主义者、共产主义者、无政府主义者、普通的政治家、素食者、反对活体解剖者、反对接种疫苗者，任何种类的"反对"都受到欢迎和有人倾听，当然也不得不在接下来的讨论中经受激烈的批评。[2]

临近 1879 年末，霍华德加入了一个名称为"探究社"的讨论社，这个团体主要吸引自由思想者，它的成员早已包括萧伯纳和西德尼·韦布（Sidney Webb），霍华德和他们很快就建立起友好关系。就如奥斯本证实的，在这些年里，霍华德博览群书；在他的书里，他引用了包括从威廉·布莱克（William Blake）到德比郡的健康医药官员的 30 多位作者的观点；尤其是，他阅读报纸报道、皇家陪审团的证据、《双周评论》上的重要文章、费边社的评论以及约翰·斯图尔特·米尔（J. S. Mill，1800—1873 年，英国逻辑学家、经济学家——译者注）和赫伯特·斯宾塞（Herbert Spencer，1820—1903 年，英国实证主义哲学家、社会学家、早期进化论者——译者注）的作品，最后提及的作品最早在芝加哥阅读，也许对他产生了最重要的影响。他也是不信奉国教者教堂的定期出席者，尽管到现在这个时候他已经失去了信念，他的很多阅读都来自一个共同的不信奉国教的传统。[3]"霍华德从中提炼出田园城市概念的思想储备的所有主要贡献者——不仅托马斯·斯彭斯（Thomas Spence），土地改革论者，而且理查德森（Richardson）、斯宾塞甚至是亨利·乔治（Henry George），都是通过在传统中培养的不信奉国教者，或者专心一意于其传统。"[4] 除了克鲁泡特金，看来欧洲大陆没有人物达到他的思想，甚至马克思也没有。[5]

---

1. 麦肯齐和麦肯齐 1977 年，15，22—24.
2. 哈代 1991 年 a，30，引自哈代 1979 年，177 中内利·肖（Nellie Shaw）.
3. 比弗斯 1988 年，13—14，19，23.
4. 比弗斯 1988 年，24.
5. 比弗斯 1988 年，24.

19 世纪 80 年代的伟大争论：土地问题

到 19 世纪 80 年代后期，霍华德开始集中关注土地问题。这一点毫不奇怪，因为土地是当时争论最为集中的两三个议题之一。基本的原因是英国农业陷入深重的结构性危机。一场农业的衰退，是贫瘠的收成以及伴随着在美国和澳大利西亚（Australasia，澳大利亚大陆、新西兰和新西兰附近各岛的总称，连南太平洋诸岛全部包括在内时，统称 Oceania——译者注）新的土地开放的激烈海外竞争的结果，在 1879—1900 年间导致了英国和威尔士谷类种植面积四分之一的削减。农场租金下滑多达 50 个百分点；马尔伯勒（Marlborough）公爵说，在 1885 年，如果当时有任何有效的需求，英国一半的土地第二天就会出现在市场上；甚至到了 1902 年，在赫特福德郡估计还有 20% 的农田闲置。[1]

此外，爱尔兰的"土地战争"还引发了巨大的后果，在 19 世纪 80 年代，它对不列颠政治的冲击仅次于《爱尔兰家庭法》（Irish Home Rule）；1881 年出版的亨利·乔治的《进步与贫穷》（Progress and Poverty）卖出了 10 万册；[2] 1883 年成立的英国土地储备联盟很快成为传播乔治思想的工具，通过"转移所有的税到土地价格上，不考虑土地的用途和开发，最后'收取所有土地租金用于公共目的'。"[3] 在 19 世纪 80 年代后期到 90 年代初期，单一土地税思想获得了信任，在 1888 年得到了一家新发行但非常成功的伦敦晚报《星报》的支持；1889 年初，第一届伦敦郡议会（London County Council）选举中，地价税获得了普遍的呼声，帮助确保了激进派候选人的当选，尽管出于议会的目的伦敦还是相当保守。[4] 土地税在工人阶级组织中得到有力的推行，正如西德尼和比阿特丽斯·韦布（Beatrice Webb）指出的，它"完全变革"了 19 世纪 90 年代中期城市工人的态度："取代了宪章派'回归土地'的呼声，……城市手工业工人开始思考城市地价的自然增值赋予他的权利，他现在所关注的，正在落入大土地主的保险箱中。"[5] 1894 年伦敦郡议会开始迫切要求土地价格分级，这个要求得到了其他许多地方当局的仿效，在 1906 年的一份请愿书上吸引了 518 个签名；1901 年一个负责地方税收的皇家委员会在这个问题上意见产生了分裂。[6]

---

1. 菲什曼 1977 年，62.
2. 道格拉斯（Douglas）1976 年，44—45.
3. 道格拉斯 1976 年，47，转引自 The Christian Socialist（《基督社会主义者》），1884 年 7 月，23。
4. 道格拉斯 1976 年，113.
5. 道格拉斯 1976 年，117，转引自 S. 韦伯和 B. 韦伯（1920），History of Trade Unionism（《贸易联合的历史》）：伦敦：朗曼，376.
6. 道格拉斯 1976 年，118—119.

一些起步于乔治传统的人滑向了社会主义。土地国有化协会（Land National-isation Society）于 1881 年成立，多年中发行了许多小册子，尽管这个期间覆盖了一个极大的时期范围，从强制性购买，到社区所有土地的渐进式国有化，一个随着时间推移而获得的观点。它的原动力灵魂是艾尔弗雷德·拉塞尔·华莱士（Al-fred Russel Wallace），一位杰出的科学家，1879—1880 年爱尔兰的土地大争论加强了他对土地改革的兴趣。他和他的同仁相信，乡村土地的充足供应自然会引起人们集中回归于土地。他熟识霍华德，而土地国有化协会在支持 1899 年田园城市协会（Garden City Association）的发起上发挥了作用，提供了最初的核心成员，以及 1900 年的国家住房改革委员会（National Housing Reform Council）。[1]

整个 19 世纪 80 年代，土地问题激起了巨大的关注。约瑟夫·张伯伦（Joseph Chamberlain）是提议土地改革的第一位重要人物，在 1883—1885 年的《双周评论》的文章中，后来作为《激进计划》再发表，尽管他的思想尚不清晰，集中于"三英亩地与一头母牛"[2]的一个见解。这个观点在凯尔特边缘的传播最为密集，在那儿它席卷了爱尔兰和苏格兰；但是在英格兰只听到微弱的回音，因为在这儿，农场工人们似乎更愿意用他们的脚投票，他们移居到城镇或者聚居地中。然而，张伯伦提出了一个极其灵验的观点：在英格兰他们将拥挤在城市贫民窟中。

特别是存在着一个人口的漂移，从英国农业的心脏地带东英格兰和邻近伦敦的中部英格兰各郡，流入飞速增长的首都，并且伴随住宅向办公与铁路建筑的转变，留下许多人被困在城市中心的贫民窟里。[3]难怪自由主义者将在 1885 年选举中获得的成功，部分地归因于张伯伦的"三英亩地与一头母牛"对新获得解放的农村劳动力的吸引力；然而，用亨利·拉布歇雷（Henry Labouchère，1831—1912年，英国政治家，时事评论员——译者注）的话来说，自由主义者缺少"一头城市的母牛"[4]。因为他们缺少对于在 19 世纪 80 年代的伦敦主宰了争论的同类问题的答案，这些问题涉及在首都的住房与生活条件。[5]

现在，人们已很难理解，土地议题在 19 世纪的最后 20 年里掀起的强烈情感。本质上，它代表了在旧的土地阶级之间一场权力的争斗，在其中，权力在工业时代初期仍然属于旧的土地阶级，还代表了想要摧毁土地阶层的社会影响的新生利益。[6]最通常的赔偿被发现是基于误解，并由对农村状况知之甚少的城里人提出，但这不是重点："正如一个宗教教条的真实性与讨伐的上升不相干，只要信条的力量持续

---

1. 奥伦（Aalen）1992 年，45—47；道格拉斯 1976 年，45—46；哈代 1991 年 a，30.

2. 道格拉斯 1976 年，48—49.

3. 比弗斯 1988 年，9—10；道格拉斯 1976 年，72，105—106.

4. 道格拉斯 1976 年，53.

5. 奥斯本 1950 年，228—229.

6. 汤普森（Thompson）1965 年，23—24.

激励着信徒，关于土地的激进教条与反对土地统治的斗争也是不相干的。"[1]

　　霍华德完全沉迷在这场争论之中，在他的阅读中，他尝试发展他自己对于这个问题的解决办法。从赫伯特·斯宾塞那儿，他推导出了所有人都同等地被赋予土地使用权利的"大原则"。[2]但是他不知道如何实现它。他在由一位内向而古怪的激进分子托马斯·斯彭斯所写的一本小册子里找到了他的答案。这本小册子题目为《人的权利》，于1775年11月在一次讲演中问世，在纽卡斯尔的哲学学会上宣读过，在1882年由社会民主基金会的创始人 H·M·海因德曼重印，并加入了他自己的注释与评论《1775年和1882年的土地国有化》；霍华德一定在这时候发现了这本书。斯彭斯声称，"第一代地主侵占者和霸主就是这样"，正如所有他们的后继者。为了改变这种情况，每个教区应当转变成一个自治体，集体地保护他们失去的权利；租金应当从今以后支付给他们，以用作公共目的，像建造和维修房屋、公路等。进一步，这些租金将很快产生剩余，用于分配给不幸的人们，以及用作像学校和公共图书馆等社会改善的经费，正如霍华德计划中的那样。在斯彭斯的"斯宾索尼亚"（Spensonia，斯彭斯在1795年和1798年提出和描述的一个理想主义者的共和国——译者注）中，公社将由共同持有人中产生和由共同持有人推选的理事会来管理；这与田园城市一样。[3]

　　但是仍然存在一个问题，对斯彭斯来说，他在什么地方都没有解释人们如何占用土地。在此，霍华德转向了像有计划地移民的殖民想法，他很可能于1880年左右首先在 J·S·米尔的《政治经济学原理》中接触这个思想。在这本著作中，米尔号召沿着爱德华·吉本·韦克菲尔德（Edward Gibbon Wakefield）40年前倡导的路线有计划地移民，带来一个经过规划的城镇和乡村的混合体。无论如何，对失业者来说，"家庭殖民"的思想在19世纪80年代早期是普遍流行的，由于在其前马克思主义时期的社会民主基金会以及由于基尔·哈迪（Keir Hardie）的游说。一个领头的首创者是托马斯·戴维森，他是一位内向的苏格兰裔美国哲学家，也是费边社发起的"新生活团体"的奠基人之一。但是霍华德很快看出了问题，失业的城镇工人不会轻易地转向农业；他们将需要制造产业。[4]

拓殖土地

　　他从经济学家艾尔弗雷德·马歇尔（Alfred Marshall）那儿寻求到答案，马歇

---

1. 汤普森1965年，24.
2. 比弗斯1988年，20.
3. 比弗斯1988年，21—23.
4. 比弗斯1988年，25—26.

尔在 1884 年的《当代评论》中提示道，"存在着大量的伦敦人口阶层，他们向农村的搬迁最终将获得经济上的优势——那些搬迁的人口和那些留下来的人口将获益相似"。[1] 马歇尔这样论证，铁路、便宜的邮政、电报、报纸，是地理扩散的动因，对依附于劳动力的工业来说尤其如此。而这个劳动力正在外移：仍然居住在伦敦的所有居民人数的五分之一人口已经离开首都。[2]

在这里，马歇尔所讨论的是行动的关键：

> 通常的计划将是，对委员会来说，无论是否为了这个目的而特意形成，让委员们自己对在远离伦敦烟雾的一些地方建成殖民地感兴趣。在看了一些低工资劳动力的雇主在那儿建造或购买的合适小屋的方式之后，委员们将进入与雇主们的接触。[3]

"渐渐地，"马歇尔写道，"一个繁荣的工业区将成长起来；然后，仅仅是自私自利就将诱使雇主们带来他们主要的工厂车间，甚至在殖民地内开办新的工厂。"[4]

决定性的解决线索：贝拉米和克鲁泡特金

到 19 世纪 80 年代末期，霍华德具备了所有他需要的想法，但是他仍然无法把它们串到一起。关键在于爱德华·贝拉米（Edward Bellamy）的《回顾》（Looking Backward），霍华德在 1888 年初就读到了，也就是这本书在美国出版后不久。他本人证实了此书对他的影响。[5]

1850 年，贝拉米出生于马萨诸塞州的一座小工业城市奇科皮福尔斯（Chicopee Falls），他与霍华德同年出生；1898 年在他 48 岁时辞世，而那一年霍华德的书恰好问世。今天，贝拉米的书在规划专业的学生中鲜有人问津。然而，在他那个时代，却销售了成千上万册，并且对社会思想产生了深远的影响，一直延续了 40 多年，直至 1933 年罗斯福实行的新政时期。书中的主要人物朱利安·韦斯特（Julian West）服了一剂安眠药，并在 2000 年的波士顿醒来；在城市中，和谐工作的国家产业队伍，已经利用美国的资源达到一个效益的巅峰，消除了贫困、犯

1. 马歇尔 1884 年，224.
2. 马歇尔 1884 年，223—225，228.
3. 马歇尔 1884 年，229.
4. 马歇尔 1884 年，230.
5. 比弗斯 1988 年，26—27.

罪、贪婪、腐败和情感满足的缺乏；但是它是一个组织化的社会，在其中每个人都认同国家的目标。[1]

因为在能源上的改变，2000 年的这个波士顿没有黑烟；就如同其他的 19 世纪乌托邦主义者，贝拉米认为技术是有益的。但是产业组织是非常福特主义的（Fordist，西方企业主要以福特公司为代表的福特主义生产方式，以市场为导向，以分工和专业化为基础，以较低产品价格作为竞争手段的刚性生产模式——译者注），伴随着巨大的联合工厂。工人的生活条件出乎意料地得到改善[2]。然而城市有着一种令人奇怪的 19 世纪的感觉，因为它是密集的和高度开发的：既不是"乡村中的城市"，也不是"城市中的乡村"。本质上，"它是一个类似于 19 世纪90 年代的生活环境，但是经过了'规则化'"。[3] 它是一派奥斯曼风格的景象，秩序井然，具有良好外观，笔直的林荫街道，绿荫满目的开放广场，并有着喷泉和雕塑的景观。而且，就像即将在美国爆发的城市美化运动一样，几乎没有提及穷人的住房问题。[4]

贝拉米的影响是巨大的，但是，是间接的，因为他发展了一个"社会主义公社"的思想，这个公社拥有所有的土地，既包括农村的，也包括城市的。[5] 这给了霍华德的计划一个关键的要素；1890 年，霍华德是劳动力国有化协会 20 名创办成员之一，这个协会为了在英格兰推行贝拉米的思想而成立。然而，协会仅仅维持了三年，并引起了像西德尼·韦布等人的藐视。[6]

但是，霍华德很快又陷入疑惑之中。尽管他可能被贝拉米的乌托邦所吸引，但是对于其集权化的社会管理以及所极力主张的个人相对于团体的从属性从根本上感到不自在，他视之为独裁主义。[7] 在接触了贝拉米的书后不久，霍华德一定又读到了彼得·克鲁泡特金——在布赖顿（Brighton）过着异常流亡生活的伟大的俄国无政府主义避难者——在 1888—1890 年间投给《19 世纪》的文章，这些文章在十年后又被收入《田野、工厂和车间》（Fields，Factories，and Workshops）一书。它们倡导以正在释放的电力潜能为基础的"工业村"的建设。[8] 后来，霍华德称克鲁泡特金为"曾经生来有财富有权势的最伟大的民主主义者"，并放弃了对贝拉米的迷恋。[9]

---

1. 马林（Mullin）和佩恩（Payne）1997 年，17—18.
2. 马林和佩恩 1997 年，19—20.
3. 马林和佩恩 1997 年，21.
4. 马林和佩恩 1997 年，21—25.
5. 奥斯本 1946 年，21.
6. 哈迪 1991 年 a，31.
7. 菲什曼 1977 年，36；迈耶森（Meyerson）1961 年，186.
8. 菲什曼 1977 年，36.
9. 菲什曼 1977 年，37，转引自霍华德一部未完成的自传的草稿.

规划过的城市的概念

我们知道，贝拉米和克鲁泡特金对霍华德是直接的影响，但是在循着这条路径的某处，霍华德也发现了困惑他的实际问题的其他答案，正如任何困惑的发明家遭遇的一样。早在半个世纪以前，在 19 世纪 30 年代，爱德华·吉本·韦克菲尔德就提出了针对穷人的有计划的殖民。他发起的这个计划在南部澳大利亚，在莱特上校（Colonel Light）为首府城市阿德莱德（Adelaide，1836年英国殖民者来此始建，1840 年成立澳大利亚第一个地方自治政府——译者注）制定的受欢迎的规划中，提供了一个思想，就是一旦一座城市达到了一定的规模，规划者就应该用一条绿带中止它的增长，再开始建设另一座城市：如霍华德所认可的，社会城市概念的起源（图 3 和图 4）。1849 年公布的詹姆斯·

图 3　威廉·莱特上校（Colonel William Light）。这位阿德莱德的测量师，以石雕像的形式获得了不朽的纪念，他注视着他的概念，它是霍华德社会城市思想的基础。图片来源：彼得·霍尔摄

斯尔克·白金汉（James Silk Buckingham）为一座样板城市所作的规划，给了霍华德运用在他的田园城市图式中的关键特征：有限的规模（在白金汉的案例中是 1 万人），中心的场所，放射状的大街，外围的工业，环绕的绿带，以及一旦第一座城市已经填满，就开始又一个定居点的概念。[1] 19 世纪 80 年代到 90 年代，在乡村发展起来的先驱的工业村——靠近利物浦的威廉·赫斯基思·利弗（William Hesketh Lever，英国肥皂大王——译者注）的"森莱特港"（Port Sunlight，又译阳光港。——译者注），伯明翰城外的乔治·卡德伯里（George Cadbury）的伯恩维尔（Bournville）——提供了物质的原型和一个实际的例证，即分散是真正可能的。更广泛地，霍华德一定对回归土地运动做出了反应，在这个运动中，至少产生了 28 个或多或少有点乌托邦的 19 世纪的公社，它们几乎全部在农村。[2] 构成这些的基础是在 19 世纪 70 年代和 80 年代莫里斯和拉斯金（Ruskin）领导的更广泛和更

1. 阿什沃思（Ashworth）1954 年，125；贝内沃洛（Benevolo）1967 年，133.
2. 达利（Darley）1975 年，第 10 章；哈迪 1979 年，215，238.

图 4　阿德莱德和北阿德莱德。空中俯瞰莱特的方案：主要城市（背景）和卫星城市（前景），每个都是有限的规模，被一条集中用于城市休闲活动的永久的绿带分隔。图片来源：彼得·霍尔摄

松散的社会运动，反对工业主义，提倡基于手工业制造和社区感的一种乡村生活的回归。[1]

就这样，所有这些进入了设计；如同任何一个善于创造的修补匠一样，霍华德摄取那些他所需要的，那些看起来奏效的。[2] 事实上，正如他承认的，在他的提议里没有什么真正的新东西：更早地，白金汉、克鲁泡特金、列杜 [Claude Nicolas Ledoux，1736—1806 年，法国新古典主义建筑最早的代表者之一，曾因其"绍村（Chaux）理想城"的规划一度被奉为空想社会主义者——译者注]、欧文（Robert Owen，1771—1858 年，英国的社会改革者、企业家、慈善家，社会主义和合作运动的创始人之一——译者注）和彭伯顿（Pemberton）都建议过用农业绿带环绕的有人口限制的城镇；此外，圣西门（Henri de Saint-Simon，1760—1825 年，法国空想社会主义思想家——译者注）、傅立叶（Francois Marie Charles Fourier，1772—1837 年，法国空想社会主义者和哲学家——译者注）都将城市视作在一个区域综合体中的要素。[3]

大约在这个时候——至少从 1892 年起有确切的记录——霍华德开始和更多进步的伦敦宗派谈论他的思想。1893 年初，他将其思想置于更广泛的听众中，结果产生了成立一个"合作土地社"的决议。他的委员会最突出的代表是"土地国有化协会"，他广泛认可他们的宗旨。尽管后来他不再支持，在这个时候，他赞成企业的自治，实际上产生了一个垄断的雇主。他依赖于求助富人以借钱的想法，尽管后来出现了利息将被限制在 4% 的情况。[4] 到此时为止，他的"发明"在所有细节上都臻于完善。[5]

一个独特的提议的结合

那么，要素毫无原创；霍华德也从未宣称它们是原创的。在著名的第 11 章标

1. 霍尔 1988 年，91.
2. 奥斯本 1950 年，230.
3. 巴彻勒（Batchelor）1969 年，198.
4. 比弗斯 1988 年，34.
5. 比弗斯 1988 年，34—39.

题中，他所宣称的是，他的见解是"一个独特的提议的结合"，将提议置于一起，包括从韦克菲尔德和马歇尔那里获得的有组织的移民，从斯彭斯和斯宾塞那里导出的土地所有权体系，以及白金汉的模范城市形式，以及由莱特演绎的韦克菲尔德的模范城市形式。[1] 通过把这些汇聚于他的"发明"，霍华德相信，他已经解决困扰了土地改革者 20 年以及更长时间的难题：如何达到一个理想的社会，它可以为自身目的动用通过它自身的存在与努力所创造的土地价值，这样，一步一步地，通过缓慢的程度，实现土地国有化，而决不会威胁或破坏维多利亚时代资产阶级的和平的信任。事实上，奇怪的是，他们都将受邀成为它的主要代理人。霍华德计划的中心和令人吃惊的创意就在这里。计划成败的线索也在此中。

---

1. 霍华德 1898 年，103.

第 2 章
田园城市——理想与现实

　　霍华德的方案有两个中心特征：它的物质形态和建设方式。两方面都被理想化了，且两方面都证明，在现实中实现比在图纸上画画困难甚多。而且这些困难对于其后霍华德继续发起的运动的历史有着深远的影响，这个影响甚至持续到了今天。

物质形态：从田园城市到社会城市

　　霍华德用著名的三磁体图（图 5）开始他的论证。像所有其他图一样，有着精心手写的维多利亚时代风格的旧式字体——霍华德亲手绘制，在最初的版本中，它们被印成精致柔和的粉画颜色——因而它有着特别的古风魅力。但是，如果更近一点看，它却是后维多利亚时期英国城市和英国乡村的优点与缺点的一个漂亮的混合包装。

　　扼要地说，城市拥有经济和社会机会，但是也有着过度拥挤的住宅和骇人的物质环境。乡村提供了开阔的田野和新鲜的空气，但是只有太少的工作岗位和极少的社会生活；并且荒谬的是，普通工人的住房条件同城里工人的一样糟糕。除非在那个时代的背景中，这个反差才能被理解：农业萧条的 20 年，带来了从乡村往城市的大量移民潮，伴随着在伦敦和其他大城市中的经济变化——住房的大量拆除用于办公楼、铁路以及船坞的建造——这迫使新来的移民前所未有地、更加密集地拥挤在贫民窟出租房中。霍华德写道："这是人们将深深痛悔的，如果人们继续流入早已过度拥挤的城市，如此一来更进一步地损耗乡村地区。这一点几乎被所有派别的人普遍地赞同，不仅在英国，而且遍及整个欧洲、美国和我们的殖民地。"[1] 作为证明，他引用了曾担任过伦敦郡议会主席的索尔兹伯里勋爵（Lord Salisbury）、约翰·戈斯特（John Gorst）爵士和迪安·法勒（Dean Farrar），以及几份报纸的论述。[2] 然后，问题是逆转移民的潮流。

---

1. 霍华德 1898 年，2—3.
2. 霍华德 1898 年，3—4.

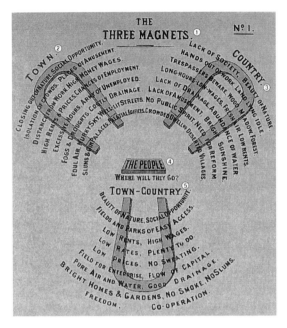

图 5　三磁体，1898 年。语言是陈旧的，风格是古老的，但是信息仍然惊人地得当；可与图 34 比较。
图片来源：霍华德，1898 年
①三磁体。②城镇——与自然隔绝，社会机会，人群的隔离，娱乐场所。远离工作岗位，高工资。高租金和价格，就业机会。过度的工作时间，失业大军。烟雾和干燥，昂贵的排水系统。污浊的空气，阴暗的天空，良好照明的街道。贫民窟和小酒馆，宏伟的建筑物。③乡村——社会生活缺乏，自然美景，失业的人手，土地生活空闲。提防侵入者，树林、草地、森林。长工时低工资，新鲜空气低租金。缺少排水设施，水源丰富。缺少娱乐，明亮的阳光。没有公共精神，需要改革。拥挤的居住者，荒弃的村庄。④人们，他们将去向哪里？⑤城镇—乡村体——自然美景，社会机会。容易到达的田野和公园。低租金，高工资。低税收，充足的活儿。低价格，没有剥削。用于兴办企业的田地，资本的流动。纯净的空气和水，好的排水设施。明亮的家和田园，没有烟尘，没有贫民窟。自由，合作

　　是的，问题的关键是如何让人们回复到土地——我们美丽的土地，它以天空为华盖，和风拂之，煦阳照之，雨露泽之——自然给予人类的这一神圣的爱的体现——真正是一把万能的钥匙，因为它是开启一扇大门的钥匙。通过它，即使大门几未开启之时，仍然可以看到它在不加节制、过度苦役、不停焦虑和极度贫困等问题上投下大片光明——政府干涉的真正范围，是的，甚至是人与上帝权力的关系。[1]

　　问题的解答恰恰是询问吸引人们到城市去的磁力的这个特质是什么，"每座城市都可被看成一个磁体，每个人都可被看成一根针；如此看来，立刻可以看

1. 霍华德 1898 年，5.

到，除了发现一种能够构建比我们的城市所拥有的力量更强大的磁体的方法之外，以一种自发的和健康的方式再分配人口才是有效的，此外别无他法。"[1] 而且这个磁体包含着机会："城镇是社会的象征——是共同的健康和友好合作的象征，是父道、母道、兄弟关系、姐妹关系的象征，是人与人之间广泛关系的象征——是宽广、延伸的同情心的象征——是科学、艺术、文化、宗教的象征。"[2] 乡村无法提供那些优势——但是它有一些其他的东西："乡村是上帝对人类爱和关怀的象征。我们的躯体形成于此；回归于此。"[3]

所以他反问自己问题：

> 有人也许倾向于问，"可能做些什么，来让乡村对于一个工作一天的人来说，比城镇更有吸引力——挣取工资，或者至少物质的舒适标准，在乡村比在城镇更高；确保在乡村中社会交际的相等机会，普通男女出头的前景等同于、不要说优越于那些在我们的大城市中享受到的？"[4]

线索就是，可能创造出还有一个第三种居住形式和生活方式，较前两种都优越。

> 事实上，不仅仅只有两个选择，如固定假设的——城镇生活和乡村生活——而是有第三个选择，在这个选择中，最积极和最有活力的城镇生活的所有好处，与乡村的所有美景与快乐，也许可以确保完美的结合；能够过上这种生活的确定性将成为一个磁体，它将产生我们都在努力追求的结果——人们从我们拥挤的城市到我们慈爱的大地母亲怀抱的自发的运动和马上到来的生命、快乐、财富及力量的源泉。[5]

这样，通过创造第三个磁体，修正这个圆形将是可能的：获得城镇的所有机会，乡村的所有品质，而没有任何程度的牺牲："城镇和乡村必须联姻，从这个快乐的结合中将孕育出一个新的希望，一个新的生活，一个新的文明。"[6] 他承诺：

> 然后，我将担保，表明在"城镇－乡村"中，比在任何拥挤的城市中，怎样可以享受不但同等甚至更好的社会交流的机会，与此同时，自然的美景

1. 霍华德 1898 年，6.
2. 霍华德 1898 年，9.
3. 霍华德 1898 年，9.
4. 霍华德 1898 年，6.
5. 霍华德 1898 年，7.
6. 霍华德 1898 年，10.

仍然可以围绕和拥抱每个身居其中的居民；更高的工资与减少的租金和费用如何不矛盾；如何可以确保所有人的充足的就业机会和光明的发展前景；资本可以如何被吸引，财富可以如何被创造；最令人惊叹的卫生条件如何得到保证；过量的雨水、农民的绝望，如何可被利用来产生电灯照明和驱动机器；空气可以如何避开烟雾保持清洁；美丽的家和田园如何可以在每一双手中出现；自由的限度可以如何被拓宽，还有协力合作的所有最好的结果可以如何被一个快乐的人类收获。[1]

霍华德认为，实现这些的途径是，在大城市范围之外，在乡村中部建造一个全新的城镇，在那儿，土地可以用压低的农业用地价格购买。这个"田园城市"将有一个固定的规模上限——霍华德建议 32000 人口，生活在 1000 英亩（405 公顷）的土地上，大约是历史上伦敦城市面积的 1.5 倍。它将被一条面积大得多的永久绿带所环绕，这条绿带由田园城市资方购买并拥有，作为捆绑购买的一部分——霍华德提议占地 5000 英亩（2023 公顷）——不仅仅包括农场，而且包括各种各样类似于城市的机构，像教养院和疗养院，它们可以得益于乡村的位置（图6）。

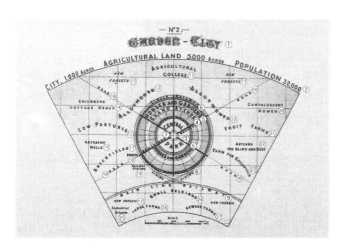

图6　田园城市。基本要点：一个混合用途、中等密度、固定规模的开发；工作岗位、学校、商店、公园、乡村都在步行距离之内。图片来源：霍华德，1898 年
①田园城市；②城市，1000 英亩，农业用地 5000 英亩，人口 32000 人；③中央公园；④大街；⑤住房和田园；⑥环形铁路；⑦林荫大道；⑧岔道；⑨主线铁路；⑩公路；⑪农业学院；⑫小自耕农地；⑬新森林；⑭儿童收容所；⑮畜牧场；⑯自流井；⑰砖厂；⑱桥梁；⑲火车站；⑳疗养之家；㉑果场；㉒盲聋院；㉓癫痫病人农场；㉔小块出租的副业生产地；㉕产业学校；㉖大型农场；㉗污水场

---

1. 霍华德 1898 年，10.

田园城市将是一座真正的小规模到中等规模的城镇，提供通常范围的城市就业和服务。在 1898 年，就业意味着工厂里的工作。霍华德煞费苦心地细细列举：服装、自行车、工程技术以及果酱加工等。它们就是逐渐为人所知的轻工业，就像霍华德自己强调的，因为这种被吸引到郊外来的工业将会是那些产业，在那儿劳动力的质量将是主要的关注。霍华德相信实业家们会乐意追随先驱们（像凯特伯瑞在伯恩维尔，以及利佛在森莱特港）早已建立的引导；他们将会看到在一个洁净的无烟雾的环境中工作的种种益处，在那儿，他们的工人会比在巨大的城市中更健康，距离工作地点更近。

他们的家会相互邻近，因为整个田园城市在平面形式上是圆的，从中心到边缘的半径只有 3/4 英里（1.2 公里）。城市将被 6 条宽阔的放射状的林荫大道贯穿，平分成 6 个相等的部分或片区。[30 年后，美国社会学家和规划师克拉伦斯·佩里（Clarence Perry）在"邻里单位"的标签下将重新创造这个概念，一个在第二次世界大战之后结合进英国规划实践的术语。]

在城镇的正中心，将会有一个占地 5 英亩（2 公顷）的公共花园，取代了通常的办公楼和商店的密集，它比特拉法加广场（Trafalgar square）更大，一圈令人印象深刻的公共建筑将环绕着它：市镇厅、音乐厅、讲演厅、博物馆、画廊、图书馆和剧院等。但是这些建筑同时也朝向外面，对着一个更大的中央公园，它的占地不少于 150 英亩（60 公顷），或者说，规模大致相当于海德公园和肯辛顿花园，为"足球、板球、羽毛球和其他户外运动提供了充分的场地"。[1] 这儿的灵感可能来源于像美国首都华盛顿这样的城市的中心，丹尼尔·伯纳姆（Daniel Burnham，1846—1912 年，美国建筑师和城市规划师，也是 1893 年芝加哥举办的哥伦比亚世界博览会工程的总规划师——译者注）只是打算恢复城市昔日的荣耀：国会、白宫和其他雄伟的公共建筑，以纪念性的开放空间为背景而设置。也或许，霍华德从离家更近的地方获得灵感，来自以圣詹姆士公园的绿色空间为背景设置的皇家骑兵队和白金汉宫。所有这些都有可能，因为霍华德不被传统上昂贵的城市土地价格所束缚；他可以自由地将一座公园放在城市中心，正如亨利八世在三个多世纪前是自由的，并且出于有些类似的原因。

但是，此外，霍华德加入了完全属于他自己的一个惊人的特征。他曾在提交给《当代评论》的一篇文章中描述过，虽然这篇文章被退稿，但是幸存于他的未出版的文章中：

> 环绕中央公园四周的是一圈宽阔的玻璃拱廊或者水晶宫殿。这座建筑是人们在雨天里钟爱的热闹场所之一；因为知道它明亮的遮蔽物近在咫尺，所

---

1. 转引自比弗斯 1988 年，50。

以即便在最不确定的天气里，人们也会被引诱到公园里去。这儿手工制品供陈列出售，这儿大多数要求协商和挑选工作的购物得以完成。不管如何，这个空间比这些目的所需要的空间大得多，而且其相当大的一部分用作一个冬季花园，并且整体形成了一个极富吸引力特征的永久的展览场所——最远的居民也在 600 码（548 米）之内。[1]

出于几个原因，它是惊人的。首先是精确度，由此霍华德保证，商业中心对每一位居民来说都是方便的步行距离之内。而其次是灵感：水晶宫显然在一定程度上是他必定在伦敦西区看到过的拱廊的模仿［以及也许在一些地方城市，诸如利兹（Leeds），在那儿，拱廊作为一个显著的特色直至今天］；在另外的层面上，水晶宫尤其来源于当时正在成为英国海滨胜地一个重要特征的冬季花园；在第三个层面上，与帕克斯顿（Paxton）的水晶宫有着直接的关联，霍华德一定在西顿汉姆（Sydenham）参观过，那儿靠近他的第一套婚房[2]，也可能与亚历山德拉宫有联系，靠近他后来的斯泰姆福特希尔（Stamford Hill）住处。不过最大的讽刺莫过于水晶宫现在看起来惊人地摩登，因为显而易见它是所有大型封闭的购物中心的直接先驱，这些购物商场产生于 20 世纪 50 年代的美国，如今装点着我们的城市中心和新的城镇边缘的中心。

在水晶宫的外侧开始布置居住区，形成一个大约 750 英尺（230 米）宽的外环。住宅将沿着林荫大道和中间的放射状轴线布置——每一对放射轴线之间布置两排——以及沿着连接放射线的五条四周围的大街。（霍华德的美国经历清楚地表现在街道与大街以及大街编号方式的区别上，两者都是典型的纽约特征；尽管这个规划又更令人想起华盛顿。）然而，它接着还有另外一个特征：第三大街，或者说主大街。

这条大街形成了一条 2.75 英里（约 4.426 公里）长的绿带，将中央公园外的城镇分成了两个宽度相等的地带，真正又构成了一个另外的公园，距离城镇中最远的居民也在 240 码（约 219 米）之内。这条大街有着惊人的宽度，达到 420 英尺（约 128 米），不包括与它相交的一些道路，占地相当于 118 英亩（约 47.75 公顷）。在这条壮丽的大街上，保留了一部分场地（占地约 10 公顷）用于建造学校和它们周围的操场，而另一些场地保留用于建造教堂。[3]

---

1. 转引自比弗斯 1988 年，52.
2. 比弗斯 1988 年，53.
3. 引自比弗斯 1988 年，52.

这个灵感也是来自美国：例如，华盛顿的林荫道，不过最相像的还是芝加哥的米德韦（Midway），一个相似宽度的带状区域，由丹尼尔·伯纳姆为 1893 年哥伦比亚世界博览会设计，现在它划分了芝加哥南侧的海德公园区域。[1]

霍华德对居住区域的设想看上去与几年后第一代田园城市莱奇沃思的实际建成情况有很大区别，我们将此归功于建筑师雷蒙德·昂温（Raymond Unwin）和巴里·帕克（Barry Parker）。因为不能只有单一的建筑风格；相反，它们将会是"独创性与个性能够启发的最多样的建筑和设计——对街道行列的一个总的遵守或者和谐的偏离，是管理部门实行控制的要点"。[2]此外，这儿的意象属于一个胜过当时维多利亚式的郊区，无论是在英国或是在美国；芝加哥的海德公园又一次跳进人们的脑海。

但是有一个重要的区别：密度。正如 1946 年刘易斯·芒福德（Lewis Mumford，1895—1990 年，美国技术和科学历史学家，对城市和城市建筑的研究尤其著名，涉猎广泛，曾是有影响力的文学批评家——译者注）在为霍华德的书第二版再版时所作的有名的序言中首先指出的：霍华德关于密度的种种假设是"居于保守的一方；事实上，它们遵循着从中世纪传承下来的传统的尺度，人们可能要批判地加一句，过于遵循了"。[3]霍华德建议，平均的地块应该是 20 英尺 × 130 英尺（大约 6 米 × 40 米），最小的为 20 英尺 × 100 英尺（大约 6 米 × 30 米）。这种地块的大小和当时传统城市的完全一致：例如，20 英尺 × 100 英尺，是纽约市典型的地块大小。在 1898 年典型的是，一户家庭 5 口人，这就给出了每英亩大约90—95 人（222—235 人/公顷）的密度；伴随着 1946 年较小的家庭单元，密度就变成每英亩大约 70 人（173 人/公顷）[4]，在 20 世纪 90 年代，伴随着更小的单元，密度或许只有以前的一半了。值得注意的一点是，在 1943 年，当阿伯克龙比（Abercrombie）和福肖（Forshaw）开展他们的内伦敦重建规划时，他们提出每英亩 136 人（336 人/公顷）的密度——略超过霍华德的密度标准——需要 8层和 10 层的塔式街区；但是在霍华德的整座田园城市，他将规划建立在传统的带有花园的独户家庭住宅基础上。芒福德评论道："这个 20 英尺的屋前对于一个好的现代建筑行列来说远非狭窄，由于相当浅的房间，对太阳光线的穿透来说完全的开放。"[5]

最后，有工作岗位。为了让工作地点尽可能地接近工人的住所，霍华德在围绕城镇边缘的一个狭窄的工业带中提供了工作场所，一条环形铁路服务于它；他

1. 斯特恩 1986 年，309；吉鲁阿尔（Girouaud）1985 年，317.

2. 引自比弗斯 1988 年，52.

3. 芒福德（Mumford）1946 年，31—32.

4. 芒福德 1946 年，32.

5. 芒福德 1946 年，32.

写这些时是在这样一项法律被废除后的两年，这项法律规定，带着红旗的人必须行走在任何机动车辆前面，所以或许可以原谅他，未能预言卡车和货运火车对工业区位的影响。如果我们用一条与高速公路相连的环形公路替代，规划又一次看上去惊人的现代——尽管也许较少可持续性。

但可持续性，应用 20 世纪 90 年代一个使用过度的词汇，恰是田园城市所从事的一切。关于霍华德的规划，令人震惊的事实是，它如何忠实地遵循了一个世纪以后好的规划的戒律：这是一个步行尺度的定居地，在其中没有人需要小汽车出行；按照现代的标准，它的密度是高的，因而在土地上是经济的；还有，整个居住地无论内外，都充满了开放空间，因而维持了一个自然的居住环境。

这条原则没有比在霍华德对田园城市发展的处理中体现得更好了。随着越来越多的人从拥挤的大都市迁入田园城市，不久它就达到了 32000 人的规划极限；于是，另一座城市并始在不远的地方建造；然后，又一座，再后来，再一座。随着时间的延续，结果是，不是一座单一的田园城市，而是这种城市的一个完整的簇群，每座田园城市提供一系列的就业和服务，但是每座城市通过一个快速运输系统连接所有其他城市（或者，像霍华德雅趣地称谓的，一条市际铁路），这样创造了巨大城市里所有的经济的机会和社会的机遇。霍华德把这个多中心的景象称为社会城市（图 7）。他写道，它是：

> 　　一个仔细规划的城镇群，一座相对小数量人口的城镇里的每个居民，通过一个设计良好的铁路、水路和道路系统，都被供给方便、快捷和便宜地与一个大的聚集人口进行交流的乐趣，这样，一座大城市以合作生活的较高形式体现的种种优点，每个人都可以得到，而且注定成为世界上最美丽城市里的每位市民都可以居住在一个空气纯净的地区，并且几分钟就可步行到乡村。[1]

这张图附于霍华德 1898 年版本的书中，但此后可惜被删去，在这张图里，社会城市占地 66000 英亩（26700 公顷），略小于霍华德时代老的伦敦郡议会的辖区；总人口为 25 万人，相当于当时像赫尔（Hull）或诺丁汉（Nottingham）这样的英国主要地方城镇的人口规模。[2] 事实上，很明显，社会城市可以几乎无限制地增生，直到它成为覆盖大部分乡村的基本的定居形式。因为这幅图在所有后来的出版中被删减的版本所取代，大多数读者无法领会这个重要的事实，亦即社会城市，而非单个的孤立的田园城市，才是霍华德的三磁体物质的实现。

---

1. 霍华德 1898 年，131.
2. 霍华德 1898 年，131.

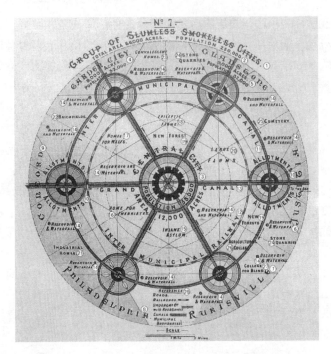

图7　社会城市。谜题的关键：田园城市簇群，按照 20 世纪 90 年代的标准，每个都是"可持续的"，相互之间通过一个快速交通系统联系；一个令人惊讶的现代概念。图片来源：霍华德，1898 年
①无贫民窟、无烟雾的城市群；②总面积 66000 英亩，人口 250000；③中心城市。人口 58000；面积 12000 英亩；④田园城市，9000 英亩，人口 32000；⑤格拉德斯通（Gladstone），9000 英亩，人口 32000；⑥贾斯蒂蒂亚（Justitia）；⑦鲁里斯维尔（Rurisville）；⑧费拉德尔菲亚；⑨康科德；⑩小自耕农地；⑪市际运河；⑫市际铁路；⑬大运河；⑭水库和瀑布；⑮疯人院；⑯酒鬼之家；⑰流浪者之家；⑱癫痫病人农场；⑲新森林；⑳大型农场；㉑产业之家；㉒砖厂；㉓康复之家；㉔采石场；㉕公墓；㉖农业学院；㉗盲人学院。㉘图例：公路；铁路；上面是公路的地下铁道；大运河；城市边界；比例；1 英里，2 英里

财政关键：开发价值的捕获

　　然后，那就是物质形态的表现。但是同等新颖的是霍华德提议的用来创造城市的财政模式。其关键在于，每座田园城市和它周边绿带的用地，6000 英亩（2400 公顷）的一块地区，将在开放的市场上以萧条的农业用地的价格购买：每英亩 40 英镑（100 英镑/公顷），或者说总计 24 万英镑，依靠抵押债券，这笔钱将被提高，需多支付 4%。[1] 这片土地将合法地归属于四位绅士，"他们有着可靠的职位、毋庸置疑的正直和声望，他们要对土地负责，首先，对债券持有人来说，

---

1. 霍华德 1898 年，12.

作为一个担保人；第二，对田园城市的人们负责"。[1]

霍华德认为，经过一段很短的时期之后，田园城市的发展将开始提升土地的价值和这样一来以后就可获利的租金。在当时，每英亩 4 英镑对于农业用地来说是一个非常高的租金，然而位于伦敦市中心的土地每英亩价值 3 万英镑。霍华德写道：

> 一个可观的人口数量的呈现，如此一来给土地带来了巨大的附加价值，显而易见，在任何相当规模上的、向任何特定地区的人口迁移，都当然将伴随着定居的土地的价值相应的增长。同样显而易见的是，只要具备一些远见和准备，这种价值增量可以变成移居者的财产。[2]

需要特别指出的是，整个的融资基础是，租金能够并且将被定期地向上调整，与土地价值的总体上升一致；这将允许那四位"可靠的绅士"不但能偿清抵押债务，而且日益增加地产生一笔用于社会目标的资金。霍华德这样解释他的方案的新奇之处：

> 在田园城市与其他城市之间的本质区别中，主要的之一，就是增加它的收益的方法。它全部的收益都来源于租金；而且这项工作的目的之一就是表明，从各种各样的地产承租人那儿非常合理地期望的租金，如果支付进田园城市的金库，将是十足充分的，（a）支付购买此不动产的资金的利息；（b）提供为了还清本金目的的一笔偿债基金；（c）建造和维护通常由市政和其他地方当局用强迫征收的地方税建造和维护的所有诸如此类的设施；（d）（在债券偿清后）提供用于其他目的的大量盈余，比如养老金或者意外事故及疾病的保险等。[3]

霍华德将应支付的"租金"分成三部分：一部分代表债券的利息，称之为"地主租金"；另一部分是购买资金的偿还款项，称之为"沉没资金"；第三部分投入了公共用途、"地方税"，整个被称为"税费租金"。[4]他在一张题为"地主租金的消失点"的图中表明，在前两部分租金逐步偿清后，整个的租金收益如何逐步增加地应用于地方福利政府的创造上，完全不需要地方和中央的税款，而直接对当地市民负责（图 8）。田园城市的管理机构将能够"自由地提供养老金给现在

---

1. 霍华德 1898 年，13.
2. 霍华德 1898 年，21.
3. 霍华德 1898 年，20—21.
4. 霍华德 1898 年，28.

正陷身于济贫院的老年贫困者；消除那些沉沦者胸中的绝望，并唤醒他们的希望；平息刺耳的愤怒之声，而唤起友爱亲切的温和音调"。[1]

图8　地主租金的消失点。被忽视的霍华德的图，表明了他计算中的关键之处：通过以压低的农业用地价格购买土地，社区能够创造出它自己的城市土地价值，并运用它们来给一个地方福利政府提供经费。图片来源：霍华德，1898 年

①地主租金的消失点；②相当于在目前条件下运行的田园城市人口数量的一个平均人口数（即 32000 人）的租金和地方税，大约是每年 144000 英镑，每人 4 英镑 10 先令（即 4.5 英镑。按英国原先的币制，1 英镑等于 20 先令，1 先令等于 12 便士。1971 年实行新的货币进位制，只采用英镑和便士，1 英镑等于 100 便士——译者注），并伴随着一个稳定的增长趋势；③可以得到的用于城市目的是 64000 英镑，地主租金是 80000 英镑；④通过移民到田园城市，租金和税金立即减少到每人 2 英镑，由于地主租金的逐渐衰减，从这个当中要求提供一笔沉没资金，假使这个如愿以偿，迄今为止投入于此目的的所有的基金可以被应用于市政，或提供养老金；⑤建成时：可以得到的用于城市目的是 44000 英镑，沉没资金 4400 英镑，地主租金 9600 英镑；⑥10 年后：可以得到的用于城市目的是 44000 英镑，沉没资金 6514 英镑，地主租金 7486 英镑；⑦20 年后：可以得到的用于城市目的是 44000 英镑，沉没资金 9625 英镑，地主租金 4375 英镑；⑧25 年后：可以得到的用于城市目的是 44000 英镑，沉没资金 117300 英镑，地主租金 2270 英镑；⑨第 30 年：可以得到的用于城市目的是 44000 英镑，沉没资金 13800 英镑，地主租金 200 英镑；⑩从那以后：可以得到的用于城市目的是 44000 英镑，养老金 14000 英镑

---

1. 霍华德 1898 年，141.

今天的读者可能会惊讶书中有那么多部分包含财政计算。很简单，原因在于霍华德要向精明实际的维多利亚商人表明这一切，他们必须得到保证，他们的钱在四位绅士的手里是安全的，无论这四位绅士可能是多么值得尊敬。这一点也不像它可能看上去的那么完全地理想主义。在维多利亚时代的英国低通货膨胀的气候下，像统一公债（consols，由英国政府 1751 年开始发行的长期债券——译者注）这样的股票可能每年只需支付 2%；而一些有社会良知的商人已经非常习惯于慈善观念而支付 5%，所以或许他们能被说服以接受稍少一些的比例。

因而，社会城市不仅仅只是一个可持续的物质形态；它还是一个辉煌的市场营销策略。正如霍华德所看到的，第一代田园城市在公共关系中将如同一次灿烂的演习，给予紧张的投资公众清晰的证明，那就是，整个思想是合理的，并正在获得发展的动量。社会城市将会加快被实现；成功越显赫，资金就越容易被抬高。

霍华德甚至认为，社会城市的建造将引起伦敦土地租金的下降，尽管人口外迁会导致固定的地方税负担的上升。伦敦的租金将下降，贫民窟地产的租金将会下跌到零，以至于可能被拆除，取而代之以公园、花园和自留地。霍华德拟定，伦敦郡议会地区应该容纳最多它当时人口的五分之一，或者大约 80 万人；[1] 1998 年，在失去了原先一半的人口后，伦敦的人口仍然超出霍华德曾设想数字的两倍。

霍华德尽力想把他的方案与"社会主义"区分开来，因为他觉得社会主义忽视了人的个性和自我追求的特性。[2] 针对海因德曼和其他社会学家，霍华德认为，"在力争拥有现在的财富形态时，他正千方百计地围攻错误的堡垒"。[3] 因为一次前进一步是可能的，而不是图谋获得所有现存的土地。[4] 霍华德方案的重要特点在于，它是自愿的："我的倡议不但吸引个人，而且吸引联合经营者、制造商、慈善团体，以及其他在组织方面有经验的人，和在他们控制下的组织，来到并置身于没有新的制约而是保证更广泛自由的环境之中"。[5] 对霍华德来说，田园城市远不仅仅是一座城市：它是一个第三种的社会经济制度，比维多利亚式的资本主义和官僚政治的中央集权的社会主义都要优越。

宗旨：无政府主义与合作

在三磁体图式底部的词语：自由－合作，因此不仅仅是修辞上的华丽辞藻。

---

1. 霍华德 1898 年，145—150.
2. 霍华德 1898 年，97—98.
3. 霍华德 1898 年，121.
4. 霍华德 1898 年，123.
5. 霍华德 1898 年，100.

因为每座田园城市都会变成在地方管理和自治政府方面的一次锻炼。由城市当局或者个体承包人提供服务，这被证实更有效率。其他的服务将来自市民，以一系列霍华德称为城市自治实验——或者说自助的方式进行。尤其是，人们将通过由建筑团体、友好团体、合作团体或贸易联盟提供的资金来建造他们自己的家。

这是一幅无政府主义者合作的图景，在没有大规模中央政府干涉的情况下实现。霍华德崇拜克鲁泡特金不是没有道理的。田园城市将通过个体的进取心来实现，在其中，个人主义与合作精神将愉快地被结合为一体。田园城市将雇佣"才干极高的各类工程师、建筑师、艺术家、医务人员、卫生专家、景观园艺师、农业专家、测量员、建筑工人、制造业者、商人、金融家、贸易联盟的组织者、友好和合作团体，和最简单形式的不熟练劳动力，以及介于上述两类人员之间的在所有那些形式的技能和才干方面较为逊色的各类人员"。[1]

但是这儿介入了第一个疑问。田园城市将存在一个包括"中央理事会"在内的"管理委员会"，作为唯一的土地所有者，社区的权利和权力将被授予在这个部门，同时它将接受在扣除地主租金和沉没资金后所有的捐费和租金；并且，公共控制（财政、评估、法律、审查）、工程建设以及社会功能和教育功能等特定的功能被委派给这个部门。[2]但是，显然十分独立地，将存在一个有限红利公司，关注投入资产的回收情况。霍华德似乎没有严重地认识到，这两个团体可能会陷入冲突。而这总是会太早出现。

从理想到行动：田园城市协会

人们尊敬地接受了霍华德的著作，但是它并未掀起巨澜。正如 F·J·奥斯本半个世纪后所评论的，"没有一本重要的书享受到的学术关注或者声誉比它更少了。直到前几年，除了艾尔弗雷德·马歇尔和查尔斯·吉德（Charles Gide），没有一流的经济学家严肃地考虑霍华德的主要思想，即城镇的规模是有意识控制的一个恰当的论题。"[3]

奥斯本认为，学术界的这个忽视，其实有着很好的理由：

> 霍华德不像是一个"科学的"作者；他的书里回避了技术术语，显示出他没有高深的学识，几乎没包含历史的或者人口统计的文件。它也没有变成一本对流行看法产生那种大量影响的畅销书，以至于社会事务专业的学生勉

1. 霍华德 1898 年，140.
2. 霍华德 1898 年，67，70.
3. 奥斯本 1946 年，9—10.

强地不得不尊敬。然而，令我感到惊讶的是，察觉到霍华德拥有非凡的直觉和判断力这个事实的训练有素的思想者如此之少；他发现并抓住了一个被忽视但却非常重要的问题；在他选择的领域内，他有一个机敏的本能，能从他那个时代的思想中那些稍纵即逝的想法里识别出永久重要的东西……他的设想事实上几乎完全正确，因为它们都基于对普通人的习惯和愿望的一个广泛的同情。[1]

但是，霍华德并没有就此踌躇不前。仅仅 8 个月之后——1899 年的 6 月 21 日，在伦敦法灵顿（Farringdon）大街的纪念厅里召开的一次会议上——霍华德领头，成立了一个田园城市协会（Garden City Association）。[2] 它的目标是：

> 发起对埃比尼泽·霍华德先生在他《明日！一条通往真正改革的和平之路》一书中所提出项目的讨论。
>
> 朝向田园城市在英国的形成迈出最初的一步，或者通过公共公司或者别的方法，在田园城市中，将会寻求最大限度地获得居民的舒适和方便，居民们自己也可以以一个合作的身份成为场地的所有者，易于获得对个体利益和相互利益以及公共利益的最全面的认识。[3]

霍华德注意让新的协会在政治上获得两党支持，并利用了制造业者、商人、金融家，以及合作经营者、艺术家和牧师的力量。到 1902 年，他的书发行第二版的时候，协会的成员数已经超过 1300 人，其中 101 人是副主席；有 2 名贵族，3 名主教，23 名议会成员，包括马歇尔在内的一些学者，6 位实业家，包括凯特伯瑞、利佛和朗特里（Rowntree）。拉尔夫·内维尔（Ralph Neville），一位著名的律师，不久后成了一名法官，他狂热地投入这项事业，并在 1901 年接受了田园城市协会理事会主席一职，为协会注入了一些坚定地实践的感觉；一名年轻的测量员托马斯·亚当斯（Thomas Adams）被任命为专职秘书，这助了内维尔一臂之力。但是，霍华德在取得另外一些人群的支持方面还不算成功：几乎没有商业的专门知识和工党运动的代表。[4]

其内部的一些头面人物和霍华德交往甚密的费边社公开地嘲笑他。主要原因是：他的书直截了当地与他们的基本策略相抵触，该策略由西德尼·韦布发展起来，通过现有城市中的市政所有权，或者说煤气和水的社会主义，来实现社会主

---

1. 奥斯本 1946 年，10.

2. 比弗斯 1988 年，72.

3. 哈迪（Hardy）1991 年 a，42.

4. 比弗斯 1988 年，72—73，79—80；麦克法甸（Macfadyen）1933 年，37.

义。爱德华·皮斯，他们的书记，这样揶揄田园城市："作者肯定阅读过许多作者的作品，他们有学问且有趣，他从他们的书中摘选的东西，就像他的乌托邦想法，是个裹在不好吃的生面团里的李子。"[1]霍华德很坚持，他甚至得到过邀请，去和费边社交谈，这个时候他给他们仔细地剪裁缝制了他的信息。一些主要的费边社成员，比如 H·G·韦尔斯（H. G. Wells，1866—1946 年，英国作家——译者注），加入了田园城市协会，但是整个社团继续冷落他。[2]

所有费边社成员中最著名的一个，萧伯纳（George Bernard Shaw，乔治·伯纳德·萧，1856—1950 年，英国剧作家、评论家、政治活动家——译者注），与这场运动有着一种"奇怪的矛盾情感的"关系，这种关系持续了 25 年，几乎直到他去世。[3]在一封信中，他描述了霍华德的演讲：

> 从星期六到昨天，我们马不停蹄地赶到欣德黑德（Hindhead）。星期一，田园城市的"加热器"埃比尼泽在欣德黑德会堂发表了演讲，并放映了幻灯片，运用了《马丁·丘述尔维特》（Martin Chuzzlewit，查尔斯·狄更斯同名长篇小说——译者注）中斯卡德（Scadder）先生的方式，展示了繁荣的定居景象。我不得不作了一个演讲，它产生了如此剧烈的影响，以致对于决议，听众拒绝举起哪怕一只手来，而尽管我热心的努力是想要帮他越过这个栅栏。最后，主席再一次提起决议，并投了值得感谢的一票，这时，形势正变得太过于尖锐，我夸示似地举起了我的"爪子"，其他人纷纷跟从，埃比尼泽得救了。我指出，制造业者已经做好了充分的准备进入乡村；但是他们去那里只是为了寻求廉价的劳动力。我提醒，建造一座城市的六个大制造业者可以给出优厚的工资，然而又以租金和店铺租金，或者以屠夫、面包师以及牛奶店的直接的利润形式，从工资中收回如此之多，以至于企业可能完全一样地支付给工人们。听到这个后，欣德黑德的工人阶级咧嘴大笑，他们断定我才是真正了解制造业本质的人，而那个"加热器"只不过是仁慈的泥巴捏成的一个弹簧。[4]

在此，萧伯纳证实了他高度的先见之明，这一点随着后来的事件很快地显现出来。

更加令人惊讶的是，霍华德在合作运动中同样地不成功。因为，就是从大约 1800 年起，商店开始不仅仅是货物批发的代理机构，也是在合作工厂生产的货品

---

1. 比弗斯 1988 年，71.
2. 比弗斯 1988 年，71.
3. 比弗斯 1988 年，69—70.
4. 比弗斯 1988 年，70.

销售的直销点。[1]先驱的罗奇代尔合作社（Rochdale Society）的最初章程，在1844年准备如下：

> 建立商店以出售供应品、服装等等。
>
> 营造、购买或建造许多住房，那些希望在改善他们的家庭和社会条件过程中互相帮助的人可以居住在其中。
>
> 开始制造诸如社会可能限制的商品；为了帮助那些可能没有就业的成员或者是为工资一再减少而愁苦的人们的就业。
>
> ……合作社将购买或者租借种植园或地产，将可以由那些失业或者劳动力可能被严重剥削的成员来耕种。
>
> 上述那些一旦可行，这个合作社就将继续安排生产、分配、教育和管理的职能；或者换句话说，建立一个利益统一的自立的聚居家园，或帮助其他社团建立这样的聚居地。[2]

没有比这更清楚的了。但是比阿特丽斯·韦布在她对合作的早期研究中表明，随着运动的发展，上述这些是通过消费者的合作体系，而不是生产者的合作体系实现的。[3]不管怎样，霍华德和他的支持者们都希望，合作运动将成为田园城市的主要营造者。在1900—1909年间的每次合作大会上，他们都强调，合作运动的商店、工厂和住宅应该集中在当时正在莱奇沃思建造的第一座田园城市。但是除却国家领导人中的有影响力的支持者外，个体分布的社团太关注它们的独立自主了。[4]

土地国有化协会从一开始起，就一直支持霍华德，为新协会提供了办公空间，还有协会的第一个书记，一个叫做斯蒂尔（F. W. Steere）的人，他是一名能出席高级法庭的律师；很多杰出的成员被吸引到霍华德的思想上来，因为这些思想看上去是不会引起恐慌因而可行的一种方法，可以确保逐步土地国有化。[5]

霍华德和他的支持者们义无反顾。1902年7月，田园城市先锋公司（Garden City Pioneer Company）以2万英镑的资金注册成立，目标在于考察潜在的地点。[6]主管们制定了严密遵循霍华德思想的原则：面积在4000英亩和6000英亩（1620公顷和2430公顷）之间的场地，具有良好的铁路联系、令人满意的供水和好的排水设施。令人中意的地点，斯塔福德（Stafford）东部的查尔德利卡斯尔（Child-

1. 贝利（Bailey）1955年，12.
2. 贝利1955年，19—20.
3. 韦伯1938年，431—432.
4. 菲什曼1977年，65.
5. 比弗斯1988年，71—72.
6. 麦克法甸1933年，37—39；辛普森（Simpson）1985年，14.

ley Castle），由于远离伦敦而被否决了。莱奇沃思，距离伦敦 35 英里（56 公里）之遥，处在农业严重萧条、土地价格低廉的地区，符合标准，因而——在和 15 位土地所有者进行了审慎而秘密的磋商后——以 155587 英镑的价格买下了这片 3818 英亩（1545 公顷）的土地。第一家田园城市公司于 1903 年 9 月 1 日注册成立，注册资本 30 万英镑，其中的 8 万英镑马上筹集到了，需支付 5% 的年息。[1]

当田园城市协会进入到实际建造一座新的田园城市的艰苦工作时，一个更强大的业务阵容注入到了运动之中。田园城市先锋公司由内维尔担任主席，成员包括爱德华·卡德伯里（Edward Cadbury）、伊德里斯（T. H. W. Idris）、霍华德·皮尔索尔（Howard Pearsall，土木工程师）、富兰克林·托马森（Franklin Thomasson，纺纱工）、托马斯·珀维斯·里茨玛（Thomas Purvis Ritzema，报业主）、安奈林·威廉斯（Aneurin Williams，钢铁厂厂主），再加上霍华德。通过艾尔弗雷德·哈姆斯沃思（Alfred Harmsworth），他们有着良好的媒体门路，哈姆斯沃思捐了 1000 英镑，并在《每日邮报》上提供了免费的广告空间。第一田园城市公司与田园城市先锋公司有着相同的委员会人员构成，另外还增加了两名成员，包括肥皂大王威廉姆·赫斯基思·利佛。雷蒙德·昂温和巴利·帕克受聘为建筑与规划师，并于 1905 年初着手工作。昂温（图 9）以尊重的态度对待霍华德的图式，为了适应一块被一条铁路线一分为二的场地，对图式作了修改，而且把自己对于中世纪小城镇的热烈信仰也带进了任务中。由于有非常成功的宣传，在 1905 年的夏天，大约 6 万人来看新城的进展情况。[2] 但是，就像丹尼斯·哈迪（Dennis Hardy）总结的：

> 建造新城所需要的这类资金让霍华德放弃了任何即刻首先从同道的激进分子内提供风险投资资金的希望，这些激进分子被一个"合作共和体"的前景所振奋，并且，越来越多地，进入爱德华时代风格的公司会议室的世界和绅士俱乐部镶着格子的娱乐室。[3]

图 9　雷蒙德·昂温。昂温和他的合作者巴利·帕克一道，以一种受拉什金、莫里斯和工艺美术运动影响的风格，完成了田园城市完美的物质形态的实现。图片来源：城乡规划协会

---

1. 屈尔潘（Culpin）1913 年，16；辛普森 1985 年，14—17.
2. 比弗斯 1988 年，86，98—100；哈迪 1991 年 a，47，52.
3. 哈迪 1991 年 a，47.

如同罗伯特·菲什曼（Robert Fishman）所评论的，田园城市变成了保留资本主义的一个手段，而非对资本主义的一个和平替代。[1]

现在出现了萧伯纳以他一向的才华已经如此迅速和如此清晰地把握住的问题。在 1901 年田园城市协会的伯恩维尔会议之后，萧伯纳给拉尔夫·内维尔写了一封长达 20 页的信；没有证据表明它寄出去了，但是看起来很可能如此。在信中，萧伯纳肯定了他对这个想法的支持，但是也质疑了资本家是否会一直同意一个限制他们自由的责任行为。他认为，他们会希望保持对企业的控制；他们希望占上风；他们可能提供好于普通标准的住宅，但他们不可以被控制；他们不会分配自己的利润，尽管他们可能会容忍在城市信托中一个最高 5% 的股息份额；他们会拒绝承担所有的义务，关于贸易联合、禁酒、合作、道德改造或者任何类似的事情。要走出这种进退两难局面的唯一方法可能就是，实行田园城市的国有化，像电报和公共道路一样。[2]

内维尔一定已经意识到，萧伯纳的意见完全否定了一个基本思想，那就是自由持有必须是不可剥夺的，并且必须永远保持，同时土地的自然增值必须保障给社区，并且也必须永远保持。[3] 但是萧伯纳很快就被证明是正确的。从一开始，莱奇沃思就长期地表现为投资不足：在正式开始的 1903 年 10 月 9 日，在计划的 30 万英镑中，只有 4 万英镑都是由理事捐纳的——只有购买土地所需资金的四分之一。大约 6 万英镑的份额在第一年出售给公众，但是却用了三年时间才达到 15 万英镑；与此同时，在那三年期间，公司被迫支付 60 多万英镑来提供城镇所需的道路、煤气厂、发电厂和其他设施；公司不情愿为此借钱，也不情愿因此负债。在很长一段时间内，建造房屋、商店、工厂或者公共建筑都是不可能的。股票持有者的红利直到 1913 年才兑现，而且到那时只有 1% 的红利；只有在 1923 年，20 年后，全部 5% 的红利才被公告可以获得；这有限的红利欠款的支付直到 1945 年才全部兑现。[4]

部分地作为一个结果，从莱奇沃思计划的一开始，"权力就被掌握在一小群理事的手里，他们将向股份持有人负责，来实现相当有限的一套目标"。[5] 霍华德被任命为带薪的常务董事，现在可以自由地全身心投入他的事业；53 岁时，他处在了他的权力巅峰。但是，显然他不能胜任他的新角色，在 1903 年 9 月 1 日，第一田园城市有限公司成立的时候，他与他的同僚董事之间出现了一个分歧。在关于如何筹集资金的问题上，他显示出现实主义的缺乏，他显然认为，定购者不会

1. 哈迪 1991 年 a，47.
2. 比弗斯 1988 年，73—76.
3. 比弗斯 1988 年，77.
4. 克里斯（Creese）1966 年，215—216；菲什曼 1977 年，71.
5. 比弗斯 1988 年，82.

关注红利水平，或者什么时候支付红利。直到1903年的年中，内维尔一直有涵养地责备他一些公开的观点，即人们应该出于慈善的动机进行投资。到11月，董事们已经小心翼翼地将他排除在任何管理职能之外；也许他早已意识到，他并不是适合这个工作的料。[1]

一个主要的区别在于自治，在这一点上，霍华德很快发现内维尔和他的同僚董事根本没有打算放弃潜在的股份持有人。事实是，在他的书中，他恰好没有处理受托人和公社之间的关系问题；在田园城市协会成立后不久，他已经逐渐意识到了这点，但是当第一田园城市公司创立的时候，在它的备忘录和逐步转移权力给公社的任何法律义务的协会文件中并没有提及。虽然霍华德坚持声称，这是委员会的最终意图，但是公司的律师建议抵触它，因而这个想法无声无息地中止了。[2]这样一来，"他对政策的影响力，在长期的牵扯与日常的应用中，不断地削弱了；作为一个直接的结果，霍华德田园城市概念的重要特征接二连三地遭到了抛弃。"[3]

到了1904年，公司不再具有吸引力，这成了不争的事实；除了场地，委员会既不能提供工厂，也不能提供住房。在头两年里，只有大约1000人进来。工业证明很难被吸引进来；当一流的出版商登特（J. M. Dent）的印刷和装订工厂被吸引进来时，这是一个重大的突破。[4]所以第一批居民是理想主义的、具有艺术家气质的中产阶级，他们给了莱奇沃思一个持久的疯狂名声，但后来是名不副实的：

> 这儿整个地是怪人们展示他们自己的一个聚居地，太靠近我们神圣的边界了。我们希望他们将他们疯狂的城市搬出，更靠近阿里斯利（Arlesley）。[5]

阿里斯利是当地的精神病医疗机构。这无疑有点夸张，但是人们有怀疑的理由。[6]

委员会开始犹豫；原本想提供自由持有场地的利佛放弃了。随之展开了一场较大的争论，针对协会目标的"第四点"，关于社区价值的增加；内维尔说，在这第一次的尝试中，它是不现实的，董事们也赞同，"增进率"是一个严重的障碍因素。结果达成一个妥协：承租人将被提供在两者之间的一个选择，即带有10年（不是5年）修改期的"霍华德租期"与一个正常的99年的固定租期；可以预言的是，大多数人会坚持第二项，这已变得具有典型性。[7]"仍然像

---

1. 比弗斯1988年，82，86—89。

2. 比弗斯1988年，90。

3. 比弗斯1988年，91。

4. 杰克森（Jackson, F.）1985年，71；辛普森1985年，20，35。

5. 麦克法甸1933年，47。

6. 玛什（Marsh）1982年，238—239。

7. 比弗斯1988年，82，86—89。

一个书记员一样谋生的霍华德，是无法和一个生产可可饮料的百万富翁或者是一个肥皂大王相提并论的"，他以良好的心态接受了失败，坚信他的体系将会在成熟的时候进入运作。[1] 但是具有讽刺意味的是，那些厉害的商人用他们的胜利保障了这个计划的失败："自然增值就在那儿，但是没有任何机制将它转化为现款。"[2]

在其他问题上，董事们证明是同样的保守。当 1905 年，他们将建议的城镇中心的局部——一个布克斯顿风格的新月状〔Buxton-style Crescent，德文郡第五代公爵为将布克斯顿变成"北方的巴斯"（英国西南部游览胜地，以温泉著称），建造了新月形有回廊的广场、会议厅、乔治式有花坛的庭园和景观步行道——译者注〕——改变为建设永久性的农舍式住宅展览场所的时候，雷蒙德·昂温再也与此无关，实际上他放弃莱奇沃思而去了汉普斯特德（Hampstead）田园郊区。事实上，尽管农舍式住宅展览表明，住房能够以 150 英镑的低廉价格建造，以每星期从 4 先令 6 便士（22 新便士）到 16 先令 6 便士（82 新便士）不等的租金出租，即使这样，对不熟练的工人来说还是太贵了，他们不得不在田园城市外寻找更差的住房。第一期住宅中有许多是由投机的承包商建造的，他们的设计引入了一些怪癖，而这是帕克和昂温早就想摒弃的。[3]

但是，昂温和帕克无法消除地留下了他们的标记——在某种程度上，从那以后，霍华德的田园城市是与他们赋予的物质形态表现联系在一起的（图 10 和图 11）。在多大程度上他们微妙地诋毁了霍华德本来的想法，这点没人清楚，或许将永远也弄不清楚。可能这个问题也无关紧要：景观大得足可以容纳许多不同的表现，正如在莱奇沃思和在韦林的第二座田园城市之间的差异立刻展示的一样。事实是，他们的哲学观是不同的：昂温和帕克缺少霍华德对工业化所抱有的信心，他们回到了工业化之前的世界，将传统的英国村庄理想化；他们得到了类似卡德伯里的自由主义者的回应，这些自由主义者追溯着一个想象中的家长式统治的秩序。[4] 刘易斯·芒福德很久以后评论道：

> 当昂温和帕克两位先生前来设计莱奇沃思本身时，他们可能整个向后倾斜，努力避免机械的陈规老套，以避免复制霍华德的图式化的城市。昂温对中世纪德国丘陵城镇不拘一格布置的钟爱，甚至在一定程度上，是和霍华德理性的纯净与前瞻性的提议格格不入的。[5]

---

1. 比弗斯 1988 年，82，96；菲什曼 1977 年，66.
2. 克里斯 1966 年，216.
3. 比弗斯 1988 年，113—114，131；菲什曼 1977 年，71—72.
4. 菲什曼 1977 年，70.
5. 芒福德 1946 年，32.

图 10 莱奇沃思。实现了的梦想，通过昂温－帕克的城市设计才华：新乡土住宅，老城镇详细研究的产物，获得了一个信手拈来毫不费力的自然外观和感觉。图片来源：城乡规划协会

图 11 莱奇沃思。商业，昂温－帕克合作的唯一的弱点：从莱奇沃思巨大的中心公园避开，它缺乏统一性，感觉几乎像一个计划外的添加物——也许它就是。图片来源：城乡规划协会

　　昂温和帕克希望在围着四方院子的建筑物中的合作生活，但是只有一个这样的实验，在莱奇沃思的霍姆斯加斯（Homesgarth）真正地建造起来；霍华德支持它是因为一个典型的实用主义的理由——他认为，它会吸引那些需要家庭帮助的

手头紧张的中产阶级。[1]

　　我们永远也无从知道，这些大胆的实验是否起到了作用，如果它们还硬要不断被重复的话。霍华德很喜欢莱奇沃思，以至于在那儿住了一段时期，但是后来，他也十分喜欢韦林。或许，新德国乡土风格与新英国乔治乡土风格之间的差异，正是被霍华德忽略的一些东西。他没准赞成他的普通邻居所赞成的观点；并且，就像其他每个人一样，他们都倾向于古怪的时髦风气。

　　进展开始出现。10 年之后，第一田园城市公司开始派发红利；莱奇沃思继续发展，速度比发起人们期望的要慢得多，在 1938 年，才达到 15000 人口——比规划目标的一半还少；只有到第二次世界大战之后，是在政府补贴的疏散计划的帮助下，以比最初规划的一个略小的规模完成。具有讽刺意味的是，在这个时候，它成了土地投机的牺牲品，直到一部《1962 年议会法》解救了它，将它的管理交给一家特定的公司。[2] 土地价值的上升最终出现了；但是它已经引发了萧伯纳曾经如此准确地预测到的反应。

　　与此同时，田园城市协会已经相当明显地改变了方针。1909 年，作为《1909 年住房与规划法案》（1909 Housing and Planning Act）的直接结果，协会改变了它的名称和目标——变为田园城市和城镇规划协会（Garden Cities and Town Planning Association），转向一个更广泛的纲要：第一个目标是目前"要促进城镇规划"以及"对田园城市、田园郊区和田园村庄提出建议、拟定计划并加以促进"。[3] 拉尔夫·内维尔，在他的主席致辞中，仍旧把田园城市的推进置于首位。[4] 但是，协会再也不具有霍华德投入其中的一心一意的特质了。

---

1. 菲什曼 1977 年，70—71.

2. 密勒（Miller）1983 年，172—174.

3. 哈迪 1991 年 a，44—45.

4. 哈迪 1991 年 a，45.

第 3 章
从田园城市到新城

在第一次世界大战接近尾声时，住房问题重又成为国家政治议事日程上的一项紧迫议题。幸存的服役者们正不断从加利波利（Gallipoli）战场和索姆河（the Somme，1916 年法国的战场，索姆河战役是第一次世界大战中最大的战役——译者注）战役的惨烈惊恐中返回，而新的战役口号是"适合英雄的家园"。就有这样一位英雄出现在理查德·赖斯（Richard Reiss）上校一本书籍的封面上，上校也是田园城市与城镇规划协会（GCTPA）理事会的成员之一，书名为《我想要的家》（The Home I Want），它以一句令人难忘的广告语为特征："你不能指望从三流的住房里获得一流的人口"。这位军人拒绝依法享有的住房的令人生厌的平屋顶，他显然来自那里而来打这一仗，瞻望的目标明显来自昂温、帕克或他们的某位追随者的绘图板上的农舍式住房。昂温在这时候已经成为这个国家一个重要的权力人物：现在转变为官派，作为卫生部的总建筑师，他是那项具有巨大影响力的 1918 年都铎·沃尔特斯（Tudor Walters）报告背后的驱动力量，这份报告推荐了一项巨大的获得补贴的农舍式住房计划，将由地方政府建造。这份报告，以及赖斯的书，产生了一个重大影响：英雄之家在号称 1918 年的"卡其选举"（Khaki Election，利用战争热潮而得到多数人投票的选举——译者注）中为劳埃德·乔治（Lloyd George）赢得了胜利。[1]

一个名叫克里斯托弗·艾迪生（Christopher Addison）的博士被指定负责陈述这个计划。几乎毋庸置疑，计划将与昂温在他富有影响力的 1912 年的小册子《过度拥挤一无所得！》（Nothing Gained by Overcrowding!）中他个人倡导的一致的方式被陈述：通过以田园城市与城镇规划协会完全赞同的密度建造的农舍式住房，每英亩 12 栋住宅（30 栋/公顷）。但是仍然存在另一个关键问题：在哪里和怎样建造？

田园城市与田园郊区

早在此之前，昂温已经改变方针，而且得罪了田园城市的纯正癖者。当他

---

1. 霍尔 1988 年，66—67.

1907 年离开莱奇沃思时，是去为亨丽埃塔·巴尼特（Henrietta Barnett）夫人设计汉普斯特德田园郊区。这其实从思想上分裂了初期的运动，因为，尽管汉普斯特德田园郊区具有田园城市的外表和它的部分社会精神，但从各方面来说它却是一个纯粹的通勤郊区；没有自己的工业，它依赖于一个新开放的地铁车站，实际上只是被汉普斯特德石楠地与伦敦分裂开来。

实际上，在伊灵（Ealing）的一个较早的田园郊区领先于汉普斯特德，昂温和帕克接手并将它变成了一个令人愉悦的小型汉普斯特德，在此之后一直到 1914 年间，全英国大约有一打其他的郊区以相似的风格追随。为工艺美术运动所充斥的伦敦郡参议会建筑师部门，也正以相似手法制造小住宅地产，在西伦敦的老橡树（Old Oak）和南伦敦的诺伯里（Norbury）的两个城市设计杰作中达到了顶峰，都是在战后才完成。问题是，所有这些田园郊区都是典型的郊区，临近电车或地铁线路而建；它们必须如此。在战争期间，昂温和志同道合的建筑师们创造了非常相似的田园郊区，以容纳生产军需品的工人——在伦敦东南部的威尔霍尔（Well Hall）的一个大规模的开发，以及在伦敦西北部的金伯里（Kingsbury）的一个小一点的规模。

但是，田园城市的纯正癖者也在行动。就在 1918 年战争末期，他们中的一群人，自称为"新城人"——包括霍华德本人、F·J·奥斯本、珀道姆（C. B. Purdom）以及莱奇沃思的出版人 W·G·泰勒（W. G. Taylor）——正在主张，应该在政府指导下建设一百座田园城市，政府提供大部分资金——所需要的 5 亿英镑资本中的 90%。他们尤其否认这是一项乌托邦式的社会主义计划，认为它仅仅是获得工业效率的一种方式。[1] 这很重要，如霍华德的传记作者已经强调的。

> 在抛弃过去的令人尴尬的联系中，事实上发起人们已经接受了萧伯纳早先对田园城市作为一种另类社会主义的拒绝。这是田园城市运动历史上一个决定性的转折点。从那以后，它可以被用来代表在作为一个整体的城镇规划运动中的一个困境，而非一个某种程度上限于少数人的企图，借由示范其中一个非传统的案例来改变社会自身的本质。[2]

实际上，论点是珀道姆的，散文是奥斯本的；霍华德看起来一直都满意于放手让他们去做。而册子还有另一个相关联的重要性：它是奥斯本第一本正式出版的论战性质的学术辩论，他将成为整个运动中最有力的雄辩家（图 12）。

---

1. 比弗斯 1988 年，151—154.
2. 比弗斯 1988 年，154—155.

图 12 弗雷德里克·奥斯本。"FJO"，一位改革运动的参与者和宣传者，曾经说服里思（Reith）勋爵和艾德礼（Attlee, Celement Richard Attlee, 1883—1967 年，工党领袖，曾任英国首相——译者注）工党政府在全英国性的破产之际投资新城计划。图片来源：城乡规划协会

FJO：新城雄辩家

弗雷德里克·詹姆士·奥斯本于 1885 年 5 月 26 日出生于肯宁顿（Kennington）的"一所由我母亲的母亲所出让的露台式房屋内"，祖先是康瓦尔郡人。[1] 就像霍华德一样，奥斯本只接受了极少的正式教育；1967 年，他在广播节目中谈及他就学的第一家女教师办的私塾学校，他这样说道："我认为，我从史密斯小姐那里获得了 90% 的正规教育，而只有大约 10% 来自其他两所学校。"[2] 他谈到早期的学校教育给予了他"最主要的东西——能够及早地、轻松地阅读……非常偶然的机会，我进入了一连串创造性的工作——建设新城——正是我那多方面的、多领域的知识才使我能够胜任"。[3] 他可能曾争取过读大学，但他双亲的收入刚好处于申请奖学金的临界限制之上；所以他在地方公学修完了四年最后阶段的学业，15 岁时便离开了学校。[4] 然后，"一位精明的做生意的朋友在一些'老朋友关系网'中施加其影响，给了我在城市里的一个'开端'"，事后证明这是一条

---

1. 惠蒂克（Whittick）1987 年，1.
2. 惠蒂克 1987 年，3.
3. 惠蒂克 1987 年，6.
4. 惠蒂克 1987 年，7.

死胡同。[1]

　　但是然后，他得到了一份后来证明与现在的事业相关的工作，就是作为"住房协会的簿记员，在 19 世纪 70 年代，住房协会拥有为工人建造的公共住宅，基于一个有限利息的基础——'慈善和 5%'"[2]。多年以后，他谈及此事：

　　　　就像我在伦敦的其他几份工作一样，这份工作同样给了我充足的时间去阅读。它也教给了我许多有关伦敦贫困地区的生活和有关住房的知识。这些知识虽然没有系统性，但是和我在闲暇时间习得的许多其他科目一起，在我后来步入的真正的职业中，帮助我成为一名能说会道的人选。[3]

　　尤其是，"在职场中，我发现，一名从办公室勤杂生起步的有能力的职员，可能吃掉任何一个从文职人员或者组织人起步的水平一般的大学毕业生。"[4] 他加入了费边社，但是韦布们却没有注意到他逐渐展露的才能：

　　　　也许他们是对的，选中那些衣着光鲜、口音纯正而且充满自信的人。而我，衣着过时、面有斑点，病态地缺乏自信——显然来自中下阶层，毕业于公立学校……也许是出于上天的仁慈，韦布们没有提升我。否则我可能已成为一名检察官、一名职业介绍所经理人，或者是一位自治市的地方议员，而不会是一位新城的缔造者，而我将不会知道我错失了什么。[5]

　　取而代之的是，1912 年奥斯本 27 岁的时候，他得到了一份工作，在莱奇沃思的霍华德农舍式住宅协会担任秘书兼经理，年薪 150 英镑；他的职责包括安顿家庭迁入新居以及收纳租金。随着城镇的发展，工作也扩展了，他开始整体参与地产开发，并逐渐认识到人们在住房问题上的喜恶。[6] 在一次无线电广播中，他回忆，早期的经历给了他一项难得的才能来"纠正建筑师和其他专家们具有的习惯，就是忽略普通男人和女人们的愿望"。[7] "建筑师们大多处于自己锁上门而把孩子交给管家照顾的父亲的位置。所以对于建筑师们来说，我不得不扮演某种婚姻

---

1. 惠蒂克 1987 年，7—8.
2. 惠蒂克 1987 年，11.
3. 惠蒂克 1987 年，12.
4. 惠蒂克 1987 年，18.
5. 惠蒂克 1987 年，18.
6. 惠蒂克 1987 年，19.
7. 惠蒂克 1987 年，15.

指导顾问性质的角色。"[1]

六年后，他正对着一位持怀疑论的部长谈论对待田园城市的主张——现在，有趣的是，田园城市被重新贴上新城的标记，以将它们从代用品的种类中区别出来。任凭奥斯本作为政治说客的日渐展露的才华，田园城市运动仍然未能说服艾迪生采用它的方案。[2] 政客艾迪生需要速度；地方当局可以履行，所以逻辑就是，新的住房应当建在现有城市的边缘：恰恰是田园城市思想的对立面。到1921 年时，C·B·珀道姆正在田园城市和城镇规划协会的杂志上抱怨，大量的地方议会和投机的建造商们谬误地表述了"田园城市"的名称；"目前除了在赫特福德郡，在莱奇沃思和韦林的田园城市之外，哪里都看不到真正的田园城市本身。"[3]

霍华德的成功一击：在韦林的收购

与此同时，霍华德已经绕过了他们。对其他的"新城主义者"，霍华德总是抱有轻蔑的态度，奥斯本回忆道：

> 他过去总会为我的宣传旅行送行……常常使用诸如此类的安慰辞："我亲爱的孩子，希望你能有一次愉快的旅程；但你是在浪费你的时间。如果你等待地方当局建造新城的话，那么在他们动工之前，你就已经比麦修彻拉（Methuselah）（《圣经》中的长寿者——译者注）还老了。要有所作为的唯一方法，就是自己动手。"[4]

他言行一致；对同事们只字未提，他已开始与索尔兹伯里勋爵进行私人接触，试图劝说他将个人的部分地产出售，用于建造第二座田园城市。奥斯本和珀道姆都反对又一座私人发起的田园城市的主意，而珀道姆早已经与霍华德只是泛泛之交了。[5] 然后，1919 年 5 月，结果终于到来了：突如其来地，霍华德从哈特菲尔德（Hatfield）给当时已经成为田园城市与城镇规划协会主席的理查德·赖斯打了个电话，急切要求一个即刻的会见：他刚刚看见了 5 月 30 日的一则广告，出售位于索尔兹伯里岛北方的一大块土地。他们在金斯克罗斯车站（King's Cross，亦

---

1. 惠蒂克 1987 年，21.

2. 比弗斯 1988 年，155，160.

3. 霍尔转引自 1988 年，105—107.

4. 比弗斯 1988 年，155，160.

5. 比弗斯 1988 年，161.

有译作"英王十字车站"，位于伦敦市中心站，是伦敦的最主要的火车站之一，很多往北的路线由此出发——译者注）呆了一杯茶的功夫，据一位外国观察者说，当时，他表现出"我从未见过的英国人如此的焦躁不安"，他劝说赖斯有必要筹集一份500英镑的保证金。霍华德乘着一辆疯狂的出租马车兜遍伦敦，游说富有的朋友，为他在韦林令人震惊的土地竞投作保人；当他以5万英镑的价格成功竞得一块1500英亩的狩猎地时，他被形容为"处在一种极度的状态之中，因为一个不由自主的微小战栗而全身发抖，并且浑身冷汗淋漓"；奥斯本和珀道姆同样地深受震撼。[1]这也难怪：据奥斯本事后提到，"在1919年5月30日，那个星期五，在德斯伯勒（Desborough）勋爵的部分潘锡安格（Panshanger）地产的拍卖会上，埃比尼泽·霍华德用51000英镑买到了1458英亩土地，却未曾为此支付分毫现金。"[2]

不晓得当中经过怎样，终于尘埃落定。一家新的公司成立了，将近1920年10月底，公司决定，将提供为期999年的租约，土地租金每80年修订一次。这样，霍华德的地租差率原则在理论上得以保留；然而，当一位初级律师认为这个原则"在法律上不合理"的建议被采纳后，公司又恢复到固定租金。霍华德的核心理论再一次地被漠视。原因是出于董事们的纯粹的恐惧，他们要作为个人对高达7万英镑的银行贷款的安全负责。获利流向购买了房屋的那些个人，而非公社受益；得以幸免的一切便是，公司保留了那些自由持有的不动产。[3]如罗伯特·比弗斯所评论的，"萧伯纳在四分之一世纪前，在给内维尔的信中曾经清晰表达的无情逻辑，最终在韦林掌控了他的后继者们，并沿着同一条道路猛推他们，不管他们对公共利益而非个人利润的信仰。"[4]最后，在萧条中，董事们为将近75万英镑的负债所拖累，而处于破产的边缘，他们修改了条款，以便将田园城市和它的居民排除在公司任何利益及其利润之外——在霍华德去世后对其思想的最后的曲解。[5]在第二次世界大战后，这座城镇实际上被国有化，成为伦敦新城第一次浪潮的一部分。

就这样，霍华德重要的财政原则被抛弃了。韦林被迫甚至更加根本地妥协，因为它远非一个独立的公民社会；它离伦敦只有20英里（32公里），比莱奇沃思近了15英里（24公里）。从一开始，一半的人口是幸运的到伦敦的通勤者，在1925年车站开放后这段路程仅需35分钟。具有讽刺意味的是，直到今天，城乡规划协会的办公室里仍悬挂着20世纪20年代的海报，宣传从田园城市通

1. 比弗斯 1988 年，163.
2. 奥斯本 1970 年，5.
3. 比弗斯 1988 年，155，169—170.
4. 比弗斯 1988 年，175.
5. 比弗斯 1988 年，175.

勤的种种好处。剩余的人口为韦林田园城市公司的各类附属机构工作，住在社会住宅中，所以，实际上这是韦林仿效伯恩维尔或森莱特港的公司城。根本不是霍华德当初所构想的那样，尽管到现在为止，他是第二座田园城市中最著名的居民。[1]

霍华德死于 1928 年，在此前不久，他曾说过：

> 当我们已经完成我们的工作时，留恋不前并不好。我确实希望活得长一些，因为我有一些明确的想要做的事情；但是如果命运早于我的意愿将我带走，我仍然期待得到最好的结果，不但为我自己，也为事业。[2]

那个事情当然是韦林，在购买它仅仅九年后，霍华德已年届 69 岁；它是一位令人惊叹的老人的奇想。公司的董事们可能也曾对那些话不止一次地深思过；而在 1998 年，韦林成为一个庄严的纪念，当访问者们走出站台，穿过霍华德购物中心时，他们无疑会对此感慨万千（图 13 和图 14）。

图 13　田园城市韦林。第一次世界大战后，路易·德·苏瓦松（Louis de Soissons—Louis Emmanuel Jean Guy de Soissons，1890—1962 年，建筑师和城镇规划师——译者注）将田园城市类型转译成新乔治式风格；但设计仍然是有机的，感觉不费吹灰之力地恰到好处。图片来源：彼得·霍尔摄

---

1. 比弗斯 1988 年，174.
2. 麦克法甸 1933 年，157.

图 14　田园城市韦林。路易·德·苏瓦松的形式主义的手法处理，商业中心通过交叉路口，作为起点引导中央的供队列行进的道路，直到火车站；现在这条大道终止于新的商业中心霍华德中心。图片来源：彼得·霍尔摄

漫长的等待

事实上，在整个 20 世纪 20 年代到 30 年代，看上去，田园城市——新城运动风平浪静。

奥斯本还远未像麦修彻拉那么老——如霍华德曾如此令人难忘的预言那样——当英国政府最终着手兴建新城时，那是 1946 年，当新城法通过时，他 61 岁，差不多和霍华德当年说那句话的时候一样年纪。事实上，在他面前，已有将近 30 多年的伟大的运动岁月。但是在两次世界大战期间，许多信仰坚定的人们必定曾深思过那些言辞。在那些岁月中为了新城的游说，正如人们能够从 20 世纪 30 年代的《城乡规划》杂志那些已经泛黄的纸页中感受到的，那是无人理睬的改革家的呼声，犹如旷野里的呐喊。

就田园城市本身来说，它不足以成为感召众人的呐喊。尤其是在 1936 年奥斯本被任命为田园城市和城镇规划协会秘书后，运动得到扩大，1941 年，在经会员们认同后，更名为城乡规划协会（Town and Country Planning Association，TCPA）的转变中，运动达到了顶峰。在 20 世纪 30 年代后期，奥斯本巧妙地发展了与保守派力量的联盟，甚至与乡村英格兰保护委员会（Council for the Preservation of Rural England，CPRE）建立了关系；帕特里克·阿伯克龙比（Patrick Abercrombie）教授（图 15）在这两个团体中都相当活跃。继此之后，田园城市和城镇规划协会于 1939 年号召成立一个"规划战线"，或者说这些不同团体的活动集团；

次年，由保守党的土地所有者伯利勋爵（Lord Burleigh）任主席的 1940 年议会，实质上如此做了。议会发动了区域规划运动，以抵制郊区蔓延；但是，正如 1939 年 12 月的一篇社论所坦陈的，收效甚微或者说毫无成效。而雷蒙德·昂温在 20 世纪 30 年代早期就曾提醒过一名读者一个令人失望的事实，就是莱奇沃思和韦林两地的整个人口大约 24000 人，仅相当于伦敦 12 个星期内的人口增量。作为对负责产业人口分配的巴洛委员会（Barlow Commission）的创立而带来的机会的回应，1938 年田园城市和城镇规划协会提交了一份研究缜密并且文笔精良的 43 页的备忘录（当然出自奥斯本之手）——通过奥斯本极其机敏的暗中运动获得了支持——毋庸置疑地有力地促成了委员会做出最后的结论。[1] 田园城市和城镇规划协会（GCTPA）/城乡规划协会（TCPA）

图 15　帕特里克·阿伯克龙比。英国规划的第一位伟大的学者与实践者，他设法协调了城乡规划协会（TCPA）和乡村英格兰保护协会（CPRE）的目标；他的 1944 年大伦敦规划卓越地推销了城市遏制、乡村保护和新社区创造的思想。图片来源：城乡规划协会

还建立了一条非常强大的战线，来对抗当时现代主义建筑师所提倡的高层、高密度的解决办法；并且针对奥斯本已经觉察到的阿伯克龙比在 1943 年伦敦郡规划中表现出来的对疏散的不热心态度给予了坚决的批判，并对他施加压力，这一切在次年大伦敦规划中更加激烈的提议中结出了果实。

在英国的主要政党中都存在着一些狂热分子：在保守党一派中，20 世纪 20 年代中期的卫生部长内维尔·张伯伦（Neville Chamberlain，1869—1940 年，英国政治家，1937—1940 任首相——译者注）就是其中之一，要是当初的经济状况好一些的话，毫无疑问他会支持这个计划。而在工党一派，在 1937 年的协会期刊特辑中记载，当那些名士显要们对着这一事业发誓时，新近当选的一位工党领袖，克莱门特·艾德礼（Clement Attlee）发表了一份声明。当艾德礼成为首相时，像他常常做的，履行了他的诺言。但即使在 1945 年工党上台执政之时，党内

---

1. 哈迪 1991 年 a，167，174，177，186，195，199，201，214—215，255—256，259，269.

仍远未达成全体一致的热情，奥斯本穷尽了他几乎全部的说服力，以求促成相关立法的颁布实施。新任规划部长刘易斯·西尔金（Lewis Silkin），一位久经世故的律师，曾经担任过伦敦郡议会议员，原本对此就不热心；奥斯本得把他争取过来。一个面临着空前的资源需求的政府，就如正处于战争尾声的艾德礼政府，注定会被这样一个承诺吓着。

然而，战后重建的要求，包括"适合英雄的住房"的提供——在第一次世界大战末期的口号，当时的政府食言的——证明不得不执行：这一次，政府必须正确地对待。尤其是，帕特里克·阿伯克龙比爵士著名的 1944 年大伦敦规划，受战时政府委托制定，已经被确定为并且定量地显示为一个巨大的人口过剩问题：如果被轰炸和摧毁的东部及东南部地区要按照恰当的标准重建，为有儿童的家庭提供小花园的话，那么在规划的人口外溢方案中，有 100 万以上的人口必须迁出伦敦。而且，由于阿伯克龙比要求用一条 10 英里（16 公里）宽的绿带限制伦敦的进一步扩张，那对他所提议的解决方法真的就别无其他选择了，也就是：在绿带之外，这样一来距离伦敦市中心的一个最短距离在 20 英里（32 公里）的地方，全面的新城建设和规划的城镇扩张的一个结合（图 16）。

这时候奥斯本早已着手铺设政治基础；早在 1944 年 1 月，他在说服城乡规划部的总技术顾问设立一个新城内政委员会上已发挥了作用，并为此提交了一份长长的备忘录；然后在 1945 年初，他又力劝西尔金合作进行城乡规划协会与伦敦郡议会关于这个问题的一个联合研究。因此，西尔金在选举之后担任首相时，他已被说动了一半，并任命了一个专家委员会，来考虑如何建设新城，由英国广播公司（BBC）的前任总裁、令人敬畏的约翰·里思爵士（Sir John Reith）担任主席，里思本人在战时联合政府中曾短期担任过规划部长。由于现在的工作建立在佩普勒委员会（Pepler Committee）所留下的坚实基础之上，他们提出，新城不应当由地方政府来建设，而应由公共开发公司来建设，直接由国库拨款进行财政资助；虽然那些公司将需要一笔巨大的从头到尾的投资，但是之后能产生巨大的商业回报给政府。[1]

迈克尔·赫伯特（Michael Hebbert）表示，新的委员会反对任何私有部门游离于它的控制之外："在 20 世纪 40 年代中期的重建气候下，期待一个更加激进的集团防护来抵御市场压力，比在先驱的田园城市中要切实可行。"[2] 委员会中仅有两位私有部门的代表，马尔科姆·斯图尔特（Malcolm Stewart）爵士（伦敦砖料公司主席）和 L·J·卡德伯里（卡德伯里兄弟有限公司主席）。一直到后来，委员会才同意，他们应当考虑热心的私人开发者：泰勒·伍德罗（Taylor Woodrow）告诉他们，他们可以在五年内建成一座 5 万至 7 万人的新城，其中三分之二的住

---

1. 哈迪 1991 年 a，279—280.
2. 赫伯特 1992 年，169.

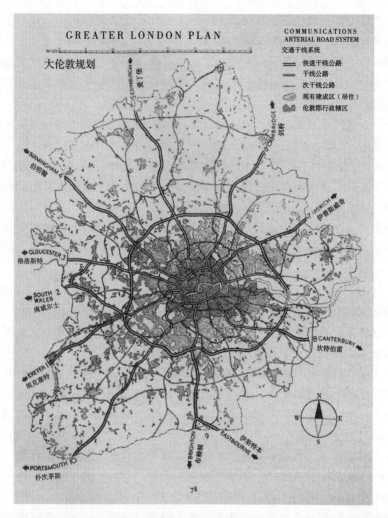

图 16　1944 年大伦敦规划。内伦敦人口缩减并重建，伦敦的生长被中止，新城被建造以容纳外溢的人口，乡村城镇得到扩张，所有一切都以连绵的开放的乡村为背景。图片来源：阿伯克龙比，1945 年

房将以 99 年的租期出售给居民；财政机构肯定，投资将得到回报。在一番不情愿之后，委员会的临时报告真的许可了"得到授权的合伙"的可能性，它将在《1932 年城乡规划法》（Town and Country Planning Act 1932）的指导下，在有限分红的基础上运作。但是规划部长刘易斯·西尔金却在 1946 年 3 月宣称，他将反对此事，并提出，《新城法案》（New Towns Bill）仅考虑公共开发公司。[1]

　　于是，里思委员会认定了一个刻板的政治现实：要尽快开展新城建设，以便为

1. 赫伯特 1992 年，170—173.

了给解决住房甚至是过剩人口的部分问题创造一个开端，建设将不得不独立于地方政府控制之外进行。但伦敦以外的郡和市不可能对这项工程有太多热情，甚至可能是完全的敌对态度。具有讽刺意味的是，35 年后，同样的论点却说服了第一届撒切尔政府，即只有开发公司才能有效地完成更新改造英国内陆城市的任务。

战后新城

英国的《新城法》（New Towns Act）得到了君主的批准，并于 1946 年 8 月 1 日予以立法；在 1946 年 11 月 11 日，第一座新城被授予斯蒂夫尼奇（Stevenage）。对于奥斯本和城乡规划协会来说，这是一个巨大的成功，"尽管现在用了新的名字，田园城市事业一直是前进的，从它在拥有晚期维多利亚式'狂想'的读者群的一本便宜书中被涉及开始，直到有望在全英国各地的新城立刻执行的一项计划的议会法案的地位。"[1] 奥斯本本人带来了他的个人影响：

> 我想……我个人在新城政策的发展中是一个决定性的因素，而这个发展从历史观点来说非常重要。我是说，至少，如果没有我的狂热的坚信和不懈的写作、演讲，尤其是游说工作，1946 年的《新城法》无论如何将不可能在那个时期就出台。[2]

在 1946 年之后的半个世纪里，英国建设了 28 座新城，在 1991 年的人口普查中总人口为 2254300 人（或整个英国人口的 3%），而起初只有 945900 人。这样，有 1308400 人被安置进了规划的新社区；全都伴随着就业——大约 111 万个岗位，开始时只有 453000 个岗位，净增了 646600 个岗位（图 17）。

这些新城是在活动的两次集中爆发中建造的。第一次爆发来自 1946—1950 年，紧随着法案通过之后，在艾德礼工党政府执政下，它恰好产生了 28 座新城中的一半：其中有 8 座处于围绕伦敦的环中，所有的都距离中心 21—35 英里（34—56 公里）之间；一座在英格兰中西部，位于钢城科比（Corby）；两座在英格兰东北部的牛顿艾克利夫（Newton Aycliffe）和彼得利（Peterlee）；一座在南威尔士，在昆布兰（Cwmbran）；还有两座在苏格兰中部，在东基尔布赖德（East Kilbride）和格伦罗西斯（Glenrothes）。然后，当继任的保守党政府——由温斯顿·丘吉尔（Winston Churchill）、安东尼·艾登（Anthony Eden）与哈罗德·麦克米伦（Harold Macmillan）领导——反对进一步的新城认定时，新城运动在 20 世纪 50 年代出

---

1. 哈迪 1991 年 a，282.
2. 引自哈迪 1991 年 a，283.

图 17 英国的新城。FJO 的游说的永久遗产：将近 30 个新社区，居住了 100 万人，按照就近提供工作与服务的可持续原则建设。图片来源：彼得·霍尔，1992 年

现了一个长时期的中断；只有一座苏格兰的坎伯诺尔德（Cumbernauld）新城，在这个时期开工。然后是另一轮大爆发，从 1961—1970 年，这时——先是在麦克米伦的保守党施政期，后来是在哈罗德·威尔逊（Harold Wilson）的工党政府期间——又开始了 13 座新城；又有三座给了伦敦，但是这一次离城市中心更远了，有 60—80 英里（96—130 公里）的距离；两座给了中西部，雷迪奇（Redditch）和特尔福德（Telford）；四座给了西北部，朗科恩（Runcorn）、沃灵顿（Warrington）、斯凯尔默斯代尔（Skelmersdale）和中兰开夏（Central Lancashire）；另一座给了东北部的华盛顿；一座又给了威尔士的纽敦（Newtown）；还有两座给了苏格兰的利文斯顿（Livingston）和欧文（Irvine）。最后一座新城的指定，给了中兰开夏，于 1970 年才产生。

记录也显示，新城之间不仅在地理上有区别，在规模与功能上也各有不同。在 1991 年，它们规模的分布从中部威尔士（Mid-Wales）的只有 11000 人的小得可怜的纽敦，一直到 255000 人的中兰开夏。但是那最后一座是一个统计上的偶然事件，因为中兰开夏的发展在它刚刚被指定后就被人为地削减了，净增量仅只有 21000 人；更加引人注意的则是，斯蒂夫尼奇的人口从 6700 人到 75000 人的增长，或是米尔顿凯恩斯（Milton Keynes）从 40000 人到 143000 人的增长，抑或是巴西尔登（Basildon）从 25000 人到 158000 人的增长。

从功能上来说，除了三座新城以外，所有其他新城都分成特别定义的组：超过总数三分之一的 11 座新城被计划用来吸纳伦敦的过剩人口；另外 10 座用来接纳由中西部偏西城市、默西赛德郡（Merseyside）、大曼彻斯特（Greater Manchester）、泰恩—威尔郡（Tyne and Wear）及大格拉斯哥（Greater Glasgow）等地区构成的大集合城市的过剩人口；还有一小组 4 座新城——两座在英格兰，一座在威尔士，一座在苏格兰——计划用来帮助煤田和重工业地区的区域更新。剩余的 3 座是，在中西部偏东的科比，为一家国有钢厂提供住房与服务；苏格兰的格伦罗西斯，同样地服务于一个新的煤田；以及中部威尔士的纽敦，援助一个衰退中的农村地区的重建。

这是一项令人印象深刻的计划，但是那时，霍华德观点中的一个要素却被忘记了。相对于霍华德的田园城市而言，战后的新城比较大，更后面的更大，并且基本上是独立的；它们没有形成社会城市簇群。然而有一个重要的例外，并且是讽刺性的——至于是偶然的或是计划过的，人们可以猜测是后者——正是在赫特福德郡中部，霍华德开始了他在田园城市建造上的两个试验的地方。对莱奇沃思来说，距离伦敦 35 英里（56 公里），以及对韦林来说，距离伦敦 20 英里（32 公里），战后的规划者们将第一座新城的称号加封给了斯蒂夫尼奇，也是自 20 世纪 20 年代以来反复出现在田园城市热衷者们预期的场地地图上的一块宝地，适当地位于大约两者之间的距离（离伦敦 28 英里，45 公里）。然后，他们又在哈特菲尔德的德哈维朗德（de Havilland）工厂附近加建了一座新城，仅仅 18 英里（29 公里）远；他们将这座后来的新城与国家接管的韦林田园城市和它最著名的居民 F·J·奥斯本拴在一起，将这座城市置于与哈特菲尔德同样的开发合作中。这样一来，他们圆了霍华德最后的梦想：赫特福德郡中部成为霍华德社会城市原则的一个 17 英里（27 公里）长的线型的实现，没有贫民窟、没有烟雾的城市组群，自我制约，但是通过轨道快速交通连接，在《明日！一条通往真正改革的和平之路》的第一版中，他曾经对此作过图示说明；世界上唯一如此实现的。在 20 世纪 90 年代，算上像诸如希钦（Hitchin）的相关定居，它有大约 25 万的人口：几乎与那张著名图式中的完全相同。有些构成单位比霍华德提倡的大得多：斯蒂夫尼奇拥有大约75000人口，因为规划者们在战后判断，要提供足够种类的工作岗位、商店和服务，这样规模的城镇是必要的，如果拿斯蒂夫尼奇和莱奇沃思做个比较，他们肯定被证明是对的。在规模上的增加当然意味着斯蒂夫尼奇不可能是一个步行上班的城市，尽管通过补偿的办法，它为自行车提供了非常好的条件。在这个实现的版本中，霍华德的市际铁路，一个轻轨系统，被以伦敦铁路和东北部铁路形式存在的一些非常拥挤的已有的铁路替代，这些铁路在1947年成为英国铁路的一部分。

建造新城激起了反对，有时甚至是很激烈的反对，正如后来伦敦码头地开发公司的活动。这是一幅清晰可鉴的图像，因为在20世纪40年代晚期，伦敦周围诸郡和地区一律的都是保守党的势力范围，引进成千上万名工人阶层的伦敦人的想法是极其令人生厌的，因为他们将无一例外的是工党的投票人。在斯蒂夫尼奇，愤怒的当地人拆毁了火车站的标牌，换成写着"西尔金格勒"（SILKINGRAD，图53）的标牌（斯蒂夫尼奇是1946年由时任城乡规划部长的刘易斯·西尔金创建的第一座新城，遭到了地方猛烈反对，因而原来的当地人模仿俄国的城市"列宁格勒"，将斯蒂夫尼奇嘲讽地称为"西尔金格勒"——译者注）；当西尔金参加一个公众会见时引起了骚动，并且当他离开会场时，发现他的汽车轮胎被人放了气[1]。

尽管如此，逐步地，新城建设开始启动——虽然开头常常只是象征性的，因为1947—1948年的经济危机意味着所有的社会活动都不得不被取消。具有讽刺意味的是，号称"计划1"新城的大部分建设在保守党政府时期进行，而他们强硬的计划却是要终止这个项目。他们在十年里只启动了唯一的一座新城：坎伯诺尔德，以解决格拉斯哥紧迫的人口过剩问题。在英格兰，他们更喜欢在《1952年城镇开发法》（Town Development Act 1952）下进行——一项具有长期预见性的措施，并且实际上是在以前的工党政府执政下酝酿开始的——它将提供阿伯克龙比计划的其他目标：现有的乡村小镇的有计划的扩张，通过进出口部门之间的协议，用国库资金投资基本的基础设施。但是那项计划启动得非常慢，而且证明要打造必需的协议要比预想的困难得多；所以新城计划不得不本分地进行。最终，扩展的城镇计划还产生出一项巨大的住房计划，以及在南部英格兰，在20世纪60年代一些更大规模的规划过的扩张——贝辛斯托克（Basingstoke），伦敦西部的安多弗（Andover）和斯温顿（Swindon），首都北面的韦灵伯勒（Wellingborough）——与纯粹的新城相比，在规模与风格上几乎难以分辨。

然而，地方政府的反对，以及保守党政府热情的缺乏，的确影响了新城计划的布局。一个奇怪的现象是，实际上所有人口外溢的"计划1"新城都只围绕着

---

1. 科林斯（Collings）1987年，15，19。

伦敦和格拉斯哥两座城市建造。真实地，它们的确共同提出了异常大规模的住房问题：伦敦是因为它太大了（也因为它已遭受轰炸），格拉斯哥则是因为它的住房条件是英国所有城市中最差的。但是，在 1955 年贫民窟清除计划认真地重新开始后，伯明翰、曼彻斯特和利物浦也遇到了巨大的新住房供应紧缺问题，而在这时已经没有新城可以提供给它们了。一个相关的事实是，城市与它们比邻的郡之间存在着一种猜疑的气氛。曼彻斯特曾试图在近邻的柴郡（Cheshire）的利姆（Lymm）发展一座新城，伯明翰则试图在附近的伍斯特郡（Worcestershire）的怀索尔（Wythall）开发一座卫星城，但是在 20 世纪 50 年代后期展开的公共调查后，都失败了。

在 1946—1950 年期间开始的"计划 1"新城大致如出一辙。这是因为存在着一种正统观念，从最初的霍华德公式中发展起来，并且经过了大西洋两岸各种精密的打磨。这一点通过邻里单位的概念反映得特别显著，这个概念是克拉伦斯·佩里于 1929—1931 年在"纽约区域规划"中发展起来的，由巴里·帕克在曼彻斯特的威森肖（Wythenshawe）加以应用，威森肖在 20 世纪 30 年代初期有时被称作第三田园城市。规划的城镇中心，在斯蒂夫尼奇从一开始就是步行的，而在后来的其他新城，它通过景观道路和邻里单元相连接，邻里单元围绕着学校以及地区中心设计。工业被严密地与居住区隔离开来，选址于靠近规划的机动车道或主要公路枢纽。有宽裕的公园空间和经常预设的远离交通线路的步行或自行车道（图 18、图 19）。

图 18　哈洛（Harlow）新城。按照邻里单位原则规划的典型的"计划 1"新城，住宅成组团围绕着当地的商店和学校布置。图片来源：城乡规划协会

图 19 巴西尔登新城。伦敦的另一个"计划 1"新城，它为战后的"生育高峰"提供了理想的居住环境。图片来源：城乡规划协会

但是，1955 年后，一个新的出人意料的因素出现在政策形成中：正当政府又一次开始在城市中消除贫民窟，并号召各郡在主要城市周围建立巩固的绿带时，出生率开始增长了。这是人口统计学家未曾预测到的，至 20 世纪 50 年代后期，在城市政策中产生了危机：主要的地方城市用光了再开发的土地，扩张城镇的计划进展太慢，以至于无法吸收过剩人口，并且存在着一个真正的风险，就是它们的贫民窟清除计划将戛然而止。正是这些力量的结合，引起了在 1960—1961 年期间一场重要的再评价，伴随着它的是新城计划的再度开始：利物浦城外的斯凯尔默斯代尔，英国"计划 2"新城中的第一座，1961 年宣布建立，紧接着是伯明翰城外的道利（Dawley，1962 年指定，后来得到扩张，并于 1963 年更名为特尔福德）。

这些"计划 2"新城在极大程度上被指定用来弥补在以前的计划中一个突出的缺口：来自大的地方城市和它们的集合城市的过剩人口的预期和准备不足。这样，道利—特尔福德和雷迪奇为了伯明翰周围中西部诸郡偏西的集合城市而开始建造；斯凯尔默斯代尔和朗科恩则为了利物浦周围的默西赛德集合城市而建造；沃灵顿和中兰开夏则为了服务于大曼彻斯特；华盛顿服务于泰恩河畔纽卡斯尔（Tyne-upon-Newcastle）周围的泰恩—威尔集合城市；此外还有两座新城，欧文和斯通豪斯（Stonehouse），服务于大格拉斯哥。大体上来说，除了欧文之外，这些新城都趋向于与它们的母城相当靠近，典型的只有 12 英里（19 公里）距离——这些地方集合城市的较小规模和紧凑形态的一个标准。

这个时期的新城，通常被叫做"计划 2"新城，与它们对应的"计划 1"新

城相比，在概念上往往是不同的。它们趋向于遵循先驱，苏格兰的坎伯诺尔德，在规划中更加有意识地针对私人汽车。因为这早已开始改变购物模式，现在对城镇中心有一个更充分的强调，有可能变成一个封闭的购物中心。为了解决步行与小汽车之间的冲突，规划师们采用了不同的策略：在坎伯诺尔德和从未建成的在汉普郡（Hampshire）胡克（Hook）的伦敦郡议会新城，他们通过步行小路把住宅区直接和中心连接起来，把汽车转移到绕行的高速公路等级的交通干道上；在朗科恩，他们提供一个来回运行在一条隔离的公交线路上的公交汽车服务，这在 20 世纪 90 年代仍然是个新奇的事物（图 20、图 21）。普遍地，尽管

图 20　坎伯诺尔德新城。唯一一座花了十年时间启动的新城。它为汽车时代所做的"计划 2"设计与邻里单位原则尖锐地决裂了，沿着步行路集中布置住宅、对唯一的商业中心有直接的出入口。图片来源：城乡规划协会

图 21　朗科恩新城。来自 20 世纪 60 年代中期的一个"计划 2"设计，隔离的公共汽车道会聚于一个封闭的购物中心，"购物城市"；在 20 世纪 90 年代受到经济变迁的打击，但至今仍保留着一个惊人的创新设计。图片来源：城乡规划协会

不是全部，他们对邻里单元的坚持开始显露出削弱的迹象。

　　然后，在20世纪60年代后期，又建立了3座服务于伦敦的新城——经常称作"计划3"新城。这些可说是超级新城，计划用来承担比"计划1"版本大得多的人口数量：典型地处于17万—25万的人口范围。所有的都离伦敦远得多：米尔顿凯恩斯离伦敦60英里（96公里），北安普敦（Northampton）70英里（113公里），彼得伯勒（Peterborough）则是80英里（130公里）。在一个迁徙率迅速增长的时代，保证他们的自我约制是必要的，这一点受到了争议。但是所有的新城都位于连接伦敦和中西部以及北部的交通走廊上，所以和伦敦还有其他的大城市都有着良好的联系。而其中一座新城米尔顿凯恩斯本质上是座绿地新城，合并了一些早先存在的小城镇和村庄，其他两座——北安普敦和彼得伯勒——是中等规模的古老郡镇的扩大，伴随着从一开始便提供固定水准服务的想法。它们都延续了"计划2"新城的传统，就是通过宽阔的高速公路的预设，来提供一个非常高程度的小汽车机动性。由于它们的规模，它们无法抛弃邻里原则，尽管米尔顿凯恩斯的规划者们试图通过一个空间矛盾心理的概念来取代它，在其中人们将是自由的，或多或少无差别地光顾一个中心或另一个，但是这些中心与巨型的中心购物商场在相同程度上，是一个明确的结构部分（图22—图24）。

　　伦敦的这些"计划3"新城反映出20世纪60年代的国家规划者们一个非常有意识的企图，即让霍华德的原则适应于战后英国的新现实。霍华德和战后的新

图22　米尔顿凯恩斯新城。所有新城中最著名的一座，具有20世纪60年代后期"计划3"新城设计的典型特征：尺度巨大，小汽车的有力导向。图片来源：城乡规划协会

城规划者们，都指望在伦敦的通
勤范围之外深思熟虑地建立他们
的新定居地。他们一定早就知道
那只是一个不可能的梦，因为韦
林从 20 世纪 20 年代起就作为一
个通勤城镇发展；即使是 F·J·
奥斯本，著名的新城倡导者和城
乡规划协会的会长，也属于他们
其中之一。正当"计划 2"新城
被指定之际，雷·托马斯（Ray
Thomas）在 1966 年人口普查的基
础上，对"计划 1"这一代新城
的表现做了一个详细的分析。他

图 23　米尔顿凯恩斯新城。早期的房屋，成组团的，几何形
的，而且不受欢迎：讽刺性的是，它却代表了与卢埃林 – 戴
维斯（Llewelyn-Davies）规划一个重要的背离。图片来源：城
乡规划协会

图 24　米尔顿凯恩斯新城。威伦（Willen），最后建成的邻里之一的地区中心；它
是对于原先规划原则的一次成功的肯定，也是整个城市可能是和应该是怎样的一个
例证。图片来源：彼得·霍尔摄

可以表明，这些新城比起那些与伦敦处于近似距离的同等的旧城镇要更加自我制
约。[1]但是当迈克尔·布雷赫尼（Michael Breheny）在 20 年后重新分析了这些数据
后，他发现它们正在丧失这个特征：伦敦通勤带已经扩张到了它们所占据的地盘

---

1. 托马斯 1969 年.

上，加之，随着小汽车拥有量的增加，存在着一个广泛的通勤的增长[1]。部分地因为规划者们预见到了这个事实，所以，在20世纪60年代，规划者们把"计划2"新城安排在更远离伦敦的地方，把它们变得更大，这样一来，它们就能提供所有的工作和服务，你可以联想到像莱斯特（Leicester）和普利茅斯（Plymouth）这样的主要地方城市。但是，当然，这意味着步行至工作地点的原则进一步地牺牲，当甚至规划师们都在汽车之神的祭坛前顶礼膜拜时，这个原则在那些年里毋宁说丢失了。

大约1967—1968年，"计划2"和"计划3"新城的指定在威尔逊政府执政时期达到了一个顶峰，它们的建设主要在20世纪70年代和80年代初期进行。它们仍然停留在里思委员会在1946年为它们设定的模式上，大多是出租的公共住房：即使在1970年左右，已经实现的只有十分之一是私人建造的。但是随后一个快速的变化出现了，到20世纪70年代末，建成的当中已经有一半是私人的，自20世纪80年代中期以来，这个比例上升至90%—95%。[2]

然而，从那些似乎已经成为英国特色的政策怪圈里的其中之一看起来，对于这个工程的热情早已经衰退了。一个主要的原因是英国政府在下列方面的滞后的接受，就是确实存在一个内城问题，它的形成原因是深层的和结构性的：城市正同时失去人口和工作岗位，并且，在政策宣布它应该停止后，这个过程还将持续很长一段时间。而潜在地，接踵而来的，是一个去工业化和在主要城市的较老的工业地区及老的码头地区与去工业化相关联的各种货物处理就业岗位缩减的一个长期的过程。

一个重要的政策转折点出现在1977年，一些人认为它是战后英国规划历史的转折点，伴随着关于内伦敦、伯明翰和格拉斯哥问题的顾问报告的发表，以及紧随其后的政府白皮书的发表与《1978年内城地区法》（Inner Urban Areas Act 1978）的颁布。在本质上，这把资源从新城和扩张城镇的计划转到了城市更新重建上。这在苏格兰其实早已有迹可寻，1974年斯通豪斯新城被放弃了，而资金有效地转入了一个重要的改建计划，格拉斯哥东部地区更新（Glasgow Eastern Area Renewal，GEAR）。现在，在卡拉汉工党政府执政期，重点放在援助内城的合伙计划上。1979年后，撒切尔政府改变了政策手段，引入了企业区和城市开发公司，但会在本质上保持新的重点：这是政府的一个重要的180°的大转弯。

有一个奇怪而局部的例外：在20世纪80年代中期，所谓的新社区思想，本质上是由私有企业发起和建设的新城。起初9个，后来是10个最大规模的建造商，于1983年联手组成了财团开发来响应这项政策，显然相信他们将会得到政府的鼓励。他们以及其他人的方案中，只有极少数的得以实现，数目大概在30个左

---

1. 布雷赫尼1990年.

2. 赫伯特1992年，175.

右；有的是因为选址不当［例如蒂灵汉姆霍尔（Tillingham Hall）在伦敦绿带中］；有的是因为遭到了当地人的激烈反对。最奇怪的情形是在伦敦以西大约 45 英里（72 公里）远的福克斯利伍德（Foxley Wood）：一位国家大臣说（用这种场合下惯用的奇怪的法律语言），他是"一定对此赞成的"；而他的继任者加以否决了。事实是，尽管撒切尔政府对这种投资有着思想上的热情，这些投资活动却被证明在政治上不受当地选民的欢迎：NIMBY（Not in My Backyard 的缩写），"不要在我的后院"成了他们的口号，并且证明是极其有效的。无论怎样，新城纯正癖者会毫不迟疑地指出，它们根本不是真正意义上的新城，而只是长距离的田园郊区，是汉普斯特德田园郊区在伦敦的 20 世纪 80 年代的翻版：它们大多数是真正的宿舍社区，缺乏充实的本地工作来源。

正如迈克尔·赫伯特所指出的，私人建造的新社区的核心问题是，新的城市开发的特定成本未能获得提高了的土地价值的资助。20 世纪 80 年代初期的开发者们似乎曾经希冀得到当时低价的保护农田的规划许可："事实上，经济依赖于突破规划体系。"[1] 然而，赫伯特指出，这种游戏只能玩一两次：一旦开设了先例，土地价格就会上升，利润就会缩减。政府通过声明做出反应，私人开发者只可以得到地方政府规划拟议中的开发规划许可——也就是，在土地所有者们早已借此大发横财因而降低了潜在开发利润的那些地区。[2]

赫伯特表明这个问题并非新出现的：

> 1904 年，当第一田园城市有限公司主席拉尔夫·内维尔受到一个议会委员会接见时，他对于企业经济问题的见解，比 60 年后在隔壁一间委员会房间内汤姆·巴龙（Tom Baron）的反应要清醒得多："你不能在私人公司的这个问题上模模糊糊，胡作非为，这是不可能的；首先，因为你已经不能再以一个合理的价格购得那些土地了。我们自己已经有够多的麻烦缠身了……但是一旦这样的事情开始了，这种想法出现了，那价格就可能高得无人问津。"[3]

内维尔希望的是公私合作关系——在 1945 年里思委员会之前，弗兰克·泰勒（Frank Taylor）就是这么拟定的，并且在诺萨伯兰郡（Northumberland）的克拉姆灵顿（Cramlington）和埃塞克斯（Essex）的南伍德姆费雷斯（South Woodham Ferrers）就是这样实际应用的——赫伯特总结道，这似乎是建造未来新城的最有希望的途径。[4]

---

1. 赫伯特 1992 年，182.
2. 赫伯特 1992 年，182—183.
3. 引自赫伯特 1992 年，183.
4. 赫伯特 1992 年，183.

新城的教训

所以，在 20 世纪 90 年代，新城才真正地变成英国历史的一个部分，最后一页也几乎翻到这里。但是也许，这本古老的书即将再次被打开，一个新的篇章即将被书写。

如果真是这样，或者说当真是这样时，新城计划的两个关键的特征应该被记住。第一是，作为一项从伦敦及其他主要集合城市中疏散人口与就业岗位的计划，新城取得了突出的成功。的确，如所见到的，按照定量的说法，在新城建设的半个多世纪中，新城人口增长只占了英国人口总体增长的极小份额。但是它们指明了道路。结合建立然后维护围绕主要大都市地区的绿带以及超越其外的广阔绿化背景的强硬消极规划控制，它们建立起了成为战后英国规划一个显著特征的东西：以开放的乡村为整体背景的城镇体系，正如雷蒙德·昂温对它的描述，尽管当时它还仍是一个梦想。从某种意义上说，发展起来的一些老的城镇——它们中的一些在 1952 年法案下由于规划的过剩人口发展起来，如贝辛斯托克、安多弗、韦灵伯勒和黑弗里尔（Haverhill），更多的城镇还是通过正常的成长过程和规划系统的正常运转发展起来——模仿了新城：在全英国，尤其是在压力较大的东南部，模式是一种以连绵的开放乡村为背景的小型或中型规模的城镇。这可能是规划体系最重大的成就，新城的原型与此有很大的关联。

另一个太经常地为人们所忽视的要点是，起初新城是一个令人注目的财政上的成功，尽管后来它们为财政部加诸其身的巨大的人为负担所苦。在此，来自开放大学（Open University，20 世纪 60 年代由哈洛德·威尔逊创立，是英国最大的大学机构，中心设在米尔顿凯恩斯，主要通过在线学习、广播、电视和印刷材料等混合手段进行远程教育——译者注）的雷·托马斯所做的工作具有独特的意义。[1]他第一个指出，开发公司能够以惊人的低价购买土地来建设房产：在 20 世纪 50 年代，土地价格只占一所住房平均成本的 0.5%，在 20 世纪 70 年代初期，也只占了 1% 多一点，其次，它们建立了巨额的资金盈余——达到了下面这个程度，就是到 20 世纪 70 年代中期，哈洛开发公司几乎以一种商业银行的身份贷款给当地水利部门。财政部对此的反应就是占用了哈洛的盈余资金，这意味着，20 世纪 70 年代后期新城必须支付 100 倍于 25 年之前的土地费用——新城创造它自己的土地价值方式的一个精确的量度。当开发公司将它的商业资产于 1980 年移交给新城委员会时，这些资产将产出每年 12% 的租金。[2]

---

1. 托马斯 1996 年.
2. 托马斯 1996 年，306.

但是托马斯指出，这样惊人的成果也只有在 20 世纪 40 年代的第一代新城建设中才能达到。后来的新城，像米尔顿凯恩斯，就从未获利；总体来说，它们还累积了大约 15 亿英镑的赤字。这里有两个主要的原因：在《1972 年住房财政法》（Housing Finance Act 1972）下，他们丧失了对于房租的控制，更重要的是，在 20 世纪 70 年代，他们还面临着毁灭性的利率——在一个 60 年的期限内维持在 18%。20 世纪 70 年代末期，米尔顿凯恩斯不得不支付平均 13% 的利率，但在它的工业和商业资产中获得仅仅大约 8% 的回报——这与哈洛当时只支付 5% 利率却收回 12% 乃至更多的情形形成了尖锐的反差。最后，像米尔顿凯恩斯这样一座新城，它绝大多数的开发发生在 20 世纪 70 年代末到 80 年代初相当萧条的地产市场中。[1]

所有这一切可能暗示着，后来的新城成为公共资财的一个负担。没有什么比这更错误的了；它们的资产大量地提高，既通过新的城市价值的创造，也通过通货膨胀。在 1986—1992 年间，当米尔顿凯恩斯开发公司在将其剩余资产出售给新城委员会之前，对其资产进行了重新评估与出售，其报表显示出巨大的利润。这家公司还将其曾以总价不高于 2500 万英镑或每公顷略高于 2000 英镑购来的土地转手，但是 1986 年时它的市场价格可能已经是这个数目的 100 倍；在 1994 年，新城委员会仍然拥有那片土地中的 2000 公顷。[2]

雷·托马斯得出结论，就财政部而言，尖锐地聚焦于短期经济管理使得新城计划饱受其苦。但是，私人资金持有者根本不会那样做。托马斯总结道：

> 英国和其他先进工业国家一个主要的人口统计特征是，老龄人口和养老基金的增长。可以用于投资的基金的一个重要部分，正在寻求长期的资本增值。因此一个复苏的新城计划在这一趋势中前景看好，它比向财政部争取财政支持要强得多。结论是，新城开发公司将不得不寻求将来自政府的委托与来自私有部门的资金相结合的途径。[3]

这也是迈克尔·赫伯特的历史性回顾的结论。如果，或者说当某个政府打算重新开始一个新城计划时，这将需要深思熟虑。

---

1. 托马斯 1996 年，307.
2. 托马斯 1996 年，308.
3. 托马斯 1996 年，308.

第 4 章
小地块：未经许可的形式

在 20 世纪的最初几十年中，被理查德·霍格（Richard Hoggar，英国学者，亦是一名公众人物，其研究领域涉及社会学、英格兰文学和文化研究等，对英国流行文化有着特别的关注——译者注）称为"人民的贡朵拉"的有轨电车已成为英国城镇和城市流行的交通方式，尽管嘈杂和乘坐不舒适，但是便宜、可靠。由于市政电车的经营者通常也是动力生产者，因此轨道电车具有以成本价格获得动力的优势。1920 年，在伦敦郡议会电车票的反面登载了一则"海边田园城市"的小块土地广告。

"海边田园城市"是投机的开发者为皮斯黑文（Peacehaven）设计的广告语，这块地产位于纽黑文（Newhaven）和罗廷丁（Rottingdean）之间的南部海岸，在这里，伦敦人曾受邀在非常便宜的自由持有的地块上建造他们梦寐以求的有露台的平房。这个开发与田园城市概念毫无共同之处，但是仍不免被 20 世纪 30 年代最多产的规划宣传者托马斯·夏普（Thomas Sharp）开心地揶揄了一番：

> 田园城市的"悖论"是通往荒谬的延伸，并且是荒唐的延伸，不幸的是，无数的例子存在着。在英国最糟糕的就是皮斯黑文，它已全然成为全英国的笑柄……它确实是景观中一个令人憎恶的污点。[1]

皮斯黑文仅仅是那些定居点中最臭名昭著的一个，城镇规划者们为这些定居点发明了一个实用的词"小地块"。它是对这样一些地区的一个速记式的描述，在 20 世纪的前 40 年里，农田被划分成小的地块出售，常常通过非正统的途径，售给那些想要建造他们的度假屋、乡村隐居处或者想拥有小地产的伦敦人。"小地块"这个词，引发了一个景观，它由绿色的阡陌纵横的格网构成，在其上稀疏地点缀着由军队临时营房、火车车厢、棚屋、库房、圆木小屋和牧人小屋等构成的平房，一旦放任这些地区自由演化，慢慢地它们就会变成和任意其他寻常的郊区景观一样，只留下它的无政府主义起源的一些线索。

直到 1939 年，在穿过北部丘陵（North Downs）沿着汉普郡平原（Hampshire

---

1. 夏普（Sharp）1932 年，143.

Plain）、在泰晤士流域的诸如彭顿河湾（Penton Hook）、马洛洼地（Marlow Bottom）和珀利公园（Purley Park）等河岸场地上，人们可以发现袋形的小地块景观。它散布在东、西萨塞克斯（Sussex）海岸上建成的度假城镇中，在像肖勒姆海滨（Shoreham Beach）、佩特莱弗尔（Pett Level）和坎伯沙滩（Camber Sands）的地方，还有最臭名远播的，就是在皮斯黑文。它顺着东海岸向上蔓延，从肯特郡（Kent）的谢佩岛（Sheppey）到林肯郡（Lincolnshire），经由坎维岛（Canvey Island）和杰维克沙滩（Jaywick Sands），聚簇出现在遍及南埃塞克斯的内陆地区（图 25）。

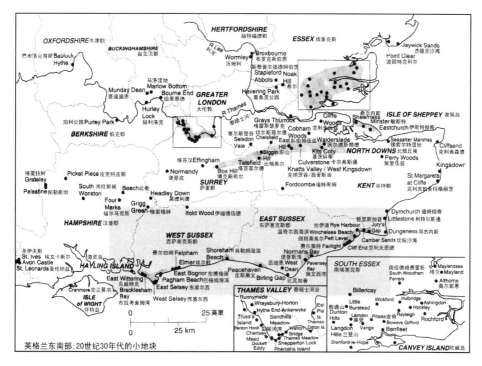

图 25　小地块分布图。在 20 世纪 20 年代和 30 年代，成千上万的普通人在整个英国东南部建造他们自己的社区；今天，这些社区要么遭到了彻底清除，要么被改造得认不出来了。图片来源：哈迪和沃德，1984 年

　　小地块现象并不仅仅局限于英格兰的东南部地区。英国的每一座工业集合城市一度都曾拥有这些通往乡村、河流或海洋的逃生路线。对西米德兰（West Midlands）来说，有塞文山谷（Severn Valley）、威伊山谷（Wye Valley）和北威尔士（North Wales），对利物浦和曼彻斯特来说，有北威尔士（North Welsh）海岸和韦拉（Wirral），对格拉斯哥来说，有艾尔郡（Ayrshire）海岸，甚至还有罗蒙德湖（Loch Lomond，苏格兰最大的湖泊——译者注）令人愉快的湖畔。服务于约克郡西区（West Riding）的城镇和城市工业人口的有约克郡（Yorkshire）海岸和亨伯

（Humber）河口湾，而为泰恩塞德（Tyneside）和蒂塞德（Teesside）的工业人口服务的有诺萨伯兰郡和达勒姆郡（Durham）附近的海岸。

　　似乎有一部分人口正遵循着一条自然法则，要寻找一处地方可以自行建造。但是当然值得记住的是，当小地块现象开始出现的时候，在英国城市和城镇的大多数家庭中，才刚刚有一代或两代人脱离农村生活。

　　一系列的因素造成了小地块现象。首先是影响了埃比尼泽·霍华德的同样的经济事实：农村土地的价格。有一句老话说，土地在价格下跌之前早就先丧失价值了。但是，由开始于 19 世纪 70 年代并持续到 1939 年（在第一次世界大战时期因为水下封锁而间断过）的便宜的进口货引起的农业衰退，鼓励了人们以抛售价格购买和出售破产的农庄。在 1913 年，你可以用 1 英镑作为押金，在肯特郡以每英亩 10 英镑（每公顷 40 英镑）的价格购买土地，或用 11 先令 6 便士（57.5 新便士）的价格买到埃塞克斯的坎维岛上的小地块。在自由党政府加倍了死亡税（即遗产税——译者注）之后地产的崩溃，以及第一次世界大战时期土地所有者们的儿子和继承人们的遭屠杀率，在出售者中增加了压力，迫使他们要在一些大客户缺少的情况下寻求大量的小客户。

　　第二个因素是沿着社会等级传播下来的假日习惯和"周末"理念。《1938年带薪休假法》（Holidays with Pay Act 1938）影响了 1850 万在职工人（当然包括他们的家属），他们中的将近 1100 万人是第一次领取这种假日薪水。那些从前必须用存款来支付度假费用的人，现在可能找到了一种廉价的方式，只消瞥一眼 20 世纪 30 年代的《道尔顿周刊》（Dalton's Weekly）将会明白，除了在野地里的一顶帐篷之外，广告介绍的最便宜的度假方式就是租用其他某个人的小地块平房。

　　另一个因素是廉价交通的可达性。那时有着多得令人难以置信的到达各地的铁路支线的分叉，对那些地方来说，车站已成为一个与外面世界的意想不到的联系，而且还有在假日生意中抵抗铁路竞争的游艇产业，不仅向上游通到泰晤士河，而且沿着埃塞克斯和肯特的海岸。最后，决定性的因素是私人汽车驾驶的逐渐的民主化。

　　第四个因素可以极好地概括为野外生活风尚的发展。这有几个方面。其一是人们相信新鲜空气具有利于健康的质量，可以作为对支气管炎、肺结核等城市生活弊病的抵御。另一方面是对钓鱼、划船和航海等流行的河岸与海岸运动的追求。还有另一个方面，是对那些"简单生活"的居民的吸引，无论他是在乡村农舍拥有 3 英亩土地和一头牛，或是作为一个长途的通勤者。

　　最后，还有一个财产所有的民主思想。在 20 世纪末期，英国所有权的主要模式是自有住宅。而在 20 世纪刚开始时，有 90% 的家庭，不管贫富，都租赁房屋居住[1]，在整个 20 世纪，在英格兰拥有几个平方米院子的吸引一直有其诉求。早在一名保守党小政客新创出关于财产所有这个用语前，一个小地块业主，弗雷德里克·弗朗西斯·雷默兹（Frederick Francis Ramuz），滨海绍森德（Southend-on-Sea）的两届市长，他像土地公司一样运作，在 1906 年宣扬"土地国有化即将到来"，这意味着，不居住于产权所在地的地主对土地的控制将要被每一个家庭拥有我们共同遗产的一部分而取代。像皮斯黑文的开发者一样，雷默兹先生宣称，在莱登（Laindon）他的土地上，"一座真正的田园城市很可能被创造出来，没有慈善家们的帮助，而在一个完全可靠的基础上"[2]。

小地块有一些共同的特征。它们一律位于边缘的土地上。在内陆的埃塞克斯的小地块，全都位于一条穿郡而过的无形的线的南面，这条无形的线将更加易于耕作的土壤从被当地农民称为三匹马农田的难耕作的黏土地分离出来，这些黏土地在农业萧条中最早退耕。其他的小地块在脆弱的沿海位置发展，其中最有名的就是杰维克沙滩和坎维岛，或者在泰晤士流域的河岸地点，也容易遭受洪水的威胁。抑或是在酸性的石楠丛生的荒野或白垩质的高地上。即使是皮斯黑文，也是建立在南部丘陵（South Downs）的一个地方，那里原先是一片古老的放羊的牧场，由于拿破仑一世时期以及随后的战争时期的耕作，后果是被一片强韧的、铁丝般的杂草地取代，结果作为牧场它是最早被离弃的。

所有小地块地区的另一个特征是，度假屋都被同一个家庭保留下来，成了第一代人的退休住宅。这些在外人看来不方便、不合乎标准、远离商店的地方，对住者自己来说，却满载着孩子年幼时快乐的夏日时光的回忆。最后一个共同的属性是小地块的趋势，除非给居民设置故意的障碍，随着时间流逝，小地块将成为持续升级过程的主体。扩建部分、浴室的添加、部分或整体的重建、管线设施的提供和道路的建造，是在任何这样的尚未被削弱经济基础或容易受到"规划师的扼杀打击"的定居点上持续的改善过程的一部分。

两次战争之间年代的自然资源保护论者的文献揭示，所有那些"正确思考"（亦即有特权）的人，对于他们所见到的到处发生的对景观的亵渎感到了强烈的恐惧。迪安·英奇（Dean Inge），这个时期的著名政论家，创造了"平房式的生长"一词，暗示着某种肿瘤正蔓延在家乡郡里的地表。后来建造波特美利安（Portmerrion）度假村［克拉夫·威廉斯－埃利斯于 1925—1975 年间在北威尔士斯诺多尼亚（Snowdonia）他自己的私人土地上建造的意大利风格的村庄——译者注］的克拉夫·威廉斯－埃利斯（Clough Williams-Ellis，他也是自学而成的、天生的建筑师和景观设计师——译者注）是《英格兰与章鱼》（England and the Octopus，1928 年）一书的作者和概论《不列颠与野兽》（Brit-

---

1. 沃德（Ward）1990 年.
2. 哈迪和沃德 1984 年，196.

ain and the Beast，1937 年）的编辑，在其中，霍华德·马歇尔（Howard Marshall）声称："华而不实的文明就像一条巨大的鼻涕虫在蔓延，穿过乡村地域，在身后留下一道污秽的黏液痕迹。"在对历史的回顾中，可以发现，部分的这种憎恶之情是正常的愤世嫉俗，不感受到这一点是困难的。错误的一类人正在阳光下获得一席之地。

在所有的开发中，小地块是最脆弱的。它们很少符合合法的建造。它们可能长期成为公众健康的威胁，就像当时大多数乡村贫困者的住房一样，它们没有与下水系统相连。它们几乎不能为当地政府提供多少收入，因为它们的应征税的价值非常低，而它们的主人不是在公共事务中具有影响力的人。在刚刚建成、粗糙而崭新时，它们看上去更像是在美国西部或澳大利亚矮丛林中拓荒的新兴城镇，而不像是英国东南部城市发展的期望模式。

然而在下面的事实中存在着一个讽刺，那就是简单生活与乡村周末也吸引了思想开明的知识分子，而他们是自然资源保护活动的中坚力量。雷金纳德·布雷（Reginald Bray）是一位进步的慈善家，并且接连着，是伦敦学院委员会和伦敦郡议会的成员。他于 1919 年离开伦敦，接管他父亲位于萨里郡（Surrey）的以希尔（Shere）为基础的地产。在彼得·布莱登（Peter Brandon）博士研究地产文件时，他发现，布雷曾经为 20 世纪 20 年代和 30 年代许多好人和伟大人物提供场地，包括第一届工党内阁的大多数成员和数位乡村保护运动的参与者。克拉夫·威廉斯－埃利斯也在其中，而与此同时他还在痛惜这个风气，"那些冒险的平房植下根基——粉红色的石棉屋顶叫嚣着它的挑战——在整个教区内，从一些令人愉悦的山地之上，而它已经轻松愉快地损毁了这些山地。"[1]

另一位周末居民是布雷在英国哈洛公学的同辈，历史学家 G·M·特里维廉（G. M. Trevelyan），他也曾哀叹道："这个国家用税收来摧残那些曾经保护着乡村美好的阶级，但是它仍然太过保守，以至于不能干涉作为土地出售对象的投机者们将土地投入的用途。"[2]

时间和自然已经改变了小地块场所，就像它们改变任何不成熟的、新的定居地一样。举例来说，那些恼人的鲑肉色的石棉或水泥制的板瓦，除了证明它们像其他屋顶材料一样经久耐用之外，还滋生出了苔藓和地衣，以至于它们现在的外观看上去就像是科茨沃尔德（Cotswold）石头。到 20 世纪末，我们可能会笑话政策制定者们想当然的方式，他们理所当然地认为，他们有权享受乡村归隐生活，却想否认在机遇与收入等级秩序中更下面的人们在审美立场上的同等机会。帕特里克·阿伯克龙比在介绍他的大伦敦规划时，小心翼翼地强调了这一点："心存嫌恶地对准在兰登山（Langdon Hill）上和在皮齐（Pitsea）混建棚屋和平房的混

---

1. 威廉斯－埃利斯 1928 年，134.

2. 特里维廉 1937 年，183.

乱是可能的。至于什么才是像在弗兰斯汉姆（Frensham）和布拉姆肖特（Bramshott）的那些可爱的花园和住宅群一样创造出的人们真正的一个渴望，这是一个狭隘的评价。"[1] 像如此经常地一样，阿伯克龙比没有随平常观点的大流；他理解他正在规划服务的那些人的渴望，在某种程度上，与他相似的其他规划师们几乎从未达到过。

战后的规划立法和土地所有者们此刻提高贫瘠的农田可以获得补贴的事实，有效地中止了小地块开发，而规划当局已经将现存的场地列入他们期待解决的问题。有时目标是彻底清除这些地块，并归还土地，如果不是回归农业，那么也是用于公共娱乐用途。在大多数地方，这些政策都失败了，仅仅带来了成小块空置的、杂木丛生的荒地夹在仍被占用的小地块中，这些地块的主人都打定了主意要和规划决议对抗到底，结果地方当局的政策被中央政府给否决了。

在其他一些地方，清理政策取得了成功。在埃塞克斯的黑弗灵公园（Havering Park），大伦敦议会拆毁了所有的小地块住宅，在此上建造一个国家公园。在不远的地方，1949 年巴西尔登新城被指定从皮齐和莱登当中建造某类城市实体，到第二次世界大战末，在 75 英里（120 公里）的草径路上约有一个 25000 的定居人口数，多数地方没有下水道，通过配水塔供水（图 26）。更近些时候，埃塞克斯郡议会清除了另一片分散的小地块区域，来建设南伍德汉姆费雷斯的新居住城镇。在东南部的其他许多部分，规划部门试图通过拒绝批复所有的改良和升级的规划许可申请冻结开发，但是拒批决定常常在上诉中被驳回。

图 26 莱登。最初的小地块梦想，在电视剧中得以不朽，但实际上，所有的都悉数毁于巴西尔登新城的建设中。图片来源：哈迪和沃德，1984 年

---

1. 阿伯克龙比 1945 年，98，235 段.

对待小地块的态度在这些年中已经发生变化。它们开始时是作为景观上的污点。然后，它们被看作古怪奇特的，以及含糊的趣味性的或古雅的。在那之后，它们不可避免地成为我们遗产的一个珍贵方面。在巴西尔登，极少数保留下来的平房之一，被称作敦通（Dunton）山避难所的，成为一个小地块博物馆。在肯特的邓杰内斯角（Dungeness），一片小地块场地被指定作为保护区，以保护它免受再开发的破坏。在保留斯旺西海湾（Swansea Bay）一处小地块场地避免其再开发投标的努力中，地方政府在1990年同样将其指定为保护区，在那些场地上，场所将是"田园牧歌式的"。在其他场所，即使是第一批移民以每节15英镑的价格买来的旧式铁路客车车厢，包括靠马匹牵引的交通到达场地的运送，对铁路文物收集者来说已变得珍贵。

但是关于小地块时代的重要性的最后评述，来自安东尼·金（Anthony King）博士，在他的将平房作为一种建筑类型的不朽的、全球的历史中。他评述道：

> 廉价的土地和运输、预制材料，还有业主的劳动和技能，所有这些的结合，对土地上的普通人们来说，将两百多年没有给予他们的机会又还给了他们，在这个时候，这个机会仍然为世界上近半数的非工业人口可以得到的：一个人建造自己房屋的自由。这是一种注定是非常短命的自由。[1]

他是多么正确。

---

1. 金 1984 年，175.

第5章
土地定居：失败的选择

埃比尼泽·霍华德在撰写其著作的序言时，提出了他著名的三磁体图式，他将重点不是放在城市的过度拥挤，而是乡村的人口减少。他和他所援引的数据，都极大地关注他所引用的约翰·戈斯特爵士"如何逆转人们迁移到城镇中去的潮流，而让他们返回到土地上去"的问题。

他的著作是当时同一个十年中的六本书之一，它们在论述这一议题时都吸引了大量关注。第一本是《在极度黑暗的英格兰及其出路》（In Darkest England, and the Way Out，1890 年），在这本书里"救世军"（Salvation Army，1865 年创建，基督教的一种传教组织，编制仿照部队形式——译者注）中的威廉·布思（William Booth）倡导（并介绍）了让城市失业者为适应在英国的海外领地的一种新生活而准备的乡村居住地。第二本是威廉·莫利斯的《乌有乡消息》（News From Nowhere，1890 年），描述了 21 世纪一个后工业后城市时代的英国。第三本是罗伯特·布拉奇福德（Robert Blatchford）的《快活英格兰》（Merrie England，1893 年），它提倡通过城市居民实现小尺度园艺的复兴；到 19 世纪末这本书差不多售出了 100 万册。第四本是列夫·托尔斯泰（Leo Tolstoy）的《天国在你的心中》(The Kingdom of GodIs Within You，1894 年），立即被他的弟子们翻译了去敦促读者们在土地上过农民的生活。第五本是霍华德 1898 年巧妙创造的建议大成，第六本是彼得·克鲁泡特金的《田野、工厂和车间》，作为他整整十年来已发表文章的合集于 1898 年出版，关于通过集中的农业来融合疏散的工业，以及脑力劳动与体力劳动相结合等问题。

这批多产的文献导致了一系列的实验社区，其中的许多都在同一个地区，那些地区由于农业的衰退因而土地价格便宜。[1] 在受到托尔斯泰的激励而开辟的居住地中，唯一的一个幸存者在 1998 年举行了它的一百周年庆祝。这就是格洛斯特郡（Gloucestershire）的怀特韦（Whiteway），在那里，最初的定居者们曾仪式性地烧掉了土地地契，来保证土地是所有人共有的。无可避免地，几十年后这在法庭上受到了质疑，而让多数人感到欣喜的是，土地登记高等法庭在 1955 年做出规定：殖民者作为一个整体是他们土地的许可拥有人，他们从定居地形成时起例行召开

---

1. 哈迪 1979 年.

的月会就是许可人。[1]

　　怀特韦由于创建者们对于自治生活信条的默认放弃而得以幸存，在所有这些"土地聚居地"中，在"好生活"的竞争的看法之间存在着不可避免的差异。"科劳斯顿希尔（Clousden Hill）自由社会主义者和合作社聚居地"于 1895 年建立在泰恩河畔的纽卡斯尔北部的一片 20 英亩（8 公顷）的农场上。[2]它的创建者是一名捷克裁缝，弗兰克·卡珀（Frank Kapper），这正是人们对东北部地区公共的集约化园艺发展潜力存在着强烈兴趣的时期。克鲁泡特金在《19 世纪》里的文章和他的尚未被翻译的 1892 年出版的法文著作《面包的征服》（La Conquête du Pain），"引起了对于在土地耕作中应用人工加热系统、温室（或'玻璃文化'）和新肥料的潜力的关注"。《自由》在 1893—1894 年连载了《面包的征服》（The Conquest of Bread）的一个英文译本，巧合的是，在一个民主框架内重组农业的议题在东北部被"合作运动"组织提了出来。1894 年 5 月，零售和生产者合作社的年度"议会"——合作大会——在森德兰（Sunderland）召开了，在议程上有一个涉及"合作农业"的特殊文件。这吸引了倾向于拥有一个温和的合作场所的无政府主义者的关注，他们将合作社看作本质上自愿的、开放的消费者和生产者的联合，这成功地消除了个体的利益动机，但是由于官僚政治的领导而被减弱了。[3]

　　这次大会上的一位讨论者是个伦敦人，叫约翰·C·肯沃西（John C. Kenworthy），他极力主张代表们支持"土地上的自愿协作"而不是支持只不过被零售合作社偶然拥有的农场。他发起了有关这个主题的一个外围会议，在会上弗兰克·卡珀遇到了购买"科劳斯顿希尔"的资金提供者。他就是威廉·基（William Key），他曾经当过 12 年的海员、8 年的矿工和另外 12 年的收税员和兼职保险代理人，一个和埃比尼泽·霍华德一样罕见的背景经历。基和卡珀急切地想做得当的事情，他们写信给克鲁泡特金［那个时候他住在肯特郡的布罗姆利（Bromley），在那里"英国遗产"于 1989 年竖起一块蓝色铭牌来纪念他曾经的住处］，邀请他来担任财务员。

　　克鲁泡特金回信说："我是最不合适的人选，因为我从来没能为我自己的收入和开销记账。"然而，他确实为这个社区和其他一些社区经营提供了有价值的建议。

　　　克鲁泡特金警告了风险投资带来的危险，例如，由于资金不足，在定居地繁荣时期太多新移民的涌入，对辛勤工作的必要性估价的失败，在小聚居地中有限的社会生活可能引发的失败等等……并且他建议成功的社区应该避免支持独立家庭的联合的努力。聚居地也应该拒绝内部权力结构。[4]

---

1. 撒克（Thacker）1993 年，143.
2. 哈迪 1979 年，180；玛什（Marsh）1982 年，100.
3. 托德（Todd）1986 年，8.
4. 托德 1986 年，19.

他提出了一个对社区经营来说有巨大现实意义的问题：妇女的地位。这个问题很重要，克鲁泡特金提醒他们：

> "尽一切可能把家务劳动减到最少……在许多公社中，这一点都被糟糕地忽略了。妇女和女孩在新社会和在旧社会中处于一样的地位——公社中的奴隶：在我看来，为了尽可能多地减轻妇女花在抚育孩子和家务劳动上的工作量的安排，和农田、温室和农业机械的适当安排一样，对公社的成功来说是根本的。甚至更加重要。但是当每一个公社都梦想着拥有最完美的农业或工业机械时，很少注意到妇女们作为家庭奴隶的精力的浪费。"[1]

"科劳斯顿希尔"的风险投资吸引了公众极大的兴趣和大量的游客涌入，使它陷入了招募新成员的窘境，所有人都急于改变规则："日复一日花费在编制成套的规则上"，一位移民者这样写道。它的最终失败也没有使其他实验失去信心。19 世纪 90 年代那些鼓舞人心的"回归土地"的书籍每一本都引起一大批园艺实验。布拉奇福德的《快活英格兰》导致了曼彻斯特的一位印刷工人托马斯·史密斯（Thomas Smith）改变了他的职业，并和家人一起搬到在梅兰（May land）的 11 英亩（4.5 公顷）贫瘠的黏土地上，那里靠近奥尔索恩（Althorne，埃塞克斯郡的一个小乡村——译者注），以便为移民同伴做广告。他花了很长的时间才取得成功，并从其经历中获益：

> 在梅兰收益最好的生产就是西红柿和其他用来做色拉的蔬菜，农作物越早熟价格就越高。因此史密斯坚定地转移到温室中耕作，生产草莓、莴笋、西红柿，甚至各种瓜类——所有的批发价格高的农作物，即使数量少也种植。逐渐地，他获得了知识和技巧，使他所持有的成为繁荣的生意。后来，他出版了一本关于集约耕作的手册，尽管插入的图片是科学化管理的市场田园，有着集中的施肥、大片的凉棚、仔细调控的玻璃罩和一个巨大的包装库房，这些也许不是史密斯或其他人在开始回归土地时他们面前所拥有的田园景象。[2]

史密斯的宝贵的成功吸引了一位美国慈善家的关注，约瑟夫·费尔斯（Joseph Fels），费尔斯-纳阿普萨肥皂公司的创始人。乔治·兰斯伯里（George Lansbury），一名工党政客，把他拉了进来，在《失业工人法》（Unemployed Workmen's Act）的规定下，与伦敦的贫民法律救济委员会合作，这部法案许可政

---

1. 托德 1986 年，110.
2. 玛什 1982 年，116.

府的钱发放到各类地方失业委员会，以使失业者们能重新找到工作。在费尔斯的帮助下，兰斯伯里在萨福克郡（Suffolk）的霍里斯利海湾（Hollesley Bay）和埃塞克斯的莱登建立了"劳动聚居点"，据兰斯伯里声称，200个人的工作，"将废弃的土地转变成了果园和田园"。他和费尔斯正准备进一步的计划，这时，1906年初政府的一个变化，给地方政府委员会带来了一位新会长约翰·伯恩斯（John Burns），他禁止把公共经费投资于在土地上重新安置失业人口的计划。费尔斯没有踌躇不前，他继续购买了600英亩（250公顷）梅兰的尼普塞尔斯（Nipsells）农场，这个农场靠近托马斯·史密斯的土地，怀着提供"一个长期机会"而不是"短期救济"的目标，起用史密斯担任经理。

1912年一个著名的小地块持有的拥护者，F·E·格林（Green），报告说这个尝试没有成功，"但是在当时，谁会期望发现一个坐落于火车站4.5英里之外的法国式田园是个商业上的成功呢？"他发现大部分的小地块持有者都欠了费尔斯先生沉重的债务：

> 这些定居者中很多人都是来自伍利奇（Woolwich）和其他城市地区，然而不能完全地归咎于人的不适当。在我看来，梅兰决不应该被分割成5英亩的水果农场，而应该分割成30英亩或者40英亩的畜牧地。呈现给城里人的6个月的贫瘠、肮脏的土地开垦，没有任何其他的冬季消遣来减轻重负的一种生活，即便对最热烈的土地热爱者来说，也是一场劳苦的考验。[1]

格林确定了困扰着每一个小种植者的困难，无论个体的还是集体的：有效的市场营销的困难。他陈述道：

> 他们向我展示了通过合作销售体系在把所有散装的产品输送到市场的过程中是如何的完美，所以我被告知，"体系计划到直至最后一个按钮"；但是当产品送到柯文特花园（Covent Garden）指望它可能卖得什么好价钱时，合作销售体系的用途是什么呢？……在许多例子中，生产几乎不足以抵补运输成本……协作只不过改善了柯文特花园销售商发财的一个方法。如果合作销售者对生产者施以救援的话，这也许本可以避免。[2]

埃比尼泽·霍华德的倡议和土地定居的系列实验的联系被托马斯·亚当斯串接起来，他不仅是田园城市协会的第一个全职职员，莱奇沃思田园城市的第一任总经理，甚至还是城镇规划学院的第一任院长。他和小说家瑞德·哈格德（Rider

1. 格林1912年，258.
2. 格林1912年，261.

Haggard）组织了一个关于乡村人口减少的会议，亚当斯出版了研究结果《田园城市和农业》（Garden Cities and Agriculture）[1]，而哈格德在同一年里向政府做了关于基督救世军建立的土地聚居点的报告。[2]

正是第一次世界大战，将重新定居在土地上的渴望从一个在托尔斯泰们、无政府主义者、简单生活者和基督救世军领导下的试验转变成政府政策的一个小的方面。《1908 年小租借地和自留地法》（Small Holdings and Allotments Act of 1908）授予郡议会用国库基金获得土地和建造房屋以及出租 1—50 英亩（0.4—20 公顷）租借地的权利。郡议会也能够促进在小自耕农中的合作社的组织并为其提供资本。90 年之后，英国存在着这样的郡，由于这个法案而使得这些郡议会成为最大的唯一的土地所有者。一些郡有申请小自耕农地的等候名单，当空地出现时，面临着一个进退两难的局面，是产生一个新的租赁权，还是出租持有权给附近的一些承租者，这些承租者宣称，他们的 50 英亩土地在现代化农业社会对经济生存能力来说显得太小。其他的郡议会，为了提高收入，将租借地要么卖给承租者，要么在开放的市场上出售。

然而，在第一次世界大战后在土地上移民安家的动力，是自 19 世纪 90 年代以来的城市梦想的一个方面，它被改造以适应于战后的愿望。一部《土地定居（设施）法》［Land Settlement（Facilities）Act］于 1919 年通过，于 1926 年结束了规定。这些规定包括附带中心农场的农场聚居点、利益共享的农场和合作营销。

> 在数百万的复员遣散军人中，只有 49000 人申请了小租借地，而直到 1924 年 12 月，这些人中只有 1/3 获得了法定的小租借地……作为战争引起的这个土地殖民结果，法定的小租借地在数量上已经翻了两倍多，在小租借地项目上的房屋数量翻了 4 倍……到 1924—1925 年期间，战前战后时期的地产结合起来的 30000 块租借地上有大约 8200 幢房屋……又有 3600 块议会租借地被"部分地装备"，通常只有建筑物。剩下的 60%，或者说 18000 块，是没有住房和建筑物的荒芜的租借地，靠近申请者已建成的居住地而提供。[3]

在苏格兰重新安置退役军人的问题被历史环境赋予了额外的动力。在苏格兰高地和岛屿上小农场佃农的"驱除"已经引起了令人震惊的不满；《1886 年小农场佃农法》（Crofting Act of 1886）没有纠正这一切，尽管它控制了租金，给予所

---

1. 亚当斯 1905 年.
2. 哈格德 1905 年.
3. 史密斯 1946 年，109.

有权的保障，但是没有恢复被驱逐者的子孙的权利。在"第一次世界大战"备战期间，曾经有过一系列广泛宣布的土地抄查。[1]"为伟大的战争招募新兵的宣传曾承诺，那些主动应征的人，将得到土地作为回报。对于那些战斗过并幸存下来且需要租借地的人，被公认为理应得到土地。"[2]

1919—1930 年间，在苏格兰大约 90% 获得的用作殖民的土地是在佃农的郡，构成所产生的 2536 块租借地中的大约 60%，主要地试图完成"一个长期的小农场佃农人口的文化和政策愿望"[3]。在英格兰，随着针对退役家庭的规定减少，教友会，也就是广为人知的贵格会（Quaker），试图寻找一个途径，可以缓和失业矿工所忍受的困苦。到 1935 年，它已经说服政府从其他来源配备资金，并创立了土地定居协会（Land Settlement Association，LSA），特别地针对失业救济，并且基于针对所涉及家庭的集体营售。[4]

随着乡村周围的场地被购置，一个富有特征的土地定居协会（LSA）的景观出现了，甚至到了今天，在土地定居协会最终关闭以前很久被处置过的地方，在经过好几代门面的改换之后，还能被依稀分辨出来（图 27 和图 28）。有一家小型的家庭农场，通常是原先农庄的替代，为管理人或顾问所占有，

图 27　土地定居点——以前。20 世纪 30 年代的土地定居协会住房，刚刚建成之后的原来式样。图片来源：土地定居协会

图 28　土地定居点——后来。在 20 世纪 90 年代的同一所住房，通过改造和附加部分转变成一套行政官员的理想居所；一所房屋生长和变化能力的一个完美体现。图片来源：布赖恩·古迪（Brian Goodey）

1. 克雷格（Craig）1990 年.
2. 勒内南（Lenenan）1989 年，20.
3. 戈尔德（Gold）和戈尔德（Gold）1982 年，129.
4. 麦克里迪（McCready）1974 年.

中央的建筑物用于分级和包装产品，农场之外大约 40 块 4—8 英亩左右的租借地块，依赖于原先关于园艺或畜牧业作为基础活动的设想。承租人们的房屋，每所都带有一座小小的前花园，可能时都建造在已有的道路边上。在必需的地方，新的入口道路在格网状布局的基础上发展。靠近住宅是暖房、猪圈和鸡舍，紧挨着的是一片水果和蔬菜栽培地，在这之外是计划用来和临近的地块一起耕种和收割的一个区域。有时候也会有一个大规模的果园。

如果有任何相类似的东西的话，土地定居点是一个类似于小地块的景观，在一些地区，像西萨塞克斯的塞尔西（Selsey）半岛，它们是邻接的。第二次世界大战既否认了土地定居协会的成功，也宽恕了它失败的问题。因为当移民发展的园艺家早已破产，失业的家庭能有什么改善是不可能的。那些不能适应种植者生活的移民者，又回到了他们的家乡地区，在那里突然地，通过战争的魔力，采矿和重工业又变得重要起来。食品生产也变成全英国所必需的，并且土地定居协会也归农业部直接管辖了。

战后的政策是，对被证实有经营农场经历和有足够资本门路维持持有人和家庭生活的人，限制其租借地持有申请者的资格，直到他们能够自谋生活为止。在20 世纪 60 年代，农业部任命了一个委员会，由 M·J·怀斯（Wise）教授担任主席，对由郡议会建立的小租借地块和土地定居协会的小租借地块都做出报告。他总结为，协会的地产作为"在务农阶梯上的第一步"的概念再也不贴切了，而且它作为农业合作的一个实验者的角色尚未完成，因为它的委员会是由政府而不是承租人任命的，并且因为承租人是被非自愿的契约性责任所制约的。[1]

与此同时，英国的零售模式也正在迅速地改变。在伦敦由柯文特花园主导的、地方蔬菜商和水果商在最近的批发市场购货的概念，正被通过多样化的连锁店直接购买、与大街超市和镇外的巨型超级市场亲自交易、并有高程度的预包装和标准化的方式所取代。

土地定居协会采纳了最容易被接受的意见和大量的各类商店签定合同，大量供应一小部分范围的色拉作物。到 20 世纪 70 年代初期，收入已远远高于平均农业工资，但是 20 世纪 70 年代后期给承租者们带来了艰难时刻。农业部关闭土地定居协会的决定随着 1982 年 12 月议会休会被宣布。这个决定包括了 10 处保留下来的不动产，由 3900 英亩（1580 公顷）构成，有 530 位承租者，他们被允许以当前市场价格的一半购买他们的租借地。在以英国农业经营的"奇迹之年"为人所知的英国农场，因为农场主们的收入提高了 40%，人们发现，将近四分之一的土地定居协会的承租者收到了"家庭收入增补"（Family Income Supplement）的社会保证金。[2]

---

1. 怀斯（Wise）1967 年.
2. 沃德 1983 年.

当时有一些肮脏的法庭诉讼案件，成功地从农业部获得一个宽大的庭外和解。萨福克郡在纽伯恩（Newbourn）的一块地产形成了一个新的合作，以重新捕捉它们的市场，但是被更便宜的进口击败了，到1994年对它的报道如下：

> 广大的地区，曾经一度繁荣的社区的家庭在其上劳作的土地，现在看起来像个墓地。数英亩的暖房闲置着。拆除玻璃每英亩要花费10000英镑，而在土地定居协会的场地上有25—30英亩的玻璃，这意味着一笔25万英镑的附加账单。种植者们想卖光，但是议会为了它的规划政策，已禁止建造任何新的建筑物，并想要场地保持它的园艺特征。一位从事了17年工作的种植者评论说"在园艺上就是没有前途的；它已过时，我们再也不能以此为生了。他们要求我们的所有地作为博物馆片断保留下来，但是不给馆长工资。"[1]

这是在英国回归土地运动中历时最长、规模最大的投资活动的悲伤而无言的结局。霍华德本人，在20世纪初曾经说过，"当我们生活的时期是真正紧凑密集、过度拥挤的城市时期时，对那些能读懂它们的人来说，早有即将到来的变化的迹象，如此伟大和如此声势浩大，以至于20世纪将被称为伟大的出城时期。"[2]

他是有预见的，但是出城不是走向希望之地的艰难赢得的牧场。它是通向一个广大的城市通勤时式。

---

1. 沃德1994年.
2. 霍华德1904年.

第 6 章
欧洲大陆的插曲

霍华德的思想很快越过海峡出口了，并出奇快速地传遍整个欧洲大陆。在不到 20 年的时间里，田园城市在法国、德国、俄国和其他许多国家都建造起来。并且这个运动继续产生反响：在第二次世界大战以后，围绕着被多样地描述为新城和卫星城的概念，欧洲开始重建它的一些主要城市。这些努力本身中的许多属于现代规划运动中的经典，犹如绝好的帕提农神庙之于古典主义。唯一的问题是，它们之中几乎没有一个符合霍华德的基本思想；相反，事实上它们所有的，尽管掺杂的，都是田园郊区。理解上的失败是如此彻底、如此普遍，以至于英国评论家一定要花点时间问问为什么。

索里亚的线形城市

就年代上而言，这些努力中最早的实际上要先于霍华德，尽管其实现却落在他以后十年。1882 年西班牙工程师阿图罗·索里亚－玛塔（Arturo Soria y Mata）写了一篇文章，提倡线形城市（La Ciudad Lineal）的概念；十年后他发表了一个更加详细的建议。他的概念是在城市里快速运行的有轨电车线（或者轻轨）系统可以运用作为一座线形田园城市的基础。[1] 像霍华德那样，他将他宣扬的付诸实践：他规划的 30 英里（48 公里）城市的第一个部分实际上于 1894 年开始建造，并于 1904 年完成，长 3 英里（5 公里），位于马德里东部的两条放射状高速公路之间。电车最初是马牵引的，只有在 1909 年才实现电气化，电车线路的每一侧布置超大街区的别墅住宅，街区尺度大约在 200 米的深度和 80 米或 100 米的正面宽度。但是这一线形城市是一个纯粹的通勤郊区，将被开发成一个商业投机项目；由马德里城市化公司开发，它是那时在美国早已广泛采用的一个思想的西班牙版本。[2] 如今，这座线形城市（Linear City）存在了下来，横穿过从机场出来的主要高速公路，有轨电车已被地铁取代；一座车站就是考虑周到地以创始者的名字命名的。

---

1. 索里亚－普格（Soria y Pug）1968 年，35，43.
2. 索里亚－普格 1968 年，44—49，52.

塞利耶的田园城市

在法国，霍华德思想的第一个重要的解释，乔治·伯努瓦–列维（Georges Benoit-Levy）的《田园城市》（Le Cité Jardin）一书，混淆了田园城市和田园郊区的概念，将证明是法国特有的一个问题[1]。在那之后13年，亦即1916年，田园城市建设的一项重要实践，在塞纳省蓬马歇公共住房办公室的组织下，在巴黎周围开始；在1916—1939年期间，它的领导者亨利·塞利耶（Henri Sellier），在巴黎周围规划和建造了16座田园城市。塞利耶很清楚他在干什么，因为他在1919年带领他的建筑师们拜访了昂温，并将昂温的版本奉为某种圣经。[2]但是无论从什么地方看，其结果都是汉普斯特德而不是莱奇沃思：纯粹的田园郊区，只是超过了城市边界，与通勤火车线路联系。起初，它们类似于汉普斯特德：它们是小规模的，在1000—5500个单元之间；它们建造在廉价的城市边缘土地上；它们有着比巴黎低的密度，每英亩地上40—60个人（95—150人/公顷）；并且它们有大量的开放空间。后来，上升的土地价格带来了更高的密度——80—105人/英亩（200—260人/公顷）——建筑物为五层的公寓街区，尽管仍然有宽裕的开放空间。[3]

田园城市：德累斯顿、法兰克福、柏林

德国人对于形成他们德国自己的与田园城市协会相当的组织甚至更加信仰坚定；正如他们的领导人物汉斯·坎普夫迈尔（Hans Kampffmeyer）1908年所言，他们想要一个德国的莱奇沃思。[4]但是，他们在德累斯顿的海勒劳（Hellerau）的田园城市，于1908年开始兴建，过去是、现在仍是一个混合体：与德意志手工艺工场及实用韵律协会同时，它受到生活改革运动（"生活改革"的说法最早于1896年出现，包括了19世纪和20世纪前半叶德国多方面的社会趋势，例如素食主义、裸体主义、天然药物等，殖民运动、田园城市亦在其中——译者注）的鼓舞，就像早期的莱奇沃思一样；海因里希·特雷森瑙（Heinrich Tressenow）的住房显然是昂温—帕克传统的一部分；而海勒劳仍然是有轨电车线终点的一个田园郊区，在德累斯顿城外仅仅5英里（8公里）远。

---

1. 巴彻勒1969年，199.
2. 里德（Read）1978年，349—350；斯文纳登（Swenarton）1985年，54.
3. 埃文森（Evenson）1979年，223—226；里德1978年，350—351.
4. 坎普夫迈尔1908年，595.

　　然后，在经历了第一次世界大战末的混乱和 1919 年政变的企图后，德国运动有了不同的倾向。在美因河上的法兰克福，社会民主党人在市长路德维希·兰德曼（Ludwig Landmann）时期取得控制权；1925 年，他们引进了建筑师兼规划师恩斯特·迈（Ernst May），为城市在周围乡村购置的土地开发住房。[1] 像塞利耶一样，迈曾经与昂温一起工作过，并与他保持着亲密接触。他开始思考纯粹的田园城市，距离城市 15—20 英里（24—32 公里），通过宽阔的绿带与城市隔离开来。它被证明在政治上不可能，所以迈发展了城市住房的卫星城，只用一条狭窄的绿带或者"人民的公园"，将它从城市分离出来，在工作就业上以及其他除了最就近的当地购物需求外的一切服务都依赖城市，并因而通过公共交通与城市连接。[2] 这项计划仅由 15000 套住宅组成，建于 1925—1933 年；许多由小的钱袋式的开发组成。即使比较大的和更为人知的"卫星"，被规划在沿着城市西北尼达（Nidda）河谷的一条线形带上，也还是小规模的：1441 套住宅在普劳海姆（Praunheim），1220 套在罗马人城。[3] 在现代主义者的风格中，它们过去（和现在）都没有妥协，带有屋顶花园的平屋顶住宅有着长长的露台；但是，它们忠实地遵循了昂温的习惯，小的独户住宅，每家拥有自己的小花园，成行列式排列，以便获得日照。

　　同样也是按照昂温传统的，是利用河谷作为天然的绿色地带，就像在霍华德最初的图式中一样，承担集中的农业和开放空间功能，诸如像小块的自留地、运动场、商业田园地块、服务于青年人的园艺学校等，甚至还有一处露天市场。[4] 并且，即使在他们晚近的表现中——淹没在一片更大的战后发展中，被城市高速公路粗暴地分割——这些微小的开发保留了许多它们原先的品质；经过 70 年树木的成长而变得成熟，它们恰恰表明现代主义运动可能是个多么好的得力助手：昂温肯定正是过时的和错误的，在 20 世纪 30 年代，当他反对现代建筑而使自己彻底不受欢迎时。实际上，田园郊区可以穿上不止一套的建筑外衣，迈的设计在它的方式上表现得与昂温和帕克他们的一样好。然而，这是汉普斯特德或伊灵的昂温，而不是莱奇沃思的昂温；从一开始，这些就是纯粹的卫星城市或田园郊区，只有 4 英里（6 公里）的距离连接城市中心，通过有轨电车服务，现在已经升级为轻轨地铁。

　　另一个重要表现是在柏林，在 20 世纪 20 年代后期那些年里，在魏玛共和国落幕之前。这儿，城市的建筑师和规划师，马丁·瓦格纳（Martin Wagner）正在协调一项更大的住房计划，虽然在概念上同样是现代主义的；就文化方面而言，柏林在那些年里是世界上最先进的城市，建造计划当然表现了这个事实。然而，

---

1. 亚戈（Yago）1984 年，87—88，94，98—99.

2. 费尔（Fehl）1983 年，188—190.

3. 嘎利安（Gallion）和艾斯纳（Eisner）1963 年，104.

4. 费尔 1983 年，191.

和迈在法兰克福的计划有着微妙的区别，如此微妙以至于不是总可以轻易地把握：瓦格纳抵制卫星城市，赞成定居点，最初在鲁尔（Ruhr，位于德国西部的城市群——译者注）煤田的模范工业定居点中发展起来的一个概念，与像伯恩维尔和森莱特港的工业定居点密切相关。在其中，房屋成组群环绕着工厂，但是和城市没有物质上的隔离，而且实际上和城市是紧密相连的。[1] 在西门子城的大居住区，由西门子公司于1929—1931年间在城市的西北部开发，来访者坐地铁到达，从城市中心出发有一段短暂的车程。这宣告了它本身是作为一项城市的开发，更像20世纪50年代伦敦郡议会的内伦敦住房计划，而不是一个田园郊区：那时候德国建筑界的先锋——夏隆（Scharoun）、巴特宁（Bartning）、黑林（Häring）、格罗皮乌斯（Gropius）——设计的都不是独户住宅，而是四、五层的公寓街区。但是它们被安置在一个巨大的花园空间里，——具有讽刺意味的是——现在那里是如此的封闭以至于朝圣者发现很难给建筑拍照。[2] 一个公寓田园郊区可能看上去在词语上有矛盾，但是西门子城却表明它是可能的。

　　首先它是安静而悠闲的，与昂温和帕克最好的作品、也和这个时期柏林城市设计的另外两个杰出的例子所共有的一种品质：城市西南面的采伦多夫（Zehlendorf）的"汤姆叔叔的小屋"（1926—1927年）和南面的布里茨（Britz，1925—1927年）。它们是由格哈克（Gehag）开发的，它是一家大型住房机构，通过合并行业同盟为基础的建筑协会与柏林社会住房协会而形成：正是霍华德为建造田园城市想建立的那种机构。[3] 两者都是纯粹的田园郊区，在柏林地铁的延伸线上，汉普斯特德式的风格。"汤姆叔叔的小屋"被称作一个森林定居地，并且真正地，一片巨大的树木覆盖，包容了二层和三层的现代主义的成排房屋，大多数由布鲁诺·陶特（Bruno Taut）和雨果·黑林（Hugo Häring）设计。[4] 布里茨，由马丁·瓦格纳本人与布鲁诺·陶特联合设计，有着二层和三层带阳台的住宅，被集合围绕着中央的胡芬艾森住宅区（Hufeneisensiedlung），一幢巨大的环绕着一片湖面的四层楼的马蹄形住宅。[5] 所有这些开发有着一种几乎魔幻的品质，在非凡水准的维护之助下，以至于它们看起来几乎是新的；但是所有的都是纯粹的郊区，甚至没有试图将它们自己与城市分开；它们的凝聚力，在所有三个案例中都是非常真实的，是一个内在的凝聚，街道模式非常清晰地与地铁车站相连，标示出入口和出口点。这在"汤姆叔叔的小屋"里可以最美地看出来，在那里通勤者从车站出来，穿过一个商业走廊进入郊区；一个近乎完美的理性和有效的布置。

---

1. 乌利希（Uhlig）1977年，56.

2. 拉韦（Rave）和克内费尔（Knöfel）1968年，193.

3. 莱恩（Lane）1968年，104.

4. 拉韦和克内费尔1968年，146.

5. 拉韦和克内费尔1968年，79.

但是，它们绝对不是田园城市。也许，在法兰克福，这是可以理解的；在法兰克福这里，像巴里·帕克在曼彻斯特的威森肖，迈正将一座卫星城的开发增加到一座大约 50 万人口的中等规模的城市，在这儿，一座羽翼丰满的田园城市的解决办法可能已经不合适。但是在大柏林，瓦格纳正在规划欧洲的第二大都市，有400 万人口，完全堪与伦敦相比——或许人们可能已经这么想了。有个关键的差别：正如阿伯克龙比在十年前访问这座城市时已经意识到的，柏林是座非常密集和紧凑的城市，属于传统的欧洲类型。［确实它现在仍是；今天的访问者着迷地发现，泰格尔（Tegel）机场与伦敦的基尔本（Kilburn）地区相当。］在这种类型的城市，尤其因为地方政治介入，因为总是太少的资金，魏玛的规划者没有看到田园城市解决办法的必要性。[1]

斯堪的纳维亚引领风气

在阿伯克龙比 1944 年的规划为大伦敦制定了一个绿带和新城镇的解决方案之后不久，哥本哈根和斯德哥尔摩制定了截然不同的规划解决办法。1948 年哥本哈根制定出它的"手指规划"（Finger Plan）。空间尺度小得多，就像早先在法兰克福一样：刚超过 100 万人，大约是伦敦人口规模的 1/8。但问题是相似的：它是一座太拥挤的城市，以一种传统的辐射集中式的风格，已经增长得太密集了，在它的发展进程中已经到达了一个关键点。到了这个时候，这座城市已经扩展至，外围地铁的终端距离市中心大约 45 分钟的车程，就时间而言大概与伦敦外围的铁路终端相同。所以哥本哈根应该可能引进一种阿伯克龙比风格的解决方案，但是城市规划师们决定代之以鼓励沿着选定的郊区铁路线向外发展，这样将 45 分钟地带进一步延伸出去（图 29）。在这些发展的轴线或"手指"之间，开放的空间楔将趋于保留它们自身，因为其可达性较差的缘故；索里亚于 66 年前在马德里已经使用过的一个主张。

它生效了；20 世纪 60 年代，当修订这个规划的时间到来时，规划师们决定用一种略微不同的形式重复这个处方。城市的发展到那时已经达到了另外一个门槛，人口在大约 150 万，达到在 1948 年"手指规划"中的长期的数字，预期到本世纪末增长到 250 万人。改善到市中心的可达性再也不能胜任了；就如在伦敦，工作岗位必须——确实，要——疏散。但是，哥本哈根的规划师们通过"手指规划"原则的进一步延伸为此提供了方案：他们提议新的"城市部件"，实际上是大约 25 万人的大的卫星城镇（等于丹麦的一个主要的地区城市），每一座都拥有

---

1. 哈特曼（Hartman）1976 年，44.

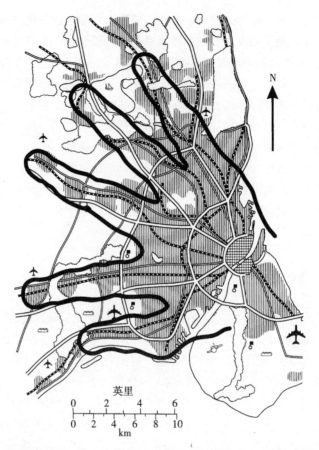

图 29　哥本哈根：手指规划。1948 年手指规划，哥本哈根对适应大都市发展难题所选择的答案：连续的发展走廊，取代了自我约制的新城。图片来源：丹麦，区域规划办公室，1947 年

自身的工业区和主要中心，沿着特定手指延伸。这样，许多新居民将会在家附近找到工作；但是如果是市中心地区的工作，一条高速的轨道运输服务将是有效的。

有一个重要的争论，不是关于设计原则，而是关于哪个手指应该承载开发的容量；最终，这个问题被解决了，在发展的早期阶段，集中沿着向西朝着洛斯基勒（Roskilde）镇和西南向朝着考基（Køge）镇的手指发展，两个都是中等规模的乡村城镇，距离哥本哈根中心大约 20 英里（32 公里），围绕着在塔斯楚斯（Tåstrup）的西面手指上的一个车站有一个新的中心，距离城市中心 12 英里（19 公里）。在 1973 年的修订中，规划进一步引申，沿着两条主要交通走廊的集中，一条朝南经由狭窄的海洋在丹麦的赫尔辛格 [Helsingor（Elsinore）] 穿至瑞典，朝向德国，另一条是由东向西的走向，从哥本哈根朝着丹麦的西部地区。主要的就业中心将被规划为沿着这两条交通走廊，在与原先的手指的某些交叉点上有地区次中心，三个位于城市的西面，第四个位于西南。并且在富有吸引力的北部开

放地区的发展继续受到限制。

在战后早期，斯德哥尔摩（事实上现在仍然是）甚至比哥本哈根更小：当哥本哈根在 1945 年达到 110 万人口、1960 年达到 150 万时，斯德哥尔摩分别只达到了 1945 年的 85 万和 1960 年的 120 万人口。正如在哥本哈根一样，到 20 世纪 40 年代中期为止，斯德哥尔摩沿着电车轨道线路的增长距市中心的平均距离已达到了大约 8 英里（13 公里），但是几乎处于系统可行的极限。因而至此，尽管也只是一个欧洲标准的小城市，但是由斯文·马克柳斯（Sven Markelius）和约兰·西登布拉德（Göran Sidenbladh）制订的 1952 年城市总体规划要求一个新的地铁系统，这个系统的形式是各条线路从城市中心的换乘枢纽车站放射出去，车站之间大约半英里（1 公里）的间隔（图 30）。新的郊区卫星单元将会被精心地计划围绕在车站周围，按照当地的密度金字塔分布：最高密度将紧密地分布在车站周

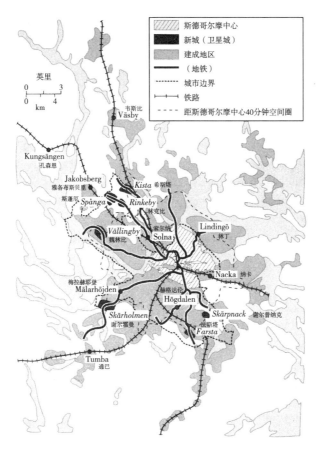

图 30　斯德哥尔摩：马克柳斯计划。1952 年斯德哥尔摩规划，出自斯文·马克柳斯和约兰·西登布拉德，沿着地铁延伸段建立的卫星城镇簇群，每个都存在一个密度金字塔：围绕着车站和商店密度较高，朝向边缘密度较低。图片来源：霍尔，1992 年

围，有方便的步行距离；稍许远的地区，依靠步行或公交车到达，将会有较低的密度。购物和其他的服务设施也将会按照等级原理集中在车站周围；每组大约五个郊区卫星城镇，有一个主要的中心和四个较小的地区中心。这些地区的"C"级中心将服务 10000—15000 人口，主要在车站的步行距离之内。而次区域的"B"级中心将服务整个群体，包括步行距离内的 15000—30000 人口，和另一部分地铁、支线公交车或私人汽车服务的 50000—100000 人口。这样在每个情形里，因为密度金字塔，当地到商店的可达性将被最大化。最终，每个单元（并且整个单元组也）将会被地方的绿化带在物质上分隔开来，这将有助于给予它们一个明确的身份——既通过新的地铁附着于城市，又与之分离。

这个计划得到了忠实地执行。到 20 世纪 60 年代中期，这种地铁是一个 40 英里（65 公里）长的网络，将所有的新的郊区地区纳入了市中心 40 分钟车程内。新的卫星城镇分组跟随每条线路的延续：首先在西面的魏林比（Vällingby）组，其次是南面的法斯塔（Farsta）组，然后是在西南面的谢尔霍曼（Skärholmen）组（图 31）。但是有一个意想不到的大问题：小汽车拥有量的增长远远快于规划者的预料。因此，地铁网络不得不通过高容量的干道公路来增补，这种干道公路在 20 世纪 60 年代末和 70 年代初被升级到了高速公路标准，而同时在"B"级中心的泊车供应不得不急剧增长。然而，最大的冲击来自通勤模式。规划设想了一个相当好的模式：半数的居民将会在当地找到工作，另一半将通勤去外面——主要通过地铁到斯德哥尔摩中心——而一半当地的劳动力将在内部通勤，还是通过公共交通。但是，因为上升的小汽车拥有量，它根本不像预期的那样运行：在当地工作的人少得多，典型地只有预期的 15%，而更多的人进行复杂的穿越城市的通勤，这通过地铁来提供相当困难，而通过小汽车则容易得多，尤其在 20 世纪 60 年代中期一条穿过西部郊区的主要环状公路开通之后。到了最后，20 世纪 70 年

图 31　魏林比。中枢的交通与服务的马克柳斯原则和密度金字塔，在第一座也是最著名的斯德哥尔摩卫星城镇。图片来源：彼得·霍尔摄

代初期，一项巨大的公寓建造计划最终结束了历时 20 年的房屋短缺，并产生了一个住房的过剩；而且，让很多规划师忧虑的是，数量不断增长的家庭决定，他们不想住在传统的合作公寓，代之以选择一种在郊区边缘的盎格鲁－撒克逊式的（Anglo-Saxon，5 世纪左右移居英国的日耳曼族人民——译者注）独户住宅的生活方式。

随着发达地区大小的增长，一种新的思维尺度显得必要。为此在 1973 年，以及又在 1978 年，城市和新的斯德哥尔摩郡议会，20 世纪 60 年代的一个创设，开始发展计划，不仅合并城市，而且也合并临近的郊区和在各个方向上半径将近 20 英里（32 公里）的乡村地区。研究显示，尽管工业的空间利用类型将分散到边缘区位，在先进的服务业中不断增加的工作岗位将仍然出现在城市中心或其附近。伴随着人们向外的移动，寻求更多的空间，以及能够支付他们自己的房屋，这既意味着整个已开发的地区一个大的延伸，也意味着对到城市中心的长距离通勤行程的一个日益增长的需求；而且，既然中心的斯德哥尔摩无法吸纳许多额外的小汽车，在轨道交通里的重大投资就成为一个优先考虑的事。在 20 世纪 70 年代期间，地铁的最后延伸完成了，服务于城市西北部的耶尔瓦费特（Jarvafältet）地区一个针对 32000 人口的重要的新开发。但那是真正有效的限制：就如在伦敦，传统的地下轨道交通将无法有效地服务距离市中心 12 英里（19 公里）以上的地区，所以在这些界限外面的增长不得不建立在基于瑞典轨道系统更快的长距离主线通勤服务基础之上。在这个系统上的新郊区将不再如此近地集中在车站周围，而是采取了一个更加分散的形式，沿着支线公共汽车的路线。越来越多地，在 20 世纪 80 年代，城市地区开始呈现一种星状的形式伸展开来，沿着主要运输走廊向西通往南泰耶利（Södertälje），向北通往阿兰达（Arlanda）机场，向南通往通厄尔斯塔（Tungelsta），邻里的组群被包含着主要的国家公路的开放土地带分隔开来。这样，城市的结构就变得更加的不连续，沿着主要公路和轨道线形成许多公里的轴线开发：与 20 世纪 50 年代和 60 年代紧凑得多的模式形成令人惊讶的对照。

1965 年巴黎：霍华德邂逅奥斯曼

1961 年，在解决了阿尔及利亚危机之后，夏尔·戴高乐（Charles de Gaulle）总统决定解决另一个同样棘手的难题：怎样对付法兰西岛（Ile-de-France）地区的增长。他乘坐直升飞机巡视了这个地区，要求有人"给所有这一切加入一个小小的秩序"[1]，他意指飞机下面巨大的无计划的郊区结构。正如他看到的，问题是两方面的：首先，安置在 1965 年至 20 世纪末期间该地区从 900 万至 1400 万的计

---

1. 阿侬（Anon）1995 年.

划的人口增长；第二，纠正郊区蔓延下面长期的投资和规划的缺乏。他从阿尔及利亚引进了他的得力助手保罗·德卢弗里耶（Paul Delouvrier）以助他自己一臂之力，先授予他驻巴黎区总统特别代表的头衔，然后从 1966 年开始为巴黎大区行政长官的职位。尽管德卢弗里耶是一名官僚，并不是一位专业的规划师，但他证明了自己是一名奥斯曼式的总体规划师。受到任命时他 47 岁，比奥斯曼被拿破仑三世授予巴黎行政长官时大 3 岁。他后来说，奥斯曼有 17 年时间来改变巴黎；他只有 7 年。但他的成就却同样地巨大：正如巴黎城直到他那时基本是奥斯曼的创造，而更广大地区的结构是德卢弗里耶创造的。

1965 年，德卢弗里耶制订了他的总体计划《大巴黎区指导规划》（the Schéma Directeur de la Région Parisienne）。为了调配一项巨大的累积投资储备金，规划要求产生不少于 8 座新城镇，在巴黎的东部和西部，沿着塞纳河两岸两条平行的轴线排成一串：首先，55 英里（90 公里）长，河的南岸从默伦（Mélun）到芒特（Mantes）；其次，45 英里（70 公里）长，河的北岸从莫城（Meaux）到蓬图瓦兹（Pontoise）。这些新的单元，将近 100 万的人口，合在一起将几乎使已发展地区人口规模翻一倍，在到世纪末的一段 35 年的时期里（图 32）。

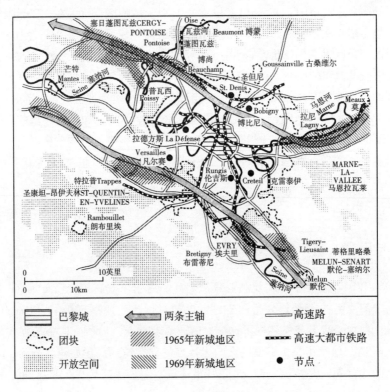

图 32 巴黎：1965 年战略。如在 1969 年修订的，《指导规划》沿着两条平行的轴线发展了 5 座大的新城，通过一条新的城市轨道系统连接城市中心，通过机动车道相互连接。图片来源：霍尔，1992 年

　　但是这些新城（Cités Nouvelles）在某些程度上，让人回想起 40 年前亨利·塞利耶的新城的相同类型而使用不当的名称：它们不是英国模型中的新城镇，规划特别地否认的一个解决方案，而是现存的集聚中心的整体性延伸。的确，它们将通过 540 英里（870 公里）的新的公路和 156 英里（251 公里）的一个全新的区域快速轨道（RER）体系与这个集聚中心相连接，区域快速轨道体系的第一部分于 1971 年开放。还有，这个计划的一部分，从已被废弃的 1960 年规划中继承下来的，是非常大规模和极其昂贵的、在集聚中心内有选择的现状中心的重建，诸如在西边的拉德方斯 - 南特，然后是早已开始的，北部的圣但尼（St Denis）、东北部的博比尼（Bobigny）、西南部的克雷泰伊（Créteil）、南部的舒瓦西勒鲁瓦（Choissy-le-Roi）/伦吉斯（Rungis）〔雷阿勒（Les Halles）新市场的地点，靠近奥利（Orly）机场〕，以及西南部的凡尔赛（Versailles）。新的城市和郊区的"交混回响"都有一个共同的目标：通过发展一定数量的城市的反磁体，来打破在城市中心的经济、社会和文化生活的单一集中。

　　一些事件插入进来，结果重新定形了计划：一个下降的出生率引起了区域世纪末的计划人口从 1400 万削减到 1000 万至 1100 万，只是边沿地大于 1978 年达到的全部人口数。（在 20 世纪 90 年代规划修订中，规划的增长仍然是最小的，从 1990 年的 1030 万仅到 2015 年的 1080 万。）在 1969 年，新城镇的数目被削到五个：在北部轴线上的塞日蓬图瓦兹（Cergy-Pontoise）和马恩拉瓦莱（Marne-la-Vallée），及南部轴线上的圣康坦 - 昂伊夫林（St Quentin-en-Yvelines）、埃夫里（Evry）（图 33）和默伦 - 塞纳尔（Melun-Senart）。到 1990 年他们安置了 61.7 万人，是 20 世纪 60 年代中期人数的 5 倍。原先规划的区域快速轨道（RER）网络到 20 世纪 90 年代中期基本完成；但是野心勃勃的周围机动车道网络由于环境问题被延迟了，带来了一个决定，即建造 A86 西部部分、中环以及一个深度埋设的收费隧道。购物和公共的服务在新城中发展惊人，但是仍保持着一个东西部的不平衡，因为商业开发显示出对巨大的拉德方斯计划

图 33　埃夫里。在 1965 年规划的南部轴线上的 5 座新城之一，围绕城镇中心有高密度的住房。图片来源：彼得·霍尔摄

和两个西部新城镇塞日蓬图瓦兹与圣康坦 – 昂伊夫林的偏好；在东边，马恩拉瓦莱继续更加依赖于公共部门的就业，直到巴黎迪斯尼的开业，才帮助改正了这个难题。

结论：欧洲传统

结论是清晰的：非常一致地，欧洲大陆或是未能理解霍华德的观点，或是任性地错误演绎了它。从运动的最早期到 20 世纪 60 年代和 70 年代，无论在法国或者德国或者斯堪的纳维亚，田园城市和卫星城镇意味着新的开发，它是现状大都市集聚体在物质上的延续，或者有着最少的物质分隔或者根本没有，伴随着在城市交通系统的联合投资以提高可达性和减少通勤者的旅行时间。早前，在法国和德国，重点都在纯粹的田园郊区上，或是最少联合的就业，或是在一家单一的产业工厂就业——实际上，是在"伯恩维尔 – 森莱特港"模式之上的典型工业城镇。后来，在第二次世界大战后，以及首先在 20 世纪 60 年代，存在着一个大得多的对在制造业和服务业行业同时开发独立的就业资源的强调，而且——与后者相关联——一个深思熟虑的企图，建造选择过的中心作为对抗大都市中心吸引力的反磁体。但是这些企图显然被一个事实制约了，那就是，战略同时提高了到达那个城市中心的可达性。精心地创造多多少少自我制约的新城镇或新城镇簇群，远离大都市及在其日常影响范围之外，这个观点，对于欧洲大陆的思想来说显然是外国来的：一个未能跨越英吉利海峡顺利旅行的英国学说。

第二部分

即将来临的世纪

第 7 章
彼时与此时

一百年过去了，问题必定是：霍华德的理念与我们的世界有多大的关联，以及有多少需要被修正和适应以满足 21 世纪的需求？因为自从他著书立说之后，整个世界已经变得无复辨认了。他不可能轻易地预见两次世界大战事件和其间一场重要的经济萧条、战后的长期繁荣、全球能源危机、经济全球化，或不是基于商品制造而是基于信息过程的经济的结构性转变。他可能永远也梦想不到一个社会，在其中，三分之一的英国儿童，预计不久将上升到将近二分之一，接受了较高程度的教育。他可能永远也想象不出一个世界，在其中，我们三分之二的人口拥有我们自己的住房和我们自己的汽车，那儿几乎所有人都拥有电话和彩色电视机，那儿普通的人们惯常地乘飞机飞往世界上最具异国情调的地方。

记住，田园城市是在一个十分不同的世界里设想出来的：一个比较贫困，一个在许多方面比较简单的世界。在 19 世纪 90 年代它们是对普通人们的重要问题的解答，卓越的解答：贫困的乡村劳动力处于穷途末路的境遇，生活在糟糕不堪的棚舍中，没有工作也没有希望，无知无识而提心吊胆；那些历经漫长跋涉到达城市的人们同样命运悲惨，在那儿他们发现自己实际上陷身于拥挤的住房，从那儿他们谋求微薄薪酬的平常工作。

回到三磁体

田园城市是能改变乡村和城市里上述两类群体生活的第三磁体。而今天，三磁体图看起来不仅在执行中陈旧过时，而且在解释城镇与乡村的利弊方面也毫无疑问地不当。就像数学家们会说的，今天所有的证据看起来都反了。正在失去人口和工作岗位的不是乡村，而是城市。不是城镇－乡村的结合作为一个可能的梦想提供给人们；而是每个人的野心，被证明是如此成功的一个靠长期占有而获得的权利，以至于乡村正在抵抗着城市进一步的蚕食。

所以奇怪的现实是，我们可以为 20 世纪 90 年代迥然不同的世界重新绘制一张图；但它出来后与原来的那张大相径庭（图 34）。城镇现在有一些比维多利亚时期乡村较少吸引力的特征：由于来自境外的更廉价资源的竞争，工厂纷纷倒闭，而且它提供了一个对比：对一些人来说在新的全球信息服务经济中的良好工作，而对那些缺乏教育及技能去竞争新岗位的人来说，则是长期的失业。这样一来，城镇现在显示出巨大的和日益增长的收入差异，将我们带回到不公平的维多利亚时代。而且，尽管维多利亚时代的浓雾已经逝去，但是它们却被来自交通的光化学烟雾所取代。在街道上是交通拥塞，而在街道上空是有毒污染物的集聚。这是具有讽刺意味的，因为通过公共交通，城镇仍然保持着一个良好程度的可达性——首先在伦敦，比起霍华德时代，那儿的地铁创造了一个质量更好得多、实际价格更便宜的公共交通系统。最后，城镇仍然被许多人发觉是一个遭受剥夺、犯罪横行的问题之地；尤其是很多学校被认为处境很差，以至于家长们趋向于搬迁出去，以便为他们的子女寻求更好的教育。

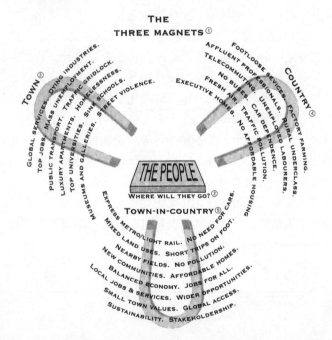

图34 三磁体，1998年。霍华德对优势和不足的著名陈述，被改变为20世纪90年代情况的说法。城镇已经卫生且具有良好外观，乡村已经被给予城市的技术，但是都仍然遭遇问题；并且仍然是，安置在农村的城镇提供了一个最理想的生活方式。图片来源：彼得·霍尔

①三磁体；②人们——他们将去向哪里？③城镇——全球服务。衰退的工业。高端岗位。大量失业。公共交通。交通堵塞。豪华公寓。无家可归。顶尖大学。质量下降的学校。博物馆和画廊。街道暴力；④乡村——随心所欲的服务。工厂农业。富裕的专业人员。乡村下层阶级。电信通勤。失业的劳动者。没有巴士。小汽车依赖。新鲜空气。交通污染。行政住宅。没有可支付得起的住房；⑤乡村里的城镇——高速地铁/轻轨。无小汽车需求。混合土地用途。短程步行。农田近在咫尺。没有污染。新社区。可支付的住房。平衡的经济。所有人都有工作；地方就业岗位和服务。较广泛的机会。小城镇价值。全球通道。可持续能力。风险共担，利益共享

乡村也已经被改变。电力和机动汽车使得人们想得到任何机会都变得容易。电话、传真和电子邮件让人们的交流变得容易。城镇中的集中供热、燃气点火，开放乡村中的以油为燃料，所带来的舒适程度连一个世纪前的伯爵和公爵们也会嫉妒不已。电视和录像机，以及现在的互联网，带给家庭娱乐和教育的丰富，这些在霍华德的时代都是不可想象的。但是生活，包括机会的增加，太频繁地完全依赖于私人小汽车。并且社会底层 25% 的人口就像过去一直的那样依然被忽视。

一个显著的事实是，在其间的一个世纪中，我们已将英国的郊区变成了霍华德的城镇 - 乡村结合体在一个巨大尺度上的版本。其中一部分当然是自觉的：在 20 世纪 40 年代，在他的模型上我们创建了"计划 1"新城，在 20 世纪 50 年代和 60 年代初期经过规划的城镇扩张，然后在 60 年代后期和 70 年代创建了"计划 2"新城。但是其中很多是自发的和市场推动的，以"千千万万人拾柴火焰高"并从城镇搬到乡村的形式，在那儿他们或者购买和整修维多利亚时代劳作的穷人的旧农场小屋，将它们从陋室变成豪华的住宅，或者选择搬进那些村庄外围的新公务住房。他们周末光顾的酒吧，过去至多是九柱戏游戏的邋遢地方，现在则是豪华的餐饮场所；农场劳动力已经消失，让位于中产阶层。它明显地奏效了，人们大抵喜欢这生活，否则他们肯定不会选取它。他们认为它提供了霍华德在 1898 年如此有先见之明地预见的迷人特征的结合。他们既被他们看作在城市生活的不好方面所推动——关于不好的学校、犯罪、危险、不健康的环境等人们熟悉然而夸张的枯燥重复絮叨——也被在小城镇和村庄不好方面的相对没有而拉动。

这一点得到了证实，通过在英格兰人们对住房态度的一个极其全面的研究而来，该研究以 1992 年赫奇（Hedges）和克莱门斯（Clemens）为环境部进行的一项调查为基础，这是一个 3285 户家庭的调查。显然，随着一个人从大城市，经过小一点的地方，来到乡村地区，他的满意度在增加，尽管作者警告，在中间的分类中可能有一些成见：在乡村地区对他们的区位"非常满意"的人数是那些在城市的/城市中心的人数的两倍。在回答关于住房的整体满意度问题中，同样的反应是清楚明白的。所以在满意度与人口密度之间存在着一个反相关系：在少于 5 人/公顷的人口密度，68% 的受访者是"非常"满意，而在 40 人/公顷以及高出这个数字的密度，满意度下降至 37%。而另一个问题的调查结果显示，喜欢独户住宅的人数是喜欢公寓住宅的人数的 10 倍多。总计 64% 的受访者表示有一个花园是"非常"重要的，19% 的受访者表示"相当"重要。[1] 迁出人口密集的城市去到郊区、乡村城镇和村庄，受到了深入的流行偏好的激励。如果你喜欢，你可以称它们为成见，但如果忽略它们，则无异于政治上的自杀。

---

1. 布雷赫尼 1997 年，213—214.

乡村的人口再增长

结果，在过去的半个世纪里，我们目睹了英国乡村的人口再增长。早到 20 世纪 60 年代，人口变化的地图已经与 19 世纪 90 年代对应的地图恰巧相反；当时遭受最大人口流失的郡和区已经变成最大收获的地区。沿着主要城市的人口增长圈每十年稳定地向外移动，直到 20 世纪 80 年代和 90 年代，它们在大多数乡村边缘地区已经开始接合。托尼·钱皮恩（Tony Champion）的详细的人口迁移模式分析表明，在 20 世纪 90 年代初期，"即使在从英国大都市区到非大都市区的相当低的人口迁徙年份里，'逆城市化级式'看起来是英国人口分布的一个主导特征"[1]；换句话说，我们正向越来越小的地区迁移（表 1）。"在所有层面上，在所有案例中，在不同类型的地方之间，人口变化的最后结果是，一个沿着等级序列的下移"[2]；这是真实的，不仅适用于整个国家，而且适用于四个样本区中的每一个，尽管这种趋势在南部英格兰极其明显。

这不完全是霍华德想象的，我们可以完全相信，如果他能被某种奇迹带回到现在并对我们开口，他根本不会赞成眼前的一切。他将感到既惊讶又沮丧，因为最急剧的人口增加不是在"有新城的地区"，通过人口迁移这些地区只表现出不大的增长，而是在所有那些最乡下的地方，那些被称为"遥远的城市的/乡村的"、"遥远的乡下的"和"极遥远的乡下的"的地方。尤其，他根本不会喜欢这样的事实，这个人口迁移的过程是具有社会排斥性的，实际上封闭了仍然被困在城市中的被强迫集中居住的公共住宅地产中的低收入群体。而且他将同样不能宽恕对小汽车的依赖，或者说长距离行驶到工作或娱乐地点的需要。

他可能会说，我们从来都没有真正地按照他的社会城市方案试验过，在其中，每个人能步行数分钟至工作地点、至商店、至学校、至公园或者开敞的乡间；并且也能通过将每个社区与所有其他社区连接起来的轻轨系统机制，获得进入一个广大得多的机会范围的通道——为各种就业，为了会见朋友，为了娱乐。我们确实制造了表面上类似于它的一些东西，正如今天我们从飞机上俯瞰到的：一个以开放的乡村为背景的城镇系统，亦是雷蒙德·昂温曾经如此热情地倡导的。但是它们中的许多规模太大，以至于不是真正地可以步行去工作的地方，它们之间也缺乏有效的公共交通将它们连接起来；它们在地方尺度和区域尺度上都是失败的。

1. 钱皮恩和阿特金斯（Atkins）1996 年，21.
2. 钱皮恩和阿特金斯 1996 年，26.

产生于英国内部迁移中的人口变化，1990—1991 年，按地区类型　　表 1

地区类型	人口 1991 年	净迁移 1990—1991 年	
		数量	（%）
英国大都市	19030230	− 85379	− 0.45
1. 内伦敦	2504451	− 31009	− 1.24
2. 外伦敦	4175248	− 21159	− 0.51
3. 主要大都市城市	3922670	− 26311	− 0.67
4. 其他大都市地区	8427861	− 6900	− 0.08
英国非大都市	35858614	85379	0.24
5. 大的非大都市城市	3493284	− 14040	− 0.40
6. 小的非大都市城市	1861351	− 7812	− 0.42
7. 工业地区	7475515	7194	0.10
8. 有新城的地区	2838258	2627	0.09
9. 胜地、港口和退隐处	3591972	17736	0.49
10. 城市/乡村混合区	7918701	19537	0.25
11. 遥远的城市/乡村	2302925	13665	0.59
12. 遥远的乡村	1645330	10022	0.61
13. 极远的乡村	4731278	36450	0.77

资料来源：钱皮恩和阿特金斯，1996 年，来自 1991 年的人口普查。

　　这个新地理的其他两个特征还需要加以强调，而且霍华德可能会发现这两点是所有特征中最令他惊奇的。第一点是，不管是退一步的选择或者不是，人们明显地看重这个生活，程度如此之高，以至于他们会誓死保护它。讽刺性的是，他们眼中的敌人，是那些与他们有着相同的价值观和相同的希望、想要来加入他们的城市居民。1997 年 7 月，《星期日泰晤士报》发表了一篇特写，住房和规划部长尼克·雷恩斯福德（Nick Raynsford）承认了一个事实，为了容纳预期在 1991—2016 年间 440 万计划增加的家庭，在乡村进行重大的开发将是必需的。一位自作主张的发言人被报道说过这样的话，如果此事真发生，将会有一百万人到议会游行。这可能有点夸张，但是它给人一种感觉，NIMBY（不要在我后院）情绪支配了这些新乡村精英。在这场事件中，有 25 万人参加了 1998 年 3 月 1 日的一场集会；媒体对此有一个说法，它是由一个有充足资金的田野运动集团组织的，其他的话题被添加进来以掩饰这个事实。

农村土地价值的悖论

　　这个新地理的另一个特征是，说实在话，保护这个乡村的经济状况看起来与霍华德时代一样有问题。现在，像过去一样，并且这也许是唯一恒定不变的，很多土地实际上被闲置。那时，土地的所有者趋于破产；现在，欧洲委员会〔European Commission，过去的欧共体委员会，与欧洲议会、欧盟理事会一起是领导欧洲联盟（European Union）的三个主要机构，欧洲委员会作为产生政策的执行机构，在欧盟具有独特地位。欧洲委员会目前共有25名成员，每个成员国各占一席——译者注〕给予他们慷慨的报酬，只要把他们的土地搁到一边，看着它们什么庄稼也不种。1995年，一个令人震惊的总数为544900公顷的土地，英国全部耕地的5.9%就这样被闲置，实际上什么也不生长。在东南地区，148097公顷，总耕地的8.9%是闲置的。埃塞克斯有10.8%的农业区闲置；汉普郡有8.6%；牛津郡（Oxfordshire）有10.0%；以及贝德福德郡（Bedfordshire）有12.2%（表2）。其后果应当是，这些土地的经济价值近乎于零（或者，更精确地，是布鲁塞尔愿意以补贴支付的价值）。事实上，要比这更加复杂：农业土地真正地并不值多少钱，但如果有谁能得到开发它的规划许可，那么它的价值将会增加100倍；而且这将是净的开发所得，就通过它自身的决定创造了价值的社区而言，不再受支配于任何掠夺。

　　对此有一种例外，而且是一个非常重要的例外：它被称作潘特古尔德原则（Pointe Gourde Principle，这是一个定价原则，产生于1947年被称作"Pointe Gourde v Crown Lands"的法律判例。这个原则由英国枢密院表述如下：土地强制性出让获得的赔偿不能包括一个完全由于潜在于获得中的规划而带来的价值上的增长。Pointe Gourde，位于特立尼达岛西北和西班牙港西部的查瓜拉玛斯的南侧。Crown Lands，王室领地——译者注），原则认为，作为一个规划方案的结果，社区不应当被要求支付任何开发价值。按照这个法律的立场，一个规划方案，是一个大的开发，诸如一座新城，基本上在开发价值中创造获利。因而，在经常被称作正常的开发过程和一个潜在的新定居之间，存在着一个隐含的区别，在前者中，规划当局规定或扩张或填充或完善一座城镇或村庄，而后者实际上是一个公共行为的结果。这是原先一个非常具有野心的企图中最后仅存的要点——有人会说远不止太具野心——在原先的《1947年城乡规划法》中，企图掠夺所有的开发价值。在这个企图背后的逻辑是，1947年法案有效地将开发土地的权利国有化，并规定了补偿必须支付给那些能表明他们已经丧失了开发权利的人。保守党政府在1954年首先废除了大多数规定，然后在1959年前进一步，规定在公共当局强制购买的情况下，应该支付土地的市场价值——伴随着这个极其特出的例外。

从那以后，结果就出现了一个相当不同寻常的情况：每年成千上万的人涌入乡村，而乡村规划当局坚定地抵制为他们提供土地；在这种情况下，谁能获得规划许可，意味着掌握了生杀大权，这样增加了开发申请以及不服开发许可驳回而上诉的压力。进一步说，尽管多年来关于这一点已有了大量的争论，现在普遍认同，这个对开发土地数量的控制确实提高了土地的价格和因此而来的建造于其上的房屋的价格。

	欧盟储备土地，1995 年	表2
地区	公顷	农田面积（%）
贝德福德郡	10870	12.2
伯克郡（Berkshire）	6806	9.5
白金汉郡（Buckinghamshire）	11084	8.9
东萨塞克斯郡	6461	5.7
埃塞克斯郡	28573	10.8
大伦敦	1106	8.0
汉普郡	19457	8.6
赫特福德郡	11920	11.5
怀特岛（Isle of Wight）	1466	5.7
肯特郡	19095	7.7
牛津郡	20409	10.0
萨里郡（Surrey）	2976	4.6
西萨塞克斯郡	7876	6.4
东南地区	148097	8.9
英格兰	544005	5.9

资料来源：农业部，渔业和粮食，1996 年。

关于这个话题的一份近期的确切的报告书，1992 年来自杰拉尔德·伊夫及其合作人（Gerald Eve and Partners），有趣地总结为，为了让人可以觉察地降低土地的价格，出让非常大量的土地将是必需的，这样实际上损害了我们在 1947 年建立的整个规划体系和开发控制。[1] 在更近的时候，有格伦·布拉姆利（Glen Bramley）和他的同事所作的另一个综合的学术辩论。像杰拉尔德·伊夫一样，他们表示，

---

1. 大不列颠环境部（GB Department of the Environment）1992 年 b.

如果我们出让大量的土地，其效果并不会如我们可能想象的那么大，因为新政策在这一轮发挥效应之前有个"执行空白"。[1] 在一段时期内，其价格效应可能平均在 4.5%—7.3% 之间波动；这个数字的分布从增长地区的大约 9%（在伯克郡是 8.9%），向下到衰退的工业地区的 2%。就住房的产量而言，即便是土地出让的最严格的形式，也将会产生一个平均 2.7%、最高 5.5% 的产量差异[2]；作者评论道，"如此一个收获是否值得环境与政治的成本，是值得怀疑的"[3]。然而，对产量的影响，意味着在某些地区更大的地理集中，增加了新居留地的压力和当地关于大规模开发的争论。[4]

另一个让人感到相当吃惊的结论是，即使房价升高或下跌，新开发的密度差异并不大——无疑小于在美国发现的情况。这部分地是因为英国的密度比美国的高得多，以至于密度不能够轻易地被提高，而且因为英国的规划体系限制在密度上的变化。[5] 布拉姆利及其同事们得出的结论是，规划体系实际上限制了对市场力量的调节，但是"如果创造的住房环境总体上是人们想要的，那么为地方民主控制土地开发过程的支付，可能并非一个坏的代价。"[6]

作者们还总结说，当阿兰·埃文斯（Alan Evans）得出以下结论时，他可能是正确的：因为乡村地区的一个过度保护，英国东南部的规划政策已经将高密度开发集中于或邻近于城市地区。[7] "如果管理者降服了"，他们说，"那么更可能是乡村的活动集团和郊区居民而不是房屋建筑资方所为。"[8] 由于规定了选民与他们的地方环境间一个尖锐的公平利害关系，自住房的扩散使得这个问题恶化了。他们认为，存在着更加现实的目标的必要性，这些目标考虑到意外收获和避免拖延，或许通过设立作为上限的目标。[9]

所以，布拉姆利和他的同事们总结道，"规划确实影响住房市场，它提高了住房的价格和密度，同时减少了供应的迅速反应"，但是"如果没有规划，或者对于住宅土地出让的一个非常自由的规划政策，将不会消灭这些问题，或者甚至不会果断地减少这些问题"，而一些失败可以有效地通过一个变更的规划类型加以改善，例如涉及在结构与地方规划中的目标。[10] 并且，在任何情形下"规划几乎肯定是要坚守在这儿的"，因为这么多人在其中有着利害关

---

1. 布拉姆利（Bramley）等 1995 年，165.

2. 布拉姆利等 1995 年，153—154.

3. 布拉姆利等 1995 年，154.

4. 布拉姆利等 1995 年，165.

5. 布拉姆利等 1995 年，184.

6. 布拉姆利等 1995 年，189.

7. 埃文斯 1991 年.

8. 布拉姆利等 1995 年，221.

9. 布拉姆利等 1995 年，221—222.

10. 布拉姆利等 1995 年，235.

系。[1] 他们认为，规划协定可以在保护土地和特别是社会住房津贴方面发挥更大的作用。[2]

这种暗示是极具讽刺意味的：如果一位晚近时候的"霍华德"寻求建立一座田园城市，不管场地选择得多么好，方案设计得多么好，他将几乎肯定被拒绝给予规划许可，负责环境的国家大臣将支持对诉求的判决——只要因为它与地方开发规划相矛盾，在《1990 年城乡规划法》下，在判决申请时，地方开发规划必须是"主要的实质性的考虑"。没有显而易见的方法可以让像霍华德这样一个单枪匹马、打破传统的人能够建造一座莱奇沃思或者一座韦林田园城市，除非通过一些拥有特别权力的公共机构，像一个新城开发公司之类。意味深长的是，当城乡规划协会在 20 世纪 70 年代尝试创建一个试验性的自建社区时，他们不得不首先学习米尔顿凯恩斯新城，然后是特尔福德新城。并且这是最终的讽刺：如此不信任政府作为一个建设新城的机构的霍华德，今天将会发现他自己完全依赖政府的积极合作。在第 11 章我们将回到这个特殊的窘境。

一个活生生的现实是这样的：自从 1947 年以来，我们已经有了综合的土地使用规划体系，一些当里思委员会（Reith Committee）达成它的协议时甚至还不存在的东西，显然，任何新城的提案将不得不符合开发规划的结构和规划许可。在那半个世纪中，我们也从一个绝大多数住房由公共部门机构负责建造、以补贴租金出租给低收入者的社会，变为一个绝大多数新住房被建造用于贷款销售的社会。以及——在第 3 章的末尾看到的——为一个公共服务的道德本质发展起来的原则，将不会转移到一个在其中利润本质统治的社会：为社区取得土地价值一份额的某种新的办法必须找到，是社区行动创造了土地价值，与此同时，允许市场机制继续正常地运作。

然而，还有一个另外的难题：如果在 20 世纪 40 年代后期建设新城在政治上是困难的，那么现在则要难上两倍或者三倍。NIMBY 主义，即使没有人给它名字，在那时就存在的一个运动，如今却不可计量地强大，而且它从原先的反对公共部门为低收入群体建造住房的偏见，向外扩展到对任何形式的开发的一个反对：正如一个评论员所创造的，BANANA，绝不在靠近任何东西的任何地方建造任何东西（Build Absolutely Nothing Anywhere Near Anything）。这同样地适用于投机建造商的最为常规、等级较低的行政独户住宅地产，以及一样适用于反映了霍华德著作本来的合作精神的更具试验性的公有制社会的住房。

---

1. 布拉姆利等 1995 年，235.
2. 布拉姆利等 1995 年，235.

1998 年的挑战：可持续的成长

在 21 世纪的第一个 20 年和可能更长一段时间里，主要的挑战，是对付空前的新的家庭增长。环境部以 1992 年为基础修订、于 1995 年后期公布的家庭计划提出，在 1991—2016 年正好 25 年的时间里，单是在英格兰，我们可能不得不为大约 440 万新增的家庭找到住房（图 35）：单是到 2011 年就要 350 万。这是有记载以来最大的上跃，比以前的 25 年增长 260 万的预测增加了 70%，而 25 年预测已构成了在近期《区域规划指引》（Regional Planning Guidance）中住房部署的基础。即使那些温和得多的数字也遭到了一些地方政府和环境团体的强烈反对，尤其在东南部。家庭数量的增长不是由于人口数量的增长，人口增长将保持适度的温和，而是由于那个人口构成的变化，还因为社会的变化——为了接受更高的教育或者一流的工作，更多的年轻人离开家庭，更多的离婚和单身，寿命更长但最

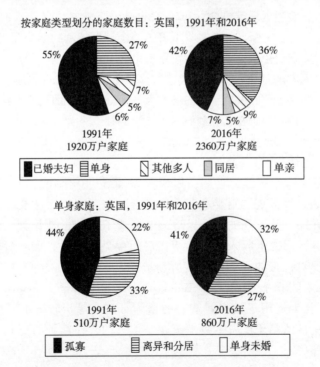

按家庭类型划分的家庭数目：英国，1991年和2016年

1991年
1920万户家庭

2016年
2360万户家庭

■已婚夫妇　▤单身　▨其他多人　▨同居　□单亲

单身家庭：英国，1991年和2016年

1991年
510万户家庭

2016年
860万户家庭

■孤寡　▤离异和分居　□单身未婚

资料来源：英国环境部，英国至 2016 年家庭计划，1995 年。

图 35　家庭预测。1991—2016 年的计划显示，单在英格兰就有 440 万追加的家庭数，其中的 173 万在东南部并且其中至少 79% 是单身家庭——更多的年轻人离开父母的家、上升的离婚率和分居率以及更多的长期鰥居或寡居的老年人的产物。图片来源：大不列颠国家环境大臣，1996 年

后鳏寡的更多的老人。

在到 2011 年 350 万预计增加的家庭中，至少有 276 万——79%——将会是单身家庭，而其中数量过半的将是独自生活从未结过婚的人。这个群体中较年轻的成员可能会很满足于居住在临近商店和娱乐场所的租来的高密度公寓中；这可能要求大量的转化和现存郊区的密度增加，而这在政治上可能证明是不被接受的。不管怎样，随着他们年龄增长，并随着他们的收入增加，即便是小家庭也很可能会到更宽敞的公寓中舒展自己，如果他们能支付得起价钱，市场会满足他们的需求。

说得更耸人听闻一些，有 2/5 的新增家庭，即 440 万中的 173 万，预期分布在东南部地区：如果我们加上东南部边缘的地区，则几乎达到 1/2 的新增家庭，正好构成目前英国真正快速的人口增长带的一部分，一个从伯恩茅斯（Bournemouth）向上伸展，穿过斯温顿，到达米尔顿凯恩斯和北安普敦，然后沿着 A14 公路蜿蜒前行，到达剑桥（Cambridge），并继续到达伊普斯威奇的地带。换句话说，在早已存在最大人口压力和关于新的开发存在最大争议的地区，增加的压力将是最大的，加上它们西部和北部的一些地区，在像以前的埃文郡（Avon）各郡，以及在萨默塞特郡（Somerset）（图 36）。

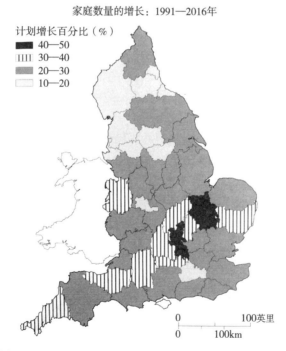

家庭数量的增长：1991—2016 年

计划增长百分比（%）
- 40—50
- 30—40
- 20—30
- 10—20

0   100 英里
0   100km

图 36 区域家庭预测。大的增长计划出现在"阳光地带"，穿过英格兰东南部的边界，从埃文郡通过北安普敦郡到剑桥郡。尽管许多住房建造在棕地地点，这儿将有一个广泛的绿地开发需求。图片来源：大不列颠国家环境大臣，1996 年

　　计划当然有证明是错误的可能。但是它们在两个方式上都可以出错，这个特殊的计划更可能被向上修正而不是向下，因为它没有包括累积的短缺和存量中废弃的开发。阿伦·胡珀（Alan Hooper）指出，在 20 世纪 80 年代，我们只建造了 20 世纪 60 年代我们完工的一半数量的新住房，然而没有任何住房需求减少的证据；这个短缺正以每年超过 10 万套的速度继续。他赞同阿兰·霍尔曼斯（Alan Holmans）的观点，约束供给并不能减少家庭的形成；它仅仅增加共享的和隐藏的家庭数量，尤其可能增加社会住宅的需求。[1]但是不管怎样，由于不确定性，正确的方式肯定应当是采用两阶段的方法——中央政府和地方政府两个阶段——需要这个方法来保证用于出让的充足土地储备以满足需求，另一方面来调整实际的流通以满足变化的情况。

　　有人认为计划是个循环：正如，有了路，所以有了住房，我们提供得越多，需求就会越大。但是霍尔曼斯对过去 40 年住房需求和供给的严密分析提出，在国家的层面上，很可能不存在这种循环。循环问题更多出现在地方层面，在那里，地方住房供给的增长对内部移民可能有一个不均衡的反馈效应，反之亦然。这对于地方政府针对低收入群体设定住房目标格外困难；如果没有一个有效的城市新住房计划，那么任何供给都仅仅被那些富裕的内部移民所占据。这一点怎么强调都不会过分：如果我们无法建造足够的市场住宅，作为后果而产生的住房价格膨胀将驱使更多的家庭争夺一个有限的社会住房供应。

　　当一切都考虑进去时，问题不仅仅是霍华德的老问题"人们——他们将去往哪里？"而且是"人们——他们应怎样居住？"关键的议题是，在保护我们环境的规则下，我们能否寻求到安置 440 万人住房的途径，体面象样的、进入 21 世纪的一个发达国家的富裕的人民可以接受的途径。一个通俗的推理提出，通过把更多的人塞入现有的城市地区，我们既可以减少出行需求——由此减少燃料消耗和废气排放——又能减少用于开发的开放乡村的丧失。1994 年的《政府规划政策指引 13》（PPG13，PPG，Planning Policy Guidance 的首字母缩略，亦即规划政策指引——译者注）承认了这个目标，与 1993 年对应的数据 49% 相比，《1995 年住房白皮书》（Housing White Paper 1995）提出，到 2005 年止，所有住房开发的 50% 应该在循环的城市土地上进行。[2]

　　城乡规划协会（TCPA）自己关于这个问题的报告，基于 1996 年年中的七个区域会议，认为这是过度的乐观；在一个 25 年的时期里，30%—40% 可能是更加现实的。[3]这不是像一些评论家评论的是个"目标"；这是实际上将会发生的最乐观的估计，基于近期实际的棕地再使用开发率，和基于地方规划师在会议上一致

---

1. 布雷赫尼和霍尔 1996 年 a，第 2 章.

2. 大不列颠环境部 1995 年.

3. 布雷赫尼和霍尔 1996 年 c.

传达给我们的信息，这些近期的已经达到接近 50% 的再开发增长率，在目前国家和地方的政策制度下坦白地说是不可能维持的。未来要达到一个更高的再使用水准，将要求强有力的新的主动性。如果没有实质性的国家政府支持，很难看出一个大规模的棕地开发的计划能如何被维持。

跟随着，以前政府自己修订的、包括在它 1996 年 11 月的《绿皮书》（Green Paper）中 60% 的棕地开发 "吸入目标"，或者 1997 年初由 "关于可持续发展的英国圆桌" 会议提出的 75% 的目标，甚至更缺少现实性[1]；正如继任的工党政府的部长们认为的，没有在城市品质上的一个尖锐的恶化为代价，坦白说，这是不可能达到的。下面的事实让它更加令人惊奇：工党政府，在 1997 年 11 月已经坚定地将棕地目标从 60% 减少到 50%，又迅速地将其回升到 60%——正如一个十年目标——在 1997 年 2 月的《白皮书》中。[2] 批评家可能会说，这些奇怪的反复纯粹地折射出政治现实，而非潜在的残酷事实的现实。批评家可能是对的：一个吸入目标［一个精彩的汉弗莱（Humphrey）爵士式的短语！］与一个十年目标的差异并非如此之大，以至于恰好合适地成为两个政府的继续。

也许比那思考更长远的：卢埃林·戴维斯对为 "英国圆桌"（UK Round Table）所作的城市容量研究的评论强调，不只是资金的缺口——在他们较早关于斯特里斯克莱德（Strathclyde）的棕地开发报告中有具体论述——而且就地方规划当局来说，对于偏离现有的规划政策和关于诸如密度、停车标准或者舒适程度等要素标准的一个深层的厌恶。顾问们暗示，地方政府在抱定已经建立的惯例上是顽固的；但是，相同地，它们可能会寻求保护它们地方社区的生活质量，至少对它们来说，就像对农村一样是正当的。NIMBY 主义不只是一个农村的现象；现在的难题是，人们对于住房的真正需求，将被挤压在城市与乡村对任何形式的改变的抵制这两块界石之间。

一些基本的原则……

那么，主要的挑战是，要将合宜地安置 440 万户家庭的住房、良好的设计标准以及在执行中尊重可持续发展的原则这三者的需要加以协调一致。这可能看起来困难，甚至是不可能的。事实上，它并非如此困难，如果我们保持一个清醒的头脑，并通过建立一些基本原则着手。

在对于 1996 年 11 月《绿皮书》的反应上，城乡规划协会试图合乎规则地那样做。[3] 他们从这样一个前提开始，即所有开发土地的决策应该基于一个普遍的和

---

1. 大不列颠国家环境大臣 1996 年；英国圆桌 1997 年.

2. 大不列颠副首相（GB Deputy Prime Minister）1998 年.

3. 阿依 1997 年 b.

被认同的环境考虑的框架。这个框架应该包括所有的环境要素——社会的、经济的和环境的。主要的关注应当是对于不可分割的整体人类的影响，既涉及更广泛的人类社会，也涉及与他们息息相关的更广泛的生态系统。

在这样一个系统中，土地自身没有任何特权的地位，它只是整个生态系统中的一个要素。确实，农村土地一旦被城市化，就不可能再恢复到农业用途，但是规划部长理查德·卡博恩（Richard Caborn）提醒我们，在过去的 20 年中，我们实际上让绿带的面积翻了一番，以至于它们现在远远超出住宅所覆盖的土地。损失一些土地本身并不必然地是一个关键的考虑，只要剩下的农村土地能够产出相等数量的可再生的自然资源，以及只要对整个生态系统的效能（例如就光合作用而言）不被有害地影响。关于这个主题的最权威的研究，由环境部委命，并与《1996 年绿皮书》一起发布，来自彼得·毕比（Peter Bibby）和约翰·谢泼德（John Shepherd）的研究，已构成了环境部自己预测的基础。[1] 他们最后的结论如下。

首先，从 1991—2016 年大约 16.9 万公顷土地（英格兰面积的 1.3%）计划由农业用途变为城市用途。这是一个比萨里郡或者比东部和南部剑桥郡地区略大的面积；人们已经想到，它在整体局面中不是非常重要。第二，这个的结果是，到 2016 年 11.9% 的英格兰土地面积将作为城市用途，相对于 1991 年的 10.6%，是在一个非常适度的基础上 12.2% 的增长率。第三，这个从农业用途到城市用途的计划的转变将毁掉在农业用途中大约 2.3% 的土地面积，这些是"未经指定的"——也就是，不在国家公园、杰出自然美景、绿带以及类似形式的保留之列。第四，1991—2016 年期间，家庭数量计划增加 23%，而城市用途的土地计划增加只有 12.2%——这是下述这个简单事实的一个结果，即大约所有开发的一半近期存在于城市地区，并且——按照政府自己的陈述——在计划期内这种状况还将持续下去。第五，这些转变等于一年将大约 6800 公顷土地从农业用途转变为城市用途，大约 2.5 平方英里，或者略大于多塞特郡（Dorset）城镇普尔（Poole）；每年低于 0.5% 的一个增长率；有人也许想说，这个数字在统计上是不大的。[2] 这个数字必须与这一章前面报告过的数字相比较：1995 年在欧盟的农业政策下在英格兰有 54.4 万公顷的农田被闲置，什么也不种植：3 倍于在即将到来的四分之一世纪里需要供给所有城市开发的土地数量。

那么，这是真实的，就是影响将是地理上集中的，特别是在东南部：在伦敦，也在伯克郡、白金汉郡和贝德福郡。更进一步，相关的城市增长率——在一开始表述为城市化地区的百分比——在被地理学者和地产代理人现在称作金带的地区尤其要高，从康沃尔郡（Cornwall）和德文郡（Devon）经过萨默塞特郡、多塞特郡、威尔特郡（Wiltshire）、牛津郡和白金汉郡，到北安普敦郡、剑桥郡和萨

---

1. 大不列颠环境部 1995 年.

2. 毕比和谢泼德 1997 年，117—120；大不列颠环境部 1995 年，viii.

福克郡。结果如图 36 所示。但是没有哪个地方的这个比例显著超过 20% ——那样高的数字只能解释我们从一个不充分的基础数字开始的事实。

最后毕比和谢泼德认为，这些所谓的未指定地区的转换也表现出很大的变化。它们最具警示性的数据是，在大伦敦地区城市的增长正要超过未指定的农村土地的数量；换句话说，我们正将更多超出我们可以得到的使之城市化的土地城市化。这是城市拥塞的一个量度，因为它意味着占夺了那些永远不应该被拿取的城市的绿地土地。

因而，我们认为，一个序贯检验的理念（由这个理念出发，将不得不表明，在任何用于绿地的土地被出让之前，没有棕地是可得的）应当被否定：这就等于由假定的开发者承担的证明责任这个概念的一个重申，这个概念由斯科特委员会（Scott Committee）在 55 年前提出，但是哪怕一次也未作为英国城乡规划的原则被采纳。

关注乡村土地用途的最重要的原因不在于土地本身，而在于其对机动车出行的影响，这不均匀地促成了不可再生资源（石油）的消耗和污染，以及研究表明的对密度与开发形式的依赖。但是必须强调，这些关系还远没有彻底弄清楚，仍然是专家之间存在强烈分歧的主题。为政府《关于规划与交通的规划政策指引13》（PPG13）提供了一个重要基础的"生态技术"（ECOTEC）的研究表明[1]，就交通的能源消耗而言，大的城市地区相比较小的城市和乡村地区更加经济（尽管新城脱颖而出，恰在全英国平均消耗水平之下）；然而，城市地区的较高密度是伴随着依赖公共交通的低收入人口的高比例的，且效果难以解决。尚未被证明的是，绿地开发是内在地能源极度浪费的；就如在第 8 章将会看到的，在英国[2]和在其他地方[3]的理论研究都提出，基于地方的混合土地用途和对强大的公共交通走廊的一个线性的强调，设计高能效的新的社区是可能的。

基于环境准则的平等和公平的应用原则，正确的政策是，不管开发发生在哪里，都使用可持续的城市发展原则。如果在有着良好的公共交通可达性的城市区位，潜在数量的棕地土地是可得的，只要开发的质量总是高的，以相当（但不是过度地）高的密度开发它们是正确的。毕竟，这已经是半个世纪以来好的规划的一个原则，正如在马克柳斯 – 西登布拉格为斯德哥尔摩制定的经典的 1952 年规划中体现的，第 6 章讨论过这个规划。然而，应该牢记，这个规划是基于边缘的绿地开发；在绿地的开发中应用正确的原则总是比较容易，因为物质制约比较少。存在一个真正的危险，计划不够和实施不够的城镇填塞政策，在任何一点上，都将证明比精心计划的绿地开发较少可持续性。挤在临近受污染的主要道路或铁路旁、或者在有环境问题的场地上的高密度方案，不会提供一个答案，尤其当它用

1. 大不列颠环境部和交通部，1993 年.
2. 布雷赫尼和鲁克伍德（Rookwood）1993 年，欧文斯（Owens）1992 年 a，1992 年 b.
3. 卡索普（Calthorpe）1993 年.

于为那些最不幸的社会成员提供住房时：这样的方案应该即时被否定。

……和基本的制约

除了那些基本原则之外，城乡规划协会提出，政策将不得不由某些基本的——甚至于严酷的——现实来指导。

第一，不会有额外的财政资源来复兴城市。这一点尚未因政府的更替而受到影响；以前的支出水平在继续，将保持城市更新项目在勉强足够但不大的目前的水准。这意味着有60%（或更高的）再利用目标在现有的资金标准下无法实现；这些标准将包含大量的资源挪用于被污染土地的净化、昂贵的基础设施准备和困难场地的补贴。

这些成本合理的可能是什么，已经开始从约瑟夫·朗特里（Joseph Rowntree）基金资助的城乡规划协会关于棕地容量的研究中出现。这个研究给出了十个案例研究。其中六个是商业上独立的，没有要求政府补助金。在要求补助金的地方，补助金从每英亩的7万—11.5万英镑，或是每套住宅0.5万—1.1万英镑。补助金的平均水准为每英亩10万英镑，或每套住宅7400英镑。[1] 高价格的重要性通过东南部两个场地的例子得到说明——在西伦敦和赫特福德郡。在样本中它们具有最高标准的反常的开发成本，每英亩分别为33万英镑和40万英镑，或者说总开发成本的15%—17%——但是，正因为高的场地价值，它们不需要补助基金。未计损耗的场地价值大约每英亩分别为67万英镑和100万英镑。[2]

除了这一个例外，非补贴的场地都具有极低的反常，价格分布于占总体开发成本的1%—6%。在所有需要补助基金的案例中，购买价格都从开放市场价格中打了超过50%的折扣。"显然，"该研究总结道，"在某些方面，如果没有一些形式的公共部门干预，为了使方案可行而要求的折扣，将致使再使用成为住房不经济。例如，作为一块废弃的土地，继续工业用途或作为废料堆场，可能有更高的附加价值。"[3] 问题是在实践中，政府是否会愿意提供这些补贴。它可以通过从绿地开发的征税中获得的混合津贴来实现。但是涉及的成本显然将是相当大的。

第二，城市生活的复兴将要求一个广泛的更新战略——社会的、经济的和教育的，就和对物质的要求一样多。城市问题只部分是物质的：它们包括糟糕的教育（大量被一流小学联盟表的公布划入线下面的小学）、犯罪和福利问题。正是因为这些与许多内城地区贫瘠的物质条件一样多的原因，以至于人们正在逃离城市。解决

---

1. 富尔福德（Fulford）1998年，1.4.4段.
2. 富尔福德1998年，1.4.4段.
3. 富尔福德1998年，1.4.4段.

这些问题将需要资源和时间——这表明，城市的真正复兴是一个非常长期的过程。

第三，*21 世纪英国的经济地理将继续偏向分散的区位*。诚然，一些部门——金融服务、优质消费者和文化服务——将继续选址在主要城市的中心。但是大多数其他的经济活动将继续被引向，或者与机动车道和主干道网络有良好关系的位置，或者在可达性位置的小城镇和乡村。如果他们的工作地点在外面的话，说服大量的人返回城市和城镇将是困难的。所以，虽则主要城镇和城市的复兴可能会减慢此进程，而将被寄予高度期望，城市分散化的进程却必须作为一个生活的现实来理解接受。

第四，*大多数家庭将继续偏好郊区和半乡村地区*。在本章靠近开头部分转述的赫奇和克莱门斯所做的特定研究，清楚地证明了这一点。更长远地，它很可能改变人们对区位和住宅偏好类型的态度。这尤其适用于一些单身家庭，预期到 2011 年其数量占净增长的 79%：特别是学生和年轻人，可能会获得全世界各地都有的内城生活，有良好的服务和娱乐设施，高度地惬意。但是他们大多数很可能会占用现有的城市地产，取代将要外迁的传统家庭。住房研究基金于 1998 年 4 月发表的研究提出，传统家庭中的许多——尤其是分居的和离婚的——强烈地偏爱带有花园的住宅。[1] 考虑到至 2011/2016 年，仍将占所有家庭绝大部分的传统家庭单元，现有的对城市生活的偏好和偏见将依然占上风。如果像我们提出的，用于解决那些城市的多重问题的资源是不可得的，这就更确切无疑了。

第五，*对小汽车使用的严格的财政制约将不会被引入*。自从《规划政策指引13》（PPG13）起，规划政策已认识到要减少出行需求的压倒性的优先权，尤其是减少单人用车的出行。但是这个方法需要我们逐步去实现，最显而易见地要运用价格机制。从政策上来说，正如在英国和其他地方关于道路定价的讨论所表明的，这是困难的。城乡规划协会（TCPA）欢迎政府呼吁地方当局采取交通削减战略的近期决策，并认为交通预算应该稳定地且重要地以这些政策重新定位，包括物质和财政上的限制，同时促进公共交通和小汽车共载的发展。但是，实际上，那些较早采用这些政策的地区的经验——比如某些德国城市——表明它们充其量也不过可能减缓小汽车使用的发展。

确实，包含所有真伪信号的广泛散布的泄漏已经表明，预期 1998 年 6 月发布而现在推迟了的关于"融合的交通"的《政府白皮书》（Government White Paper），将提出相当激进的提案：对所有商业沿街停车的高额税，包括超级市场停车，以及，如果他们希望的话，允许地方议会向拥挤的道路空间的使用收费（道路定价）。据说环境、交通和区域部（DETR）正在进行一场关于税收收入处置的斗争：英国财政部，照例，想把此税款的大多数设法弥补到总的税收"大锅"

---

1. 住房研究基金会 1998 年.

中，而环境、交通和区域部渴望的是，议会应被允许保留这笔钱，以投资于公共交通和其他可持续的交通措施。

1998 年预算案对解决任何这些问题毫无作为；到了 6 月份，另一阵谣言的阵雨散布说，在中心集团提出，他们将非常地不受英格兰中部选民欢迎之后，在首相的坚持下，更加激进的提案正被打折扣。将保留下来的是，更多的资金用于对公共交通的投资，但是没有可能让大量人口钻出他们的小汽车的严厉措施。所以看起来我们基本的假设将证明是正确的。

跟着，第六，人们将继续喜欢驾驶小汽车出行。由于缺少严厉的财政措施来限制小汽车的使用，或缺乏一个短期的在态度上的改变，小汽车将继续主宰我们的生活。对限制小汽车使用的措施（例如，在新住宅区低停车标准或者零停车标准）将会有特别的抵制，特别是因为这个住宅将不得不在开放市场上出售，并且贷款方可能不愿意资助这个房子。这不必排除这样的实验，诸如更多强调与交通平静化相结合的街面停车，就如最近在加利福尼亚"新城市主义"的例子；然而，它的确提醒人们，普遍的对小汽车的依赖是不可能被减少的。

第七，对过度的集约化将存在地方的抵制。任凭为了有助于可持续发展提倡城市紧凑化的新的议程，地方政府会一如既往地捍卫现有的舒适水准。地方社区会反对牵涉到花园空间或附加的停车和交通减少的小规模方案，并且地方规划将认识到这个事实。大范围的密集化将涉及一定程度的重建，但是如果给定一个事实，这是无法想象的，即绝大部分的住宅都属于私人占有，他们毫无改变的愿望。这将给可能的密度增加设置限制。

城乡规划协会（TCPA）的回应中强调，像任何其他有利害关系的团体那样，它被迫至少同样充分地采取政策，减少交通的政策，和通过良好设计而更高密度的方案以找到更多城市开发用地的政策。TCPA 组合手段充分认识到这些方案可以作出的贡献；协会特别支持城市村庄论坛的工作，该论坛正在开发可持续的城市发展模型。但是我们必须承认可能性的限制。正如 TCPA 所警告的："真正的风险在于，由于追求那些没有实现希望的政策和目标，我们得到一个不会令任何人满意的最坏状况的结果。"[1]

城乡规划协会（TCPA）声明指出，可持续的社会城市区域的概念具有真正的优点。它完全遵照城市紧凑化的原则，但是以一种并不放弃城市生活质量和工作质量的方式。它扶持经济活动有效但持续地运行，提供普通人过他们想要的生活。它建立在区域和次区域的战略原则之上，该原则基于严格的、公正的环境影响评估；它完全体现了城市土地再利用在合适的地方作为优先考虑的原则，但是给予了一些情形必要的灵活性，在这些情形中，其他的开发形式可能是更理想

---

1. 阿侬 1997 年 b，81.

的，并可能实际上带来更大的可持续利益。最主要的是，它包含着一个程序化的方法，在其中，地方政府要厘清针对开发他们优先考虑的事，在一个区域的层面，而后在一个地方的层面。

顺次地，这包含着，自上而下的、区域层面的原则必须和自下而上的、在任何给定地区所要求的地方观点相结合。结果的结合则应该在原则和实践上都合理。这个结合，或说是组合手段，对社会城市区域概念来说是中心的。它包括不同要素精心选择的结合——棕地更新，在适宜地方的密集化，在不破坏绿带或其他指定地方的城市扩张，村庄填充和延伸，以及新社区；特别是通过步行、骑自行车和公共交通，旨在使得就业、购物和社会机会的可达性最大化而被开发的所有因素。这是在第 8 章和第 9 章里将更详细地研究的方法。

建设可持续社区：关键的问题

因而，如果我们想再要建设新社区的话，就有一整堆的问题争论需要解决。

首先要迎头解决可持续能力问题，20 世纪 90 年代伟大的规划流行语。存在着一场激烈的战役，内容是，可持续能力要求我们最大限度地在城市中建造，除了作为一个极少可能的游乐地以外，避免绿地建造；在随后的第 8 章，我们来看就其他资源而言的争论，尤其是交通的能源要求和由此而来的污染排放。然后，在第 9 章，我们提出，在每一个区域和次区域，产生一个将满足最严格的可持续能力要求的棕地和绿地开发的项目组合如何成为可能。

按照逻辑，下一个问题涉及发展机制：机构和资金。我们已经看到，自从霍华德时代到现在，这些内在相关的问题已经证明了是一些最为棘手的难题：我们还从未能设计出一种解决方案，能成功地结合公共的和私人机构以及资金的筹措，并且我们也从未能从莱奇沃思之后，走近霍华德的自我管理、自筹资金的公民社会的景象。我们在两个章节中讨论这个问题。首先，在第 10 章里，我们提出一个方法包，它将保证同时进行的大规模的棕地土地更新，和在自城市和集合城市延伸出来的交通走廊上的新社区的建设；其次，在第 11 章里，我们提出霍华德原先的公有制社会的梦想如何能最终实现。

最后，因为它永远不会离开，我们回到 NIMBY 主义（或 BANANA 主义）的政治问题上来。我们认识到，开发的反对者是激昂的和有良好组织的，并且这一点已被 1998 年 3 月全英国范围的乡村抗议所证明，那场抗议运动是一个更广泛的浪潮的一部分，它也许代表构成英国民主政治基础的利益结构的一个根本性的转变。任何可行的解决方法都必须考虑到这种政治现实，我们将试图在总结的第 12 章讨论这个问题。

第 8 章
可持续能力的探求

在 1998 年我们也许会说，我们充分地，几乎过分地为可持续的城市发展主题大声疾呼。但是有一个问题：尽管每个人知道那个被引用很多和普遍接受的可持续的普遍定义，出自 1987 年《布伦特兰报告》（Brundtland Report）——"满足当代人的需求，而不以放弃后代获得其自身需求和愿望的能力的发展"——但是，这如何制订成在日常城市条件下实际的日常决策尚不明了。

当然，广泛的政策目标是足够清晰的。对此有一个相当普遍的认同，我们将需要一个政策的结合，一些涉及个人建造标准，一些涉及交通，还有一些涉及土地使用。这样我们应该发展保存能量和减少污染物排放的建筑形式；鼓励没有机动性或者特别地没有机械化交通需要的可达性（尤其通过提供步行和骑自行车可以到达的场所）；鼓励公共交通，不鼓励没有乘客的单人驾驶；研制比内燃引擎较少污染和能量更经济的动力新形式；以及开发围绕公共交通节点的活动中心。难题在于下一步：将这些目标转化为可以实行的战略框架和针对真实地方的规划。充分地讨论这些话题本身就将占去一本书的篇幅。就本书的目的来说，关键的是土地使用－交通两个独立体系的交汇处，霍华德在 1898 年就清楚地认为它是重要的。但是现在有一个新的尺度，它提出了一个霍华德可能从来想象不到的难题。

这个难题仅仅是：不但在英国（第 7 章），而且在先进的城市社会的到处地方，就像在发达的欧洲、北美、日本和爆炸式发展的亚洲和拉丁美洲城市的中心地带，发展不可避免地意味着本质上的扩散。这是一个纯粹的物质容量的问题：为新居民的新家只能在边缘找到，地方的服务岗位必须跟随着他们，而在最大的城市地区，地方劳动力和市场对更多基本的经济活动发挥着牵引作用。代表着内向投资的新的有效率的工厂，趋向于寻求宽大的用于单层运转和储存的空间，以及与国家交通干线系统的连接。仓库被吸引到相同的区位，以及吸引到坐落于远离城市核心的港湾地点的集装箱码头设施。并且，在最大的大都市中心，商业服务活动也被向外吸引到靠近它们的郊区劳动力的租金低的区位。最有戏剧性的景象是在美国郊区的边缘城市或新的商业区：像新泽西的"邮区地带"（Zip Strip，指新泽西州普林斯顿镇的邮编地区，因普林斯顿大学坐落于该镇而吸引了大量的公司和行政部门聚集，临近的社区也借助大学的声名获得了大量利益——译者

注），华盛顿城外的泰森角（Tysons Corner），丹佛城外的阿灵顿（Arlington），旧金山市城外的都柏林（Dublin）－普莱森顿（Pleasanton）－沃尔纳特克里克（Walnut Creek），西雅图外的贝里弗（Bellevue）等地方。[1] 但是欧洲的同类地方可以在伦敦西部的雷丁（Reading）、拉德方斯地区的新城或者瑞典的 E4 斯德哥尔摩－乌普萨拉（Stockholm-Uppsala）走廊找到。像在东京城外东海道新干线（Tokaido-Shinkansen）上的新横滨（Shin-Yokohama）的一种开发，是相同现象的日本版本。在东亚，这种开发形式的预兆早就可以看到，在深圳经济地带的新城市，或雅加达次中心的开发，或上海的新商业中心。

　　就雇佣者和开发者而言，这些可被当作对巨型大都市生活实际的自然反应：高租金，漫长而昂贵的通勤路程导致提高的工资要求。并且，就它们代表了一种区位的再平衡、使工作靠近工人而言，它们代表了对这些地方一些最迫切问题的至少一个部分的答案。但是，至少在一些案例中，它们是一个不完美的解决办法。尤其是美国的边缘城市（American Edge Cities），本质上是纯粹的投机开发，没有顺应任何区域规划结构，几乎全部地依赖于私人汽车通勤。如此一来，"泰森角"不是在华盛顿地铁系统上，它定界在数英里之外。欧洲和日本的例子几乎都较好地位于与公共交通有关系的地方，但是即便如此，大多数他们的工人倾向于做小汽车通勤者；在一个住宅被分散和工作岗位被分散的条件下提供公共交通被证明几乎不可能。在 E4 斯德哥尔摩走廊的希斯塔（Kista，位于瑞典首都斯德哥尔摩北郊，距斯德哥尔摩 11 公里，欧洲干道 E18 和 E4 的交汇点，是世界上规模仅次于美国硅谷的高科技园——译者注），是一个新的高科技成长区的中心：它位于城市地铁系统的外围尽端，但是还要超出它——就如在第 6 章所见到的——工人依赖于他们的小汽车。因此，在这个外围带上的地方趋向于代表一个背离可持续城市开发的活动，而不是一个朝向它的发展。

　　城市管理的主要尴尬因而是这一点。基本的结构力量正在定型在城市中心更大的人口集中，为了信息的产生和交换——并且，在新近的工业化国家，服务于制造商品。尽管许多信息通过有线线路或互联网瞬时地和便宜地传送，它也在信息工人的大脑内传送，要求面对面的交流。因而，在宏观层面上，在大都市地区和超级大都市成长地区存在着增加的集中，伴随着集中的个人通勤出行和工作业务出行。在单独的地铁地区的中观层面上，同时存在着一个家庭和工作岗位分散的过程。但是这可能进一步增加了出行的需要：如果人们比他们的工作岗位更进一步和更快地分散，出行是从郊区到中心；如果工作岗位与人们的分散并驾齐驱，则是在小汽车依赖模式中的从郊区到郊区的出行。并且，因为这些人相当地富裕，他们的生活方式产生了在业余时间的非工作旅行增长的需求，进一步恶化

---

1. 加罗（Garreau）1991 年；苏吉奇（Sudjic）1992 年.

了问题。

所以，简而言之：实际上在我们已记录的每个先进国家，自从大约 1960 年，城市已经去中心化了。证据现在是压倒性的，人口和它后面的就业正在外移，这个过程在最大的大都市地区（亦即，100 万或以上人口的城市）是极其显著的。[1]结果是复杂的：路程可能被缩短了，但是小汽车占了一个高得多的比例，也存在一个依靠小汽车的非工作出行的大增长。这在西欧尤其明显，尽管保罗·切希尔（Paul Cheshire）最近提出，这个进程在 20 世纪 80 年代可能已经部分地逆转。[2]

乍一看，所有这些看起来不像是可持续的一个处方，尤其自从"生态技术"（ECOTEC）[3] 所作的研究已经告诉我们，住在乡村或小城镇的人们比生活在伦敦或地方集合城市的人们使用更多的能量来出行。迈克尔·布雷赫尼使用了"生态技术"的数据来表明，自从 1961 年，随着我们已经迁出城市进入小城镇，我们已经不断地背离可持续而不是朝向它；他总结道，如果我们一直呆在我们过去呆过的地方，我们在出行上将使用比现在正在使用的少大约 3% 的能量。即使新城，在其数据基础上，也比老的较密集的城市像伦敦更少可持续——尽管接近国家平均程度，远比许多其他种类的定居模式更加可持续。然而，外迁对能量消耗的影响是有边际性的：可能大约 3% 的燃料耗费的差别。[4]并且，由这些数据看来，我们现在面临着整个过程将迅速加剧的形势。

委派"生态技术"工作的英国环境部，用它作为 1994 年发布的有名的《政府规划政策指引 13》（PPG 13）的基础[5]，这份政策指引号召交通政策和土地使用政策的结合，以减少对私人小汽车的依赖。结果，政府一直以来使用《政府区域规划指引》以努力将更多的人塞到大都市地区。实际上，这远不是什么新招：它恰好开始于撒切尔时代之初，就任何方面来说，它在动机上是政治性的，所怀的初衷是，不要让出到郡里去的所有那些 NIMBY 市民们不舒服。

但是在 1996 年后期发布的一份审议文件中[6]，它到达了一个新的紧张点，这份文件提出，试图将所有新住房的 60% 置于现有的建成地区。继任的工党政府先是将它减少到 50%，然后——面对着乡村的强烈反响——宣布他们将努力在 10 年期内上移到 60%。[7]我们中的一些人强烈地质疑，那将是否是实际的可能或是真正的可持续。[8]在我们的一些结构较松散的集合城市中，某一座可能达到 60%，因

1. 切希尔和海（Hay）1989 年；霍尔和海 1980 年；范登贝格（van den Berg）等 1982 年.

2. 切希尔 1995 年.

3. 大不列颠环境部和交通部 1993 年.

4. 布雷赫尼 1995 年 a.

5. 大不列颠环境部和威尔士办公室 1994 年.

6. 大不列颠国家环境大臣 1996 年.

7. 大不列颠副首相 1998 年.

8. 布雷赫尼和霍尔 1996 年 c.

为它们包含了城镇之间大片的棕地地区；它们是真正的集合城市，是当帕特里克·格迪斯（Patrick Geddes，1854—1932 年，英国生物学家和植物学家，也是在城市规划和教育领域富有革新精神的思想家——译者注）80 年前发明那个词时他所使用的意义上的集合城市。

伦敦：对可持续能力的挑战

但是在伦敦，将有一个实际的物质形态的不可能：空间不存在。规划提出，这儿在 25 年的时期内应该供给 62.9 万户新家庭住房。环境、交通和区域部，与伦敦政府办公室以及伦敦规划顾问委员会（LPAG）一道，委托"卢埃林－戴维斯规划（LDP）"的顾问们研究，他们投入了巨大的精力，发挥了极大的才智，来寻求我们可以怎样将伦敦土地上的家庭数目最大化。他们的报告提出，我们应该努力将增加的住房集中在火车站周围 10 分钟步行圈内，他们称之为"步行者屋"，以便——只要可能——人们将不会依赖小汽车。

毫无疑问，在这些地区存在空间——特别是在商业中心边缘的衰败的"碎片地区"——那儿有效的住房增加有望获得。但是，为了证明"卢埃林－戴维斯规划"小组的才能，他们的报告也提出了真正的疑问。例如，他们花了大量的时间检验他们称之为后地开发的潜力：生硬地在人们的后花园里建造（图 37）。并且，他们得出结论，"后地开发的潜力受到土地所有权和合众的实际难题的重大制约。"[1]粗暴地，一个伦敦市议会如何说服所有这些骄傲的郊区住宅业主放弃他们的大花园？报告表明，典型地，在 10—150 个独立的所有权之间的任何方面都可能被涉及。而且，"在明确规定居民使用和享受大多数后地地区的程度前提下，即使有一个更加有利的规划政策途径，按照遵循上述制定的设计原则的一个综合原则，仅仅一个小比例的开发，看起来也不可能。"[2]在报告中，这还是一种有节制的表述，因为居民们会向他们的地方议会施加压力，不要变更现在生效的严格政策；这样"更有利的规划政策途径"是不可能来临的。NIMBY 者们活着，而且在郊区和郡里一样活得好好的。

毋宁说预示地，报告继续提出，为了加速开发，可能需要"新机制主义"：

> 在住房存量的质量已经下降到这样一点，即存在对获得其再开发的一个强有力的公共利益时，那么强制购买权力的使用可能是合适的，但是，促进私人引导的开发的新机制也要求再发展。这些可能建立起合法的程序，据

---

1. 卢埃林－戴维斯规划 1997 年，44.
2. 卢埃林－戴维斯规划 1997 年，44.

此，所有者群体可以提出一个再开发方案，并获得对其实施来说所必需的其他大多数所有者的认可。[1]

对于一个程序来说，这似乎是略嫌模棱两可的语言，由此，某家特别贪婪的地产公司获得了住房，并且不择手段地经营它们，用通宵叫喊、毒品交易和一些古怪漫游的罗特魏尔犬，这样来恐吓或哄骗其余被吓坏了的所有者同意出售。由此，媒体可能度过一段有趣的时光，如果这可能被允许发生的话。

图37　后地开发。卢埃林－戴维斯建议，在伦敦郊区火车站附近获得将近 10.6 万套新住宅。但是居民们将如何可能同意牺牲他们钟爱的花园呢? 强制购买的威胁将引起最终的 NIMBY 运动。图片来源: 卢埃林－戴维斯, 1997 年

这儿有一个警诫性的故事，可能已被人们轻易地忘记: 在 20 世纪 70 年代后期，伦敦的汪兹沃思 (Wandsworth) 区提议，通过获得一条有着维多利亚式房屋的街道，并以一个更大的密度再开发这个场地，以获得一个"住房供给增加"。这引起了激烈的反对; 在接下来一次的地方选举中，工党被击败，被一个保守党

1. 卢埃林－戴维斯规划 1997 年, 45.

议会取代，并且自那以后一直处于执政地位。而且，在 1979 年普选中，在位的工党下院议员休·詹金斯（Hugh Jenkins）被一个叫做戴维·梅勒（David Mellor）的年轻的保守派候补者击败。汪兹沃思从未获得其住房供给的增加。

无论如何，关键的问题是底线。报告应用了伦敦范围的案例研究结果，归结为，在伦敦所有城镇中心的 10 分钟距离之内，如果对所有可得的场地拉网筛查，并采用现行的政策和标准，可能有 52000 套住房的增加。如果我们采用一个以场地为基础的设计方法，每户住宅只有一个沿街的停车空间，那么这个数字将上升到 77000 套住宅。如果我们统统去掉沿街停车的任何要求，我们可能获得多达106000 套的额外住房。靠近伦敦城中心，采用每户一辆停车位的标准，可能是很合理的。事实上，人们也许会正当地辩解，没有沿街停车是合理的；伦敦的许多非常好的别墅住宅就没有任何停车空间。但是底线是，这些数据——在底端的52000 套，在顶端的 106000 套——与伦敦在 1991—2016 年间一个预期的 629000套的住房需求相比：换句话说，它们将提供 8%—17% 的预期需求。在"步行屋"之外存在着其他的可能性，但是卢埃林-戴维斯规划报告认为，这些可能性不会有很多。这意味着，伦敦政府办公室、伦敦规划顾问委员会（LPAC）和伦敦各城区将不得不寻求其他的来源。

一个是城市绿地：从未在其上建造过的城市土地。基本分为两类：第一类是纯粹废地，从未被开发过的处女地，因为被认为开发起来太困难，或太缺乏吸引力，或两者兼有，以及被保留作为公园、游戏场和高尔夫球场的土地，或者就是风景地区。对于第一类，废地，卢埃林-戴维斯进行了另一项非常有价值的更早的研究，在伦敦，此类土地最大而唯一的来源是泰晤士河口（Thames Gateway），它包括了在巴金河域（Barking Reach）和黑弗灵河畔巨大荒芜的湿地地带。[1] 他们得出结论，住房供给产量可能是 30600 套，出自一个大约 100000 套住宅的总量，分布在从皇家码头和格林尼治半岛，下至谢佩岛（Isle of Sheppey），绵延大约 50英里（80 公里）的整条走廊上。这将供应提高到了预测需求的 13%—22% 之间。

毋庸置疑，在伦敦还有其他这样的场地，尽管从未在那个规模上。一些最有趣和最重要的是铁路荒野：被铁路如此切割的地区，以至于在这些年它们已经证明是不可能开发的。在这儿，奇怪的事实是：因为伦敦的铁路以如此一种无政府主义的方式开发，并且尤其是因为，在地铁和过去的英国铁路间从未有真正的联系，在伦敦有特殊的地方，那儿的铁路相互经过或上下穿过，却没有任何连接。所有当中最引人注意的是在伦敦西部：在奇司威克（Chiswick）公园，那儿皮卡迪利（Piccadilly）线和地区线（the District）地铁在银色联线（Silverlink）地铁（北伦敦线）上经过；在老橡树公地，那儿中央线和北伦敦线在大西主线的下面

---

1. 大不列颠环境部 1993 年 a。

和上方各自通过，以及在大西线经过西伦敦线的沃姆伍德灌丛（Wormwood Scrubs），不久［如果英国路轨集团（Railtrack）能被说服同意］将成为外环铁路的一部分。它们都处于未开发的荒野，伦敦任何战略的一个重要部分应该是，将它们开发成新城中心，并伴随联合的高密度居住开发。奇怪的是，看起来对这一目标缺少积极的提议，尽管当罗森豪夫·斯坦诺普（Rosehaugh Stanhope）开发公司正在开发奇司威克公园时，他们的确建议建造一座车站作为这项工作的一部分。令人啼笑皆非的是，将近十年以后，奇司威克公园仍然处于荒芜之中。

城市绿地的第二类是公园和游戏场。迈克尔·布雷赫尼已指出，在20世纪90年代初期，在全英国层面上，我们在城市包层之内，正获得大约61%的新住房，但是至少其中的12%是在这样的城市绿地土地上。[1] 他说，并且城乡规划协会（TCPA）广泛地说，这是非常错误的，应该停止。如果关于绿地建造有疑问的话，那么应该有绝对疑问的一个地方是城市的绿地。这是一个宝贵的不可替代的资源，不但用于踢足球，或者打板球，或者打高尔夫球，而且用于遛狗或慢跑。并且，为了保持我们城市的生物多样性，并促进随着二氧化碳的排放增长而变得更不可缺少的光合作用，它是极其重要的。而且，顺便说一句，当我们在像巴金河域的所有位置上建造时，余下的城市绿地土地的保护将变得更加关键，巴金河域现在正履行着上述相同的绿地功能，但是可能不会这样做太久了。

所以我们无疑应该暂停进一步的城市绿地开发，除了可能有一个小小的例外。在伦敦有一些非常大的绿化地区，几乎完全用来作为休闲娱乐，而且对大多数人来说，只是在周末。西伦敦的沃姆伍德灌丛就是这样一例；东北部伦敦的利河谷（Lee Valley）区域公园是另一例；一个异端的建议是，靠近或围绕这样的地点，可能会有真正高密度开发的一种情形，也许是从某些绿化空间上占用一条，作为对附近一个同等的再奉献的回报。那将尤其是这种情形，如果我们能使用这些地点作为交通换乘枢纽的话。它将值得考虑——但是它必须要保持在非常严格的控制之下。

在伦敦，住房的最后来源当然是，原先开发作为工业地区或仓库或诸如此类的地点的再利用——其中码头地当然是范例。伦敦规划顾问委员会和其他人这样说当然是对的，许多这样的地点来了，犹如随风飘落的果实，是意外的收获；在它们发生之前，我们不能轻易地预言它们。然而，问题是，这种类型的每一个住房供给的获得，意味着一个潜在的岗位的丧失。规则当然应该是这样：如果这片土地在原先用途中的生存已没有现实的可能性，那么循环利用它作为住房必须是合法的。并且这应该优先于其他可选择的用途，例如像多屏幕电影村。同样地，这适用于可以被改造为公寓街区的旧办公楼，可以仿效在玛丽勒波尼公路（Ma-

---

1. 布雷赫尼1997年，212；布雷赫尼和霍尔1996年c，46.

rylebone Road）上的卡斯特罗住宅（Castrol House）。伦敦规划顾问委员会估计，用这种方式可能获得 6 万套住宅：又一次，一个不大的贡献，但是值得拥有。

这个长长的算术练习最后将我们带到了一点，根本没有现实的可能性：在伦敦，我们将至多可能拨出 62.9 万套中的大约 30 多万套。伦敦规划顾问委员会于 1997 年底，在他们对新的东南区域规划（SERPLAN）草案《规划建议》（Planning Advice）最近的意见灌输中[1]，被报道说提出计划，他们能获得大约 38 万套，或者说全部的 60%；那不在可能的范围内。忧虑是，我们将过度地向上拔高：我们将开发各种不合适的场地，对住在里面的人不好，如果他们拥有那些场地的话，首先对他们的孩子不好。卢埃林 - 戴维斯报告有一个附录，描述了 48 个设计使用的特征；至少其中的 13 个看起来直接紧靠在有着高程度交通和随之而来的高程度噪声和污染的主要道路上。我们必须问：这些真是适合新居住开发的区位吗？注意 1998 年 1 月问世的新报告，来自卫生部委员会，内容关于污染物的医学影响[2]，报告表明，所有 10 个最严重污染的地区都是城市地区——其中的 5 个在伦敦。

伦敦隔壁，赫特福德郡雇佣了顾问调查在 15 个样本地区密集化的可能性，其中的一个——波特斯巴（Potters Bar）——实际上是伦敦郊区的延伸。结果表明，在维多利亚时代或爱德华时代的高台街地区，或内战时期的地产上，实际上是零；在战后的议会地产，或在大的独立住宅地区，尤其靠近城镇中心，存在较好的前景。整体上，顾问们认定，如果在整个郡有真正坚定的政策，总数为 1.1 万套的住房可以提供出来：2.5% 的一个净增量。但是显然，实践的困难是让人灰心丧气的。[3]一些困难在其中的一篇文章里得到阐述，文章表明，大量战后的议会住房空出了它们的家庭，代之以单身家庭，在以前的花园里有新的大楼和车库空间。调查报告建议，通过每个人获得 1.5 万英镑的承诺，现存的居民可以被说服。但是现实使得文章的作者怀疑，是否将像所有那一切那样简单。他是赫特福德郡的一名规划师，他认为一切都将是值得的。我们要问了，对谁来说值得？

赫特福德郡的顾问们强调了像交通拥堵、污染和停车的问题。此外，还存在一个所谓的"雷蒙德·昂温悖论"。正如戴维·洛克（David Lock）在关于这个问题的最近一篇评论里强调的，在 1912 年出版的昂温的著名小册子《过度拥挤一无所得!》中，他表明，由于提供供应的固定标准的必需，而它与人数或家庭数目是相关的，随着你试图抬高密度，奖励会少于你所期望的。[4]昂温的关键的固定因

---

1. 东南区域规划 1998 年．

2. 大不列颠卫生部（GB Department of Health）1998 年．

3. 考尔顿（Caulton）1996 年；皮特（Pitt）1995 年．

4. 洛克 1995 年．

素是公共开放空间，包括公园和游戏地。现在刚好可能，你可以挤进那些标准：因为增加的住房中5家有4家将是单人家庭，根据定义，附近将不会有小孩（除了也许孩子们拜访离婚的父母），他们可能不需要运动场；事实上，我们完全可能需要更少的学校，所以也许我们能再开发学校以及它们的游戏场为住宅。这些新的城市单身汉可能想在公园里散步，但是我们可以提供那些在附近绿带中的公园，或伦敦市里的线型公园，并且建造较高密度的住房，面向那些地区。

就设计而言，它可以是十分激动人心的；看看拉尔夫·厄斯金（Ralph Erskine），一位20世纪的设计大师，格林尼治"千年村"设计竞赛的获胜者，在斯德哥尔摩的威比吉德（Vårby Gård），在一个树和水的背景上，处理高密度开发。但是有另外一个问题，昂温在1912年不必考虑的：汽车。这些单身家庭几乎全都要每户一辆汽车，并且大多数能够支付得起一部车。如戴维·洛克指出的，引用卢埃林－戴维斯规划的另一项研究，每英亩能获得将近32套可居住的两层楼的房屋，顺便说一下，这与埃比尼泽·霍华德为他的田园城市提议的相去不远；但是如果你需要每英亩40套房，你将需要独户住宅与公寓的混合，尽管你仍能在传统的街道上获得它们；在这之上，你将需要在共享场地上的低层街区。对单身生活来说，这可能是十分令人满意的，如在加利福尼亚的许多好的商业开发证明的；但是，随着一个开发朝向更多单身单元发展，密度奖励下降了，因为要将为每户住宅的单独服务合并在一起的需要。

所以对政策来说，存在着一个进退维谷——不仅仅在伦敦，不仅仅在英国，而是在新的家庭预期表现出一个重要建造计划需求的任何地方。这儿从历史的经验中，存在着有待学习的、太轻易地被忘记的教训；上一次我们面对一个像这样的挑战，政府也鼓励城市将人们塞在其中，以避免对乡村的压力，产生了不可居的高层街区（图38）。但是有一个可以取得同等结果的方法。我们可以学习如何达到它，既通过在交通上的创新，也通过在土地使用上的创新。我们将按顺序逐一讨论。

图38 破落之地。20世纪60年代，在棕地城区填塞的最糟糕尝试的一幅灾难性图景：在利物浦埃弗顿（Everton）的一幢高层建筑物，是不适于居住的，并在其启用几年后被弃置。除非我们非常当心，否则我们可能重蹈覆辙。
图片来源：彼得·霍尔摄

政策反应：交通

欧洲的国家和城市，在过去的四分之一世纪里，就交通政策而言，在应对这个挑战的可持续反应中已处于一种世界领先地位。在 20 世纪 70 年代和 80 年代，许多城市发展了新的公共交通系统，同时逐步地在城市地区小汽车的自由使用上加以限制。[1]公共交通投资采取了四种主要形式：

1. 在最大城市里现有的重轨系统的延伸（巴黎）。

2. 新的重轨系统，通常在第二等级城市（斯德哥尔摩早在 20 世纪 50 年代，阿姆斯特丹、巴塞罗那、布鲁塞尔、里昂、马德里、马赛、米兰、慕尼黑、奥斯陆、鹿特丹和维也纳）。

3. 老的电车系统转化为轻轨系统，通常在第三等级城市［法兰克福、格勒诺布尔（Grenoble）、汉诺威、南特（Nantes）、斯图加特、图卢兹（Toulouse）和维也纳］。

4. 新的捷运轨道系统［巴黎的区域快速铁路（RER），法兰克福、斯图加特和慕尼黑的市内高速铁路（S-Bahn）系统，格拉斯哥的蓝线（Blue Line），利物浦的默西铁路（Merseyrail），伦敦的泰晤士铁路（Thameslink）］将城市中心与主要的城市延伸，以及与延伸的通勤地区的独立定居地连接起来。[2]

这些新的系统得到了支持，在一些案例中真的是必需的，由于较大的欧洲城市的成长到了一定程度，在这个程度上，重要的新系统变得可行。然而，除了捷运系统和一些有限的沿着过去的路权的轻轨延伸，它们普遍被限制在历史的密集建造的城市包层之内。对此有一个好的理由：旅程的特性，包括平均速度和座位容量，让它们真的不适合较长距离的运行。

同时，在过去的 20 年中，在限制私人小汽车的使用上，欧洲城市已形成了三个显著的革新。第一，中央商务核心区的步行化，与到达地面公共交通的特定的优先通道相连，或者通过地面交通地下化。这使得接近小汽车的机会相对更少吸引力，而接触公共交通的机会更富吸引力；在最引人注意的实例里达到这个程度，例如慕尼黑，公共交通成为人们偏爱的出行方式。20 世纪 80 年代后期，在意大利城市（诸如佛罗伦萨和米兰）发展起来的一个变式，包括中央商务区在白天工作时间对私人小汽车的完全禁止。第二，交通平静化技术的使用，通常在居住街道网络中的地区范围，但是在一些案例中——例如在汉诺威的"打谷者英里街"（Lister Meile，汉诺威一条深受欢迎的商业街——译者注）——直至主要的交

---

1. 巴尼斯特（Banister）和霍尔 1995 年；霍尔 1995 年.
2. 霍尔 1995 年.

通干线，目标是减少速度和流动。上述引用的例子揭示了第一个重要的普遍结论：在欧洲，没有任何国家有任何长久的好实践的专利。

第三，20世纪90年代的主要革新：在挪威主要城市的城市道路定价——卑尔根（Bergen）、特隆赫姆（Trondheim）和奥斯陆——进入城市中心要收费。奥斯陆方案的官方辩护是，不是限制交通，而是支付主要道路的投资（尤其是，一条非常昂贵的城市中心隧道）。斯德哥尔摩的建议方案，现在已被废弃，本来将会拥有一个双重目标：除了帮助提供给昂贵的新环路资金外，它将在整个内城限制交通。[1]

所有这三种方案是特别地针对城市、甚至内城的；概念上，它们假设，城市问题可以从更广泛的城市背景中孤立地解决。但是，已经极其雄心勃勃地投资于良好质量的公共交通的城市和乡村，也趋向于已经成为经历了小汽车所有权最迅速地长期增长的城市和乡村；也许它们互为反应，互为结果。在20世纪80年代，在大多数的欧洲国家，在出行的乘客－公里数的普遍上升趋势中，公共交通分得了一杯羹，这也许是重要的；英国是一个例外。[2]这些国家——诸如法国和德国——恰巧普遍已经在交通上投入了更多；关于这个没有任何特别的道德的东西，争论一个国家投资太少或者它的邻国投资太多，倒会是有可能的。问题只有通过尚未进行的一个非常详尽的国际成本－收益分析才能得以解决。

然而，还有一个疑问。当然，如纽曼（Newman）和肯沃西（Kenworthy）在一个著名的研究中认为的[3]，欧洲城市比它们的新世界同类们表现得更好。但是关于它们将去往哪里，看起来还存在一个疑问。固然，通过非常的努力以保持它们的主要城市中心在各方面都强大——作为办公中心、购物中心、娱乐中心——欧洲人也许可能对此问题作出贡献。它们的批评家也许是对的，当他们说，我们应该鼓励就业向外迁移到靠近人们实际生活的地方——自从原先的"计划1"新城以来，英国人在伦敦地区一直鼓励的一个过程。并且城市道路定价可以实际上作为这个过程的一副良药，加强市场走向。在这一点上，我们不得不保持不可知论的立场，直到在整个更广泛的城市区域层面上，我们有了更坚定的研究结果。

公共交通中的新概念：（1）巴黎 ORBITALE

然而，这可能带来在它后面接踵而来的另一个问题。自从彼得·丹尼尔（Pe-

---

1. 瑞典1993年；腾纳尔（Tegnér）1994年.

2. 马克伊特（Mackett）1993年.

3. 纽曼和肯沃西1989年a，1989年b.

ter Daniel）的先锋著作问世以来[1]，我们已经知道，如果人们及其活动去中心化，有两种矛盾的结果：通勤者行程被缩短，但是存在从公共交通向私人小汽车的一个巨大的转移。进一步，一个近期的研究表明，在欧洲和美国的典型大都市地区——巴黎、法兰克福和旧金山市——都已经疏散住宅和工作，导向了在郊区至郊区和相应的从公共交通到小汽车的转移的一个巨大增长。[2]小汽车的优势对外围郊区到工作地点的地方行程来说特别明显；小汽车旅行绝对地支配了在这些地区的出行矩阵，欧洲的情形和美国的一样。这样一来，尽管巴黎和法兰克福都已经大量地投资于新的公共交通，它们在让运输线适应于纯粹的郊区至郊区的通勤上却失败了。那么，在这些外围郊区减少小汽车依赖，可以被认为是一个未来大都市交通战略的关键因素。

那暗示着一个解决方法：开发一个能够处理分散的郊区出行的公共交通系统。巴黎的规划师们开发了一个战略，来管理这个郊区到郊区的通勤问题。内城交通拥塞清除的环状交通区域组织［ORBITALE，Organisation Régionale dans le Bassin Intérieur des Transports Annulaires Libérés d'Encombrements，译音 "奥比泰尔"。ORBITALE 计划已于 2006 年更名为 Metropherique（环城地铁）计划，环城地铁建成后，乘客可以不经巴黎，直接从郊区到郊区——译者注］是一个新的 175 公里长的运输系统，服务于较高密度的内郊区，主要在级别分离的道路状态上运行，但是由于一些街道伸展，并且由于至现有放射式运输系统的 50 个换乘点，估计需要以 4000 亿法郎的成本建造。到本书出版时（即 1998 年 10 月——译者注）所有部分应该完成。[3]至于外围郊区，尤其是距巴黎市中心平均距离大约在 15 英里（25 公里）的五座新城，有一个更长期限的规划：外环使用可达性的连接（LUTECE，Liaisons à Utilisation Tangentielle en Couronne Extérieur，译音 "鲁特西亚"——译者注），是区域快速铁路（RER，Regional Express Rail）系统的一个延伸，以将各新城镇和战略分区相互连接起来。[4] ORBITALE 和 LUTECE 是为法兰西岛制定的 1994 年区域规划的一个部分，但不是有意识地作为一个土地使用—交通融合战略的一部分来设计：土地用途大抵是适当的，在下一个 20 年里主要重点是在整合上。

然而，ORBITALE 和 LUTECE 不代表唯一可能的解决方法。可选择地，一座城市可以发展在所有方向运行的不予管制的迷你巴士车队，在拥堵威胁到延迟它们的地方，使用特别指定的机动车道。在像埃德蒙顿（Edmonton）［阿尔伯塔省（Alberta）］这样的城市，加拿大交通当局已经研制出郊区的 "轮毂 – 辐条" 式公

---

1. 丹尼尔和沃讷斯（Warnes）1980 年.

2. 霍尔等 1993 年.

3. 区域指导（Direction Régionale）1990 年，22—23.

4. 规划学院（Institut d'Aménagement）1990 年，82—83.

共汽车系统，迷你巴士在这样一个系统里同样运行良好。这可以结合电子引导的公共汽车新系统，这种巴士在 20 世纪 90 年代被引入，它给出了最好的轻轨的许多运载特点，但是成本较低。

在此，美国对这个问题的探索是有趣的不同。美国政策初期采取了三种主要形式。第一，如同在欧洲，广大范围的中等城市［布法罗（Buffalo）、匹兹堡、波特兰（俄勒冈）、萨克拉门托（Sacramento）、圣何塞（St. Jose）、洛杉矶、圣迭戈］，在轻轨上进行了投资。第二，在一些地方，系统管理方法已给予共载车辆在高速公路和在停车处的优先权（大容量机动车道，共乘信息系统，优先停车）；至少一座"边缘城市"，西雅图外面的贝里弗，已经开发了一个综合有效的一揽子方案。[1]第三，电信通勤，或鼓励工人在他们的家附近，或在当地的工作站附近工作，可以是一个减少出行需求的极其有效的方法，这一点加利福尼亚和其他地方的实践已经证明。[2]第四，最激进的，是逐步淘汰内部点火引擎而支持更加可持续的推进系统的努力（例如，在洛杉矶"南海岸空气质量管理"区的方法）。本质上，这最后两条政策倾向，接受了分散的汽车为导向的城市现实，但是寻求改变驾驶者的行为。在加利福尼亚的一些部分，它们可以与交通投资和交通为导向的土地使用政策很好地结合，以产生欧洲和美国方法的一个混合物。[3]

一个针对伦敦的 ORBITALE?

伦敦也需要一个"内城交通拥塞清除的环状交通区域组织"（ORBITALE），出于两个独立却又相关联的原因。第一个原因是，作为一个至关重要的交通规划措施，旨在将首都的环状运输的一定份额从小汽车转变为公共交通。第二，就如在《法兰西岛指导方案》（Ile-de-France Schéma Directeur）中认识到的，提供战略规划一个关键的结构因素是必要的，这将允许高密度混合使用节点的建设成为可能，围绕着在这个系统和以前时代的传统的放射性定位的公共交通之间的交叉点发生。

它看起来是项让人胆怯的任务。奇怪的是，它并非那样困难，也不是那样费钱。伦敦的"环状交通区域组织"的很大一部分早已存在，是在以前几代中慷慨投资的产物。其他部分正在建设之中。为了连接它们，提案——固然资金提供——已经存在。与真正重大计划的成本相比，像东西横线铁路［CrossRail——线路西至梅登黑德（Maidenhead）、希思罗机场，横贯中心伦敦的地下，直至东南部埃塞克斯郡和肯特郡，长度 100 公里，预计 2017 年运营——译者注］和其他区

---

1. 塞韦拉（Cervero）1985 年，1989 年.
2. 汉迪（Handy）和穆赫塔利安（Mokhtarian）1995 年；穆赫塔利安（Mokhtarian）1991 年.
3. 塞韦拉 1989 年，1991 年.

域大都市铁路方案，伦敦"环状交通区域组织"将是一份合算的活儿。

第一个关键的因素将是"环铁"（RingRail），这是"交通2000"和其他团体长期倡议的。它的大部分已经存在和正在运营中：西伦敦线，最近在克拉珀姆（Clapham）站点和韦尔斯登（Willesden）站点之间，对一个骨干性的乘客服务系统重新开放；北伦敦线在韦尔斯登站点和多尔斯顿金斯兰（Dalston Kingsland）之间；伦敦地铁的东伦敦线，现正在广泛的重建中，在加拿大水线（Canada Water）与朱比利线（Jubilee Line）延伸部分有一个新的交叉点；南伦敦线在佩克汉拉伊（Peckham Rye）和汪兹沃思公路之间。连接这些的关键投资，将是建议的东伦敦线延伸，在北端从它现在的肖尔迪奇（Shoreditch，位于伦敦的哈克尼区，紧贴伦敦城以北——译者注）终端跨过北伦敦线的老大街（Broad Street）轨道，至多尔斯顿（Dalston），继续到哈伯里（Highbury）和伊斯灵顿（Islington），在南端从萨里码头（Surrey Quays）到侬亥德（Nunhead）。除此之外，所需要的一切就是，利用在汪兹沃思路和克拉珀姆站点之间一个现有的连接，加上西伦敦线上的新车站，分别位于切尔西港口（Chelsea Harbour）、厄尔斯考特（Earl's Court）和谢泼兹布什（Shepherd's Bush），实际上早已经被提供资金（图39）。

结果产生的"环铁"，将不是一个完全的环；在克拉珀姆站点它将倒行（或者说，实际上，火车将从这儿沿着两个方向绕圆圈运行）。这是必需的，因为克拉珀姆站点是如此重要的一个连接点，否则它将要加设旁路。它将在韦尔斯顿和多尔斯顿站点之间与现有的北伦敦线连接，这将实际上提供了至里士满（Richmond）和北伍利奇的两个外部支线。但是除此之外，如长期讨论的，这条线将预计在它的东端提供一个与伦敦城市机场的直接联系，在河流下面穿过到达伍利奇阿森纳（Woolwich Arsenal）[1]，在那儿火车可能计划继续到达特福德（Dartford）和埃布斯弗里特（Ebbsfleet）——针对泰晤士河口开发的一项重要投资。最后，现有的电气化的戈斯佩尔欧克（Gospel Oak）至巴金线还将构成系统一个进一步的外"翼"。

"环铁"更广泛的非交通利益将是巨大的，因为它将连接内伦敦的一些被剥夺最严重的地区——哈克尼、纽汉（Newham）、佩克汉（Peckham）、布里克斯顿（Brixton）（有一座新站点）和哈尔斯登（Harlesden）——给予它们到伦敦劳动力市场其余部分的更广大渠道。除此之外，东部的计划能直接服务在泰晤士河口一些最重要的开发场地，包括在海峡隧道铁路线（Channel Tunnel Rail Link）上的斯特拉福德（Stratford）和埃布斯弗里特车站、在皇家码头的展览中心和伍利奇阿森纳。通过在金斯克罗斯车站北面的一个新站，它甚至能直接服务在"海峡隧道

---

1. 在泰晤士河下面的双子地铁线可以被朱比利线火车分用，使用在北格林尼治的一个现有的立体换乘点，它已被提供作为朱比利线延伸的部分；这将给予伍利奇阿森纳更新场地在可达性上很大的好处．

铁路"（Channel Tunnel Link）上的新的圣潘克勒斯（St Pancras）终点站。一些难题将仍属于在其北侧与地铁系统的交叉点——在贝尔萨兹公园（Belsize Park），在卡姆登城（Camden Town）和金斯克罗斯车站北面。虽然有解决办法，但是它们将是相当昂贵的。也许最有吸引力的将是与北伦敦线的连接，在卡姆登城，涉及一个旅客捷运系统。

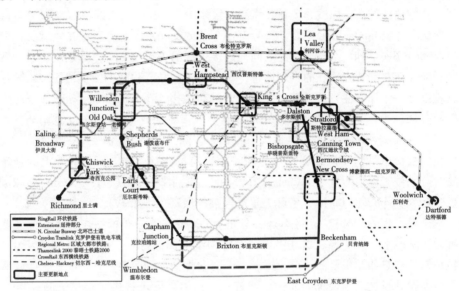

图39 伦敦"环铁"和新的开发簇群。开发伦敦棕地土地的合适的和可以接受的方式：被忽略和废弃的铁路和其他土地的利用，围绕在伦敦中环规划的新的铁路换乘车站。图片来源：伦敦铁路发展协会和交通，2000 年

尽管是一个相当地自我牵制的系统，"环铁"在它的南侧可以进一步被提高，通过一个经西顿汉姆、水晶宫、斯特雷特姆希尔（Streatham Hill）和巴勒姆（Balham）到克拉珀姆站点的外侧环道。在纽克罗斯盖特（New Cross Gate）这将需要只有非常小的投资。无论怎样，这个外侧环道的许多早已被服务到，通过现有从贝肯纳姆（Beckenham）站点到维多利亚的服务，它不久将与新的克罗伊登有轨电车线（Croydon Tramlink，双系统车，有轨电车和铁路共享线路，英国国营铁路在长 28 公里的线路上，利用了长达 17 公里的废弃铁路——译者注）轻轨系统连接，预计 1999 年开通。而且，实际上，克罗伊登有轨电车线将成为南伦敦最外圈的轨道系统，通过克罗伊登连接贝肯纳姆与温布尔登（Wimbledon）——并且这样一来，与厄尔斯考特北面的地方线的最南面部分相连，在此它作为一个环道线路服务，在厄尔斯考特直接与"环铁"连接。

这样，相当非凡地，伦敦可以获得一个与巴黎的"内层交通拥塞清除的环状交通区域组织"一样好的系统，以一个便宜的价格，且只有最小的中断。然而，

将留下一个难题：通过多达三个的独立的环道，南伦敦将得到极好的服务；相比较而言，北伦敦将只有一个环道，穿过内郊区运行，但是放弃了外郊区，伴随有它们加强的轨道的运行，但是没有服务。这儿的讽刺是，南伦敦将拥有一个极好的轨道服务和一个差的道路系统，而北伦敦，虽有其改善了的北环（North Circular），将拥有恰恰相反的服务和系统。

但是北环是潜在的解决办法，因为它能提供一个外围环道公共交通系统的基础。存在两种可能性。第一种，无论在成本还是在物质可能性上，看起来内在地较少吸引力，将需建设一条高架轻轨，悬挑在北环现有的中央保留地上面。另一个解决办法将简单得多，却同样有效，就是完成北环在 A41（伦敦－伯明翰的干线公路）的布伦特克罗斯（Brent Cross）和 A10（伦敦－金斯林的干线公路）的托特纳姆（Tottenham）之间已经规划的改进，只是将此与连续的大容量车辆（HOV，High－Occupancy Vehicle）的车道创造结合起来，保留给公共汽车、出租车和拼车；在这些车道上创建一个电子引导系统，就是现在提议在利物浦引入的那种，那儿电力为动力的公共汽车将被自动地引导，以一小部分的资金成本给予它们非常优越的轻轨运载工具的行驶特征。这些电动巴士可以离开北环来连接沿着北环的主要中心——伊灵大街（Ealing Broadway）、尼斯顿（Neasden）、布伦特克罗斯、伍德格林（Wood Green）、伊尔福德（Ilford）——它们是重要的就业和服务节点，也是与放射性公共交通的交叉点。一个可能的规划从伍德格林向南，使用一根长期废弃的轨道线，可以在七姊妹（Seven Sisters，位于英格兰东南部萨塞克斯郡、英国最大的海边度假城市布莱顿，以海边悬崖著称——译者注）与戈斯佩尔欧克－巴金线连接起来。

就时间选择而言，这应该是可能的，到 2005 年为止，建设"环铁"和它的连接，当然加上克罗伊登有轨电车线路，然后，继续完成北环引道，直到 2010 年。这样一来，伦敦将拥有一个在几乎所有主要节点之间提供一个高度可达性的系统。更进一步，与放射系统的新交叉点将允许新的混合使用的高密度活动中心的创造，而目前这些地方，因为缺少连接，几乎只有一片城市废地；最显著地，在西伦敦的奇司威克公园和老橡树，在金斯克罗斯车站的铁路地上，以及在肖尔迪奇—毕晓普斯盖特（Bishopsgate，位于伦敦城东部的一个教区，得名于原先的伦敦城墙上的七座门之一——译者注）。同样地，在北环引道上，围绕出现的尼斯顿零售场（Neasden Retail Park）和在恩菲尔德（Enfield，位于伦敦东北的自治区——译者注）的安琪儿公路（Angel Road）地区存在着密集化的机会。

这是重要的，因为在针对可持续发展的一个平衡组合投资方法里，一个关键因素将会在伦敦内部，在目前因为可怜的可达性而欠发展的地区，创造新的城市发展机遇。相比较于目前正在规划的更大的轨道计划，特别是提议的"区域大都市铁路"，服务于伦敦的一个"环状交通区域组织"系统，将以令人惊讶的低成本创造这些机遇。但是，在产生作为新的城市开发基础平台的新的可达性模式上，这也具有一个紧要的地位，无论是棕地开发，还是绿地开发。在伦敦，两个系统间的交叉点将提供开启重大更新计划的钥匙。

公共交通中的新概念：（2）区域大都市铁路

在 20 世纪 90 年代，一定数量的欧洲城市发展了一个放射延伸的概念，以巴黎的区域快速铁路（RER）或德国的城市快速铁路（S-Bahn）系统为代表：区域大都市铁路（Regional Metro）。斯德哥尔摩西面，如在 1991 年《梅拉达伦区域规划》（Mälardalen Regional Plan）中提议的，环绕梅拉（Mälar）湖的新线路——梅拉铁路（Mälarbanan）、斯维阿兰斯铁路（Svealandsbanan）和格罗丁根铁路（Grödingenbanan）——将提供一个环形路线，连接首都和距它 100 公里范围内的一系列中等规模的城市，包括在湖南边的南泰耶利（Södertälje）和埃斯基尔斯蒂纳（Eskilstuna），在湖北边的恩科平（Enköping）和韦斯特罗斯（Västerås），以及在湖的西头的厄勒布鲁（Örebro）。这似乎是第一个案例，在其中，区域发展规划被仔细地围绕高速联系的存在安排结构。为厄勒海峡（Öresund，分割丹麦的西兰岛和瑞典南部的斯科讷的一条海峡，是连接波罗的海和大西洋的海峡之一，亦是世界上最繁忙的河道之一——译者注）地区规划的新的国际大都市铁路，将使用正在建设中并预期 2000 年开通的新连接，将连接罗斯基勒（Roskilde）至哥本哈根西面的丹麦城市，通过中央哥本哈根和凯斯楚普（Kastrup）国际机场，与瑞典南部的马尔默（Malmö）和隆德（Lund）相连。在法国北部，为北部 - 加来海峡大区（Nord-Pas de Calais）地区的一个区域系统［区域快速铁路（TER，Transport Express Régional 的缩写——译者注）］正在建设中，将加来（Calais）和布洛涅（Boulogne）与里尔（Lille）和鲁贝（Roubaix）连接起来。瑞士国家铁路已开发了一个新的快速火车系统，连接所有的主要城市，有着可保证的连接。

伦敦的区域大都市铁路

伦敦正在发展它自己的区域大都市铁路概念[1]，称作区域高速列车（Regional TGV，TGV 是 Trainagrandevitesse 的法语缩写——译者注，图 40）可能更好。像其他例子一样，但是在概念上更激进，它基本上由高速线路构成，火车以每小时

---

1. 伦敦交通 1995 年，1996 年．

125 英里（200 公里/小时）或更快的速度运行，正好穿过伦敦，以连接它每侧将近 80 英里（130 公里）距离的城市和城镇。

第一条是泰晤士铁路 2000（Thameslink 2000），已部分开通，但是到 2003 年将会完成。它自伦敦北部出发，将拥有三条支线，分别来自位于米德兰主线（Midland MainLine）上的贝德福德、位于东海岸主线（East Coast MainLine）的彼得伯勒，以及剑桥与金斯林（King's Lynn，位于诺福克郡——译者注）。这些线路将在金斯克罗斯车站会聚成一个地铁链圈，服务于伦敦城的西侧［法灵顿、城市泰晤士联线（City Thameslink）和布莱克弗赖尔斯（Black friars）］，在此再分岔出去，服务于伦敦南部的目的地：达特福德、汤布里奇（Tonbridge）/阿什福德（Ashford）、盖特威克（Gatwick）/布莱顿和伊斯特本（Eastbourne），以及萨顿（Sutton）/温布尔登。

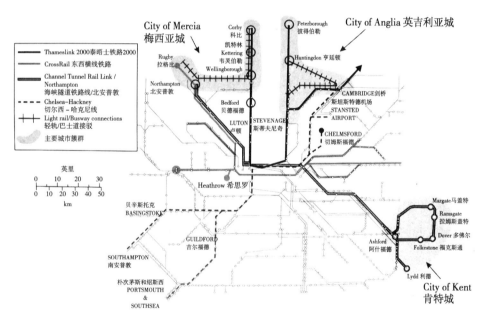

图 40 区域大都市铁路和新城簇群。"伦敦交通"关于在中央伦敦下面连接的一个高速、长距离系统的 1995 年提案；泰晤士铁路 2000、东西横线铁路和切尔西 - 哈克尼线将是那三条线路，但是海峡隧道铁路线将有效地提供一个第四条线路。图片来源：伦敦交通

第二条是奇怪的，甚至在伦敦交通 1996 年报告的地图上未占有显要地位。它是从圣潘克勒斯出发的海峡隧道铁路线（Channel Tunnel Rail Link），它将提供高速的国内火车直接沿着西海岸主线（West Coast Main Line）运行，从拉格比（Rugby）、北安普敦和米尔顿凯恩斯——速度提升到至少每小时 125 英里（200 公里/小时）标准，更可能达到每小时 140 英里（225 公里/小时）——经过圣潘克

勒斯中心，到埃布斯弗里特和阿什福德。实际上这将有两条支线：一条，在埃布斯弗里特从高速线分岔，服务于罗切斯特（Rochester）、查特姆（Chatham）和吉灵厄姆（Gillingham）的梅德韦（Medway）城镇，然后是惠特斯特布尔（Whit-stable）、赫恩湾（HerneBay）、马盖特（Margate）和拉姆斯盖特（Ramsgate）的北肯特海岸城镇；另一条，在阿什福德分岔，它将有三条分支，一条到黑斯廷斯（Hastings），一条到坎特伯雷和拉姆斯盖特，第三条到福克斯通（Folkstone）、多佛尔、迪尔（Deal）和拉姆斯盖特。事实上，这最后两条支线与北肯特线相连，以形成一个围绕肯特东北角的连续的铁路环。

泰晤士铁路2000和西海岸主线/海峡隧道铁路线都将在2007年准备就绪，因为在圣潘克勒斯服务于两条线的重要的站点工作必须同时建造。其他的方案是长期的。伦敦东西横线铁路，一个雄心勃勃的方案，目标是一个深层、最大尺寸的地下线路，连接帕丁顿（Paddington）、邦德街（Bond Street）、法灵顿和利物浦街——摩尔盖特（Moorgate），将把来自伦敦西部的通勤线路连接到向外通到申菲尔德（Shenfield）的大东线（Great Eastern Line），这些通勤线路一条支线来自雷丁和斯劳（Slough），另一条来自艾尔斯伯里（Aylesbury）和阿默舍姆（Amer-sham）。"伦敦交通"现在正提出，它还能收编来自拉格比的西海岸主线、在西侧的希思罗快线以及在东侧的两根南端线的列车。由于它的开支，东西横线铁路被延迟了，直到泰晤士铁路2000完成之后，但是它看起来处于一个在2005—2010年间完成的高优先顺序。

在所有计划里面为期最长的是切尔西－哈克尼线（Chelsea-Hackney）。原先规划为一根传统的地铁线，现在它被重新设计，将从西南主线（南安普敦，贝辛斯托克）来的列车，继续带到对角线线路，连接切尔西、维多利亚、皮卡迪利广场（Piccadilly Circus）、托特纳姆庭院路（Tottenham Court Road）和金斯克罗斯车站，然后从伦敦东北出去，以服务于吉福德（Ching-ford）和埃平（Epping）。它的建设没有具体日期：在2010—2020年之前，它是没有可能的。

正如"伦敦交通"认为的，区域大都市铁路对整个伦敦地区可能具有富有戏剧性的结果，至少像那些在20世纪20年代和30年代由地铁系统的延伸制造出的结果一样重大。然而空间的影响可能十分不同：通过提供非常迅速的通道到达经选择的地点，它将延伸伦敦中心的辐射地区，到达大约80英里（130公里）之内的一系列目的地，对通勤者和购物者/休闲旅行者来说都是如此。但是这个延伸一点也不平均：它将是高度点状形式的，服务于有选择的站点。这样一来，基于在车站附近的密度金字塔，它将为一个同样点状的定居战略提供了潜在的基础。这样，它将会促进自从1950年以来一直飞快地继续的一个进程：基于荷兰人称为的集中的去中心化原则，英格兰东南部向成为一个多中心的大都市的转变。

政策反应：土地使用规划

这让我们想起了还有另一个途径——不是作为交通政策的一个替代，而是作为它们的一个补充——通过土地使用。我们能从三个源泉中寻找创新的解决办法。第一，如所说的，我们可以回转向过去的智慧，并且问我们自己，历史上的伟大规划人物怎样处理相似的挑战。但是，作为那个练习的部分，我们还需要问，他们做错了什么，特别包括那时起作用但是现在不那么有效的东西，因而可能需要再分析和再解释。第二，我们可以进行学术研究，并问它现在是否正在发现任何对我们有用的东西。第三，我们可以问，是否有一些好的当代奏效的例子。当我们把这三个办法置于一起时，我们不仅得到了一个答案，而且我们得到了一个非常清晰的答案。

昔日的智慧

我们可以，并且我们应该，从通过回溯霍华德开始。因为，在 1998 年的英国，当世界已变得根本无法辨认时，他的启示仍然与我们有一个邻人吃惊的、几乎超现实的相关性。

如在第 7 章所见，三磁体图在 1998 年证明像在 1898 年一样有重大意义。但是压倒性的区别是，人们自身已经发现，城乡磁体是多么富有吸引力。他们成千上万地成群结队地出城去趋近它。问题是，规划体系没有提供它。人们没有因循原路，回到霍华德的社会城市。取而代之，他们——还有更多的他们的地方政治领导人——将他们的脑袋埋在沙子里，说他们不想要发展。当然，他们没有能停止它，至少因为他们没有如霍华德所建议的提供它，他们固守在全部世界里最糟糕的情形。

我们也可以回到第 6 章，看斯堪的纳维亚方法。就哥本哈根的一个有轨电车系统、然后一个郊区列车系统，以及斯德哥尔摩的一个新地下铁路来说，无论在哥本哈根，还是在斯德哥尔摩，这都是沿着公共交通路线，串起像小珠子一样的新定居点。

我们能从历史中得出的教训是这些。第一，以合理的单元将人和工作岗位靠近在一起，分成组团，如霍华德所建议的，以及英国人在第二次世界大战以后在他们的新城中试图去做的，是一个合理的目标——尤其如果，在一个微观层面上，家庭和工作是混杂在一起的。霍华德为他的田园城市直观地奠定了基础的规模——32000 人——就交通可持续性来讲，这是不坏的，如果不管这样一个事实，即它是在这样一个时间里产生的，那时机动车是个新奇事物，但是它证明，将城市的这个尺度与一个充足范围的工作岗位和服务结合是困难的。但是，当然，每个人都已经忘记了原先的社会城市图式。第二，努力将新的英国城镇保持在伦敦通勤圈之外也是正确的，即使一些城镇通勤以及更多的可能后来才这么做；你可以保持新城镇在一个日常基础上十分独立（证据是至少一些通勤者在一段时间后找到了当地的工作），同时为不太频繁的商务联系提供至伦敦的良好通道，随着服务产业岗位的增长和偏僻的办公分散到新城里面，这已变得越来越重要。最后，按照线状高密度模式沿着强大的公共交通脊柱布置家庭和工作岗位，就像瑞典人在 20 世纪 50 年代和 60 年代在他们的斯德哥尔摩卫星城中所做的，也是对的——特别是如果，又一次，一些工作被提供得离家很近，如瑞典人努力去做的，以及如果城市变大了——事实上日益增长的广大——绿楔就是这样在这些城市化的走廊之间被创造出来。所有的都只提供了部分答案，决不是相互地排他的，但是几乎没有任何地方看起来已将它们结合到一个整体包里。

我们也应该记住，"计划1"伦敦新城和斯堪的纳维亚卫星城，是针对一个贫困得多的社会设计的，在其中，大多数人将是由规模巨大而铁板一块的机构提供的社会住宅的承租人；他们别无选择。他们在交通上也没有多少选择，因为小汽车拥有程度极低，并且被预期保持那样。有清晰的证据表明，斯德哥尔摩规划者的所有计算，被 20 世纪 60 年代小汽车拥有率的迅速上升推翻。但是，这是与这样一个事实结合在一起的，即斯德哥尔摩是一座只有大约 150 万人口的相当小而紧凑的城市。即使人们能被说服继续使用地铁，做到城市中心去的放射状的旅行，对环形旅行来说，它几乎没有什么意义，当人们可以钻进舒适的沃尔沃小汽车，利用规划者为了达到货运围绕城市而提供的环形公路时。这意味着，结构必须更加鼓励公共交通的使用，也许通过尽可能地消除非放射状旅行的需要或愿望。

当代学术的智慧

智慧的第二个来源，或灵感，是现时的学术研究。这儿的起点必定是纽曼和肯沃西的著名研究[1]，它阐明了一点，整体上，欧洲城市比澳大利亚或美洲城市要密集，这是系统地与较高的公共交通使用和较低的人均能源消耗相联系的：在美国城市，平均汽油消耗是澳大利亚城市中的将近两倍之高，比欧洲城市高出四倍。汽油价格、收入和交通工具效能只解释大约一半的这些差异。然而，同样重

---

1. 纽曼和肯沃西 1989 年 a，1989 年 b，1992 年.

要的是城市结构：中心区工作岗位强大地集中、并且相应地有较好发展的公共交通系统的城市，比岗位分散的城市较低地使用能源。整体上，纽曼和肯沃西发现了在能源使用和公共交通使用、尤其是轨道和小汽车的供应之间一个强有力的关系。在欧洲城市，所有乘客出行的 25% 依靠公共交通，只有 44% 使用小汽车去上班。在这些更加紧凑的城市中，步行或骑自行车的重要性通过一个事实得到强调，21% 的人使用这些模式上下班。在阿姆斯特丹，这个比例上升到 28%，在哥本哈根达到 32%。

纽曼和肯沃西的结论在一些重要的政策法规中已经可以被捕捉到。例如，众所周知的《欧洲委员会绿皮书》（European Commission Green Paper）[1] 假定了一个理想的城市模式，以传统的紧凑欧洲城市为代表，依赖到工作和商店的短距离，通过在公共交通上的充足投资支撑，而这种公共交通使用较少的不可循环的资源，比分散的北欧裔美国人－美国人－澳大利亚人的城市形式产生的污染更少。然而，迈克尔·布雷赫尼质疑了绿皮书，他认为绿皮书是对密度的一种迷念。[2] 他以及其他人的工作提出，适当的密度可能是十分令人满意的；至于必须把每个人塞进现有的城市，这一点尚不分明。

纽曼和肯沃西的工作在方法论上[3]和理念上[4]遭到了批判。戈登（Gordon）和理查森（Richardson）认为，他们的分析是有瑕疵的，他们错误地诊断了问题，并且他们的政策和规划处方是不合适和不可行的。戈登和理查森以及他们的合作者辩论道，在美国城市，就业的郊区化与人口一起，实际上减少了而不是延长了通勤次数和距离：人们已经停止进行郊区到城市的长途行程，代之以正在进行郊区至郊区的短途出行。布罗奇（Brotchie）等[5]对澳大利亚城市得出了相同的结论。纽曼和肯沃西在新的研究中，在这些论点上进行了自行辩护，但是关于他们的方法论存在一些真正遗留的疑问。[6]

无论如何，我们可以怀疑——为了早已琢磨出来的原因——仅仅就城市整合而辩论将是否充分。就在绿地土地上新的开发而言，我们需要研究获得可持续的城市形式的方式。有趣的是，英国地理学者在这个议题上已经建立了某种国际领先优势：像剑桥的苏珊·欧文斯（Susan Owens），雷丁的迈克尔·布雷赫尼和伦敦大学学院的戴维·巴尼斯特（David Banister）一起构成了一个非常庞大的群

---

1. 欧洲社区委员会（Commission of the European Communities）1990 年．
2. 布雷赫尼 1992 年．
3. 席佩尔（Schipper）和迈耶斯（Meyers）1992 年．
4. 戈登和理查森 1989 年；戈登等 1991 年．
5. 布罗奇等 1995 年，382—401．
6. 肯沃西等 1997 年；纽曼和肯沃西 1997 年．

体。[1] 所有这些工作看起来讲述了一个非常一致的故事。

欧文斯提出，一个可持续的城市形式将拥有下列特征。第一，在一个区域的层面，它将包括许多相当小的定居点，但是其中的一些将簇聚，以形成 20 万和更多人口的较大的定居点；第二，在一个次区域的层面，它将以紧凑的居住为特征，在形式上很可能是线形或矩形，伴随着就业和商业机会的分散，以产生一个"异质性"，亦即混合的土地使用模式；第三，在地方层面，它将由在步行/自行车尺度上开发的次单元组成；以一个中等的居住密度到高的居住密度，很可能具有线形高密度，以及伴随着地方的就业、商业和服务机会簇聚，以允许多目的的出行。她的工作强有力地提出，小居住点的一个簇群，可能比一个大的居住点能效更高；最适宜的上限将是 15 万—25 万人；线形或至少矩形形式将是最有效率的；并且提出，尽管密度应该适度地高，但是要能源效能高的话，它们则不必非常地高。这样，每公顷 25 套（每英亩 10 套）住房的密度，就未来的构成而言，可能转化成每公顷大约 40 人或者每英亩 16 人，将允许设施有一个 8000 人的辐射地区，将在所有家庭的 600 米距离之内，而一个 2 万—3 万人的步行尺度的簇群，将为许多设施提供一个充足的门槛，不必凭借高密度，而高密度实际上可能是能效差的。这些安排与斯德哥尔摩 20 世纪 50 年代在地铁车站周围达到的一致，尽管是按照英国新城的密度。欧文斯还指出，在中等密度每公顷 30/37 套（每英亩 12—15 套）住房时，地区供热系统是可行的；在一块绿地场地上，这个不赚不赔的密度甚至将更低，尤其是如果使得土地使用异质的话。

在与拉尔夫·鲁克伍德[2] 的合作研究中，布雷赫尼就可持续将如何在不同的尺度上、不同的地理环境中发展，给出了一些理论的阐述。它们所有的以不同规模的居住为特征，沿着公共交通走廊，像珠子一样串在一根线上，范围包括巴士线路到重轨系统（图 41）。又一次，与丹麦和瑞典规划者在 20 世纪 50 年代和 60 年代尝试的存在着一个非常强的相似性。

更加近期的工作，由戴维·巴尼斯特协调、由经济和社会研究委员会资助，是更加实证性的。牛津布鲁克斯大学（Oxford Brookes University）的彼得·黑迪卡（Peter Headicar）和凯里·柯蒂斯（Carey Curtis）考察了一个重要问题：就小汽车依赖而言，你把新的郊区开发置于哪里是否会有影响。他们得出结论，非常有影响。迁到靠近大城镇和像牛津城外的博特利（Botley）和基德灵顿（Kidlington）的在良好公共交通走廊上的新郊区的大多数人，在搬迁前通过小汽车通勤，搬迁

---

1. 巴尼斯特 1992 年，1993 年；巴尼斯特和巴尼斯特 1995 年；巴尼斯特和巴顿（Button）1993 年；布雷赫尼 1991 年，1992 年，1993 年，1995 年 a，1995 年 b，1995 年 c；布雷赫尼和鲁克伍德 1993 年；布雷赫尼等 1993 年；欧文斯 1984 年，1986 年，1990 年，1992 年 a，1992 年 b；欧文斯和科普（Cope）1992 年；里卡比（Rickaby）1987 年，1991 年；里卡比等 1992 年.

2. 布雷赫尼和鲁克伍德 1993 年.

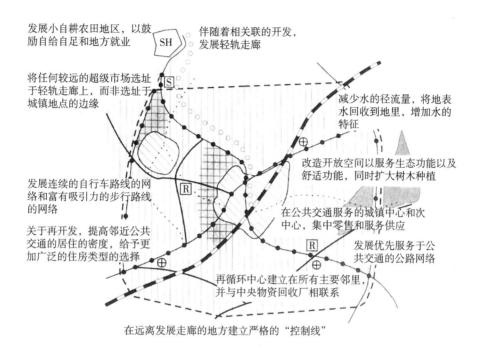

发展小自耕农田地区，以鼓励自给自足和地方就业

伴随着相关联的开发，发展轻轨走廊

将任何较远的超级市场选址于轻轨走廊上，而非选址于城镇地点的边缘

减少水的径流量，将地表水回收到地里，增加水的特征

发展连续的自行车路线的网络和富有吸引力的步行路线的网络

改造开放空间以服务生态功能以及舒适功能，同时扩大树木种植

关于再开发，提高邻近公共交通的居住的密度，给予更加广泛的住房类型的选择

在公共交通服务的城镇中心和次中心，集中零售和服务供应

发展优先服务于公共交通的公路网络

再循环中心建立在所有主要邻里，并与中央物资回收厂相联系

在远离发展走廊的地方建立严格的"控制线"

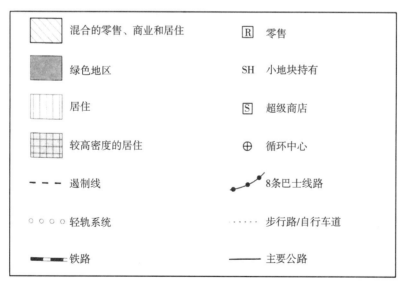

混合的零售、商业和居住	R	零售
绿色地区	SH	小地块持有
居住	S	超级商店
较高密度的居住	⊕	循环中心
- - - 遏制线		8 条巴士线路
o o o o 轻轨系统		······ 步行路/自行车道
铁路		—— 主要公路

图 41　布雷赫尼和鲁克伍德的可持续开发。出自他们 1993 年论文的一个例子，表明了在一个混合的城乡地区的应用：混合用途开发的簇聚，每个都是有限的规模，沿着公共交通脊柱；涉及的乡村加以保留。
图片来源：布雷赫尼和鲁克伍德，1993 年

后更多的人这么做。然而，小汽车通勤的比例，无论在搬迁前，还是在搬迁后，都低于搬进较小的乡村城镇的人，像离牛津更远的比斯特（Bicester）和威特尼（Witney）。在坐落在一条良好铁路线上的迪德科特（Didcot），较高比例的人使用火车——尽管甚至在那儿，4/5 的人靠小汽车通勤。就总的小汽车使用，用每周的公里数表示，差不多在城市附近的郊区基德灵顿和博特利产生最少的出行，而更遥远的城镇比斯特和威特尼产生 2—3 倍的出行量。在三个乡村城镇中，迪德科特产生最少的小汽车出行，接近博特利的总数，以及最大数量的火车出行。研究者总结道，这些差别不只是与规模和密度有关联，而且与在一个更广阔的次区域中的区位有联系。[1] 政策含义似乎是这样：将开发选址于强大的公共交通走廊上，这是最好的，靠近将持续提供就业主要来源的中等规模的城镇，轨道走廊提供了尤其良好的前景。

当代实践的智慧

第三，我们有当代的实践。从美国我们拥有了一些来自彼得·卡索普（Peter Calthorpe）的有趣思想，一位加利福尼亚的英裔移民建筑师–规划师。[2] 他倡导围绕公共交通站点的步行尺度的郊区开发，在节点上簇聚了一些工作岗位和服务机会，高密度独户房屋建在传统的高台街上（terraces，高于街道的一排房屋，有这样房屋的街道——译者注），有街道停车（图 42）。他的概念，他称作以交通为导向的开发（Transit-Oriented Development，TOD），与布雷赫尼和鲁克伍德独立地形成并于同一年发表的思想，具有一个令人惊讶的物质形态相似性。加利福尼亚似乎喜欢这个思想；他已开发了在硅谷的首府圣何塞的所有邻里，他的思想现在已成为州首府萨克拉门托总体规划的一个指令部分。

近来，荷兰在融合土地使用和交通规划的尝试中处于一个世界范围的领先地位，这个尝试是在一个环境战略中，在全荷兰层面进行的。在荷兰，《关于形态规划的第四次报告》（EXTRA）确定了一个政策，目标是通过一个包含交通和交通政策、环境政策和物质规划政策的融合的途径，来对付成长压力、改善城市生活质量、减少在城市和城市地区的小汽车交通。关键是集中居住、工作区和舒适性设施，以便产生最短可能的出行距离，最大可能地依靠自行车和公共交通。所以住房地点首先在内城寻找，其次在城市的边缘，只是第三位才在更遥远的位置；在地点找到的地方，公共交通的可得性将是一个关键因素。商务和舒适性设施通过将它们的使用者的需求与区位特征相联系来规划。那些

---

1. 黑迪卡和柯蒂斯 1996 年．
2. 卡索普 1993 年；凯尔鲍等（Kelbaugh et al.）1989 年．

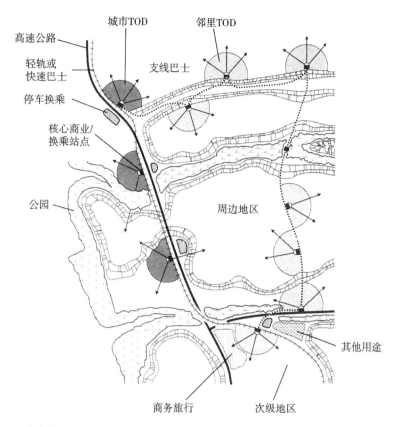

高速公路

轻轨或
快速巴士

停车换乘

核心商业/
换乘站点

公园

城市TOD

支线巴士

邻里TOD

周边地区

其他用途

商务旅行

次级地区

图 42　卡索普的以交通为导向的开发。也于 1993 年发表，这个出自一位加利福尼亚建筑师－规划师的图式，被认为十分独立于布雷赫尼和鲁克伍德的工作——但是有着惊人的相似性。看起来专家们认可了。图片来源：卡索普，1993 年

单位面积涉及大量工作者或访问者的活动，诸如面向公众的办公楼、剧院和博物馆，被定级于 A－型，也就是，它们应当坐落在靠近城市中心的车站。B－区位是那些良好的站点通道和机动车道都有的位置，使得它们既适合小汽车又适合公共交通的出入；适合在这儿选址的活动包括医院、研究和开发，以及白领产业。C－区位，靠近机动车道，只适合于单位面积相当少的工人和来访者、小汽车或卡车有高可达性需求的活动。与此相联系，报告号召融合的交通/土地使用规划，以提高公共交通的作用，包括长期停车位的限制，与良好公共交通的提供相关联。[1]

　　荷兰人的方法正激起在欧洲其他地方大量的兴趣甚至模仿。[2] 但是减轻荷兰兰

---

1. 荷兰 1991 年．
2. 例如伦敦规划顾问委员会（London Planning Advisory Committee）1993 年．

斯塔德的压力可能同等或更加合理——包括鹿特丹、海牙、莱顿（Leiden）、哈勒姆（Haarlem）、阿姆斯特丹和乌得勒支的马蹄形环带——通过促进在荷兰其他地方适度规模、适度密度的城市：20 世纪 60 年代的政策，后来放弃了。

有一个同样著名的来自英国的动议。伦敦的东部泰晤士河口的开发框架，代表了思考中的一个新尺度：一个不连续的开发走廊超过 40 英里（64 公里）长，以从伦敦到海峡隧道的新的高速列车联系为基础，围绕两个规划的站点将有就业的集中，沿着两者之间的一个新的"泰晤士河口都市铁路"有着密集的地方轨道出行。[1] 在许多方面，它代表了布雷赫尼和鲁克伍德或卡索普在一个实际环境中得以实现的思想。我们将在第 9 章回到此议题。

这些组合块给予了我们为发展可持续的土地和交通政策包所需要的一切。进一步，它们将在世界的不同部分实际地发生，那样我们就能看见它们如何进行，这样从相互的成功和失误中学习。我们将能看到，卡索普的可持续城市主义观点、荷兰 ABC 政策及英国走廊方案和地区铁路如何实际地运行——并且我们将能研究与围绕着斯德哥尔摩现在正在建设的那个系统相似的伦敦地区铁路的开发结果。但是这儿在英国，我们不必等待其他的；我们可以发展我们本国土生土长的解决方法。这个我们将试图在第 9 章更详细地认真研究。

---

1. 大不列颠泰晤士河口 1995 年.

第 9 章
可持续的明日社会城市

关键的战略政策因素

然后，我们了解战略政策因素，在其上我们可以建造可持续的社会城市，霍华德可能已经认识到的那种，而且回答了 21 世纪需要的那种。这些要素在数量上有 12 条：

1. **发展城市节点**：在伦敦和其他大城市，应该通过在新的交通线路上的选择性投资，系统地努力以创造新的可达性节点。这将创造出一个更加多中心的城市模式，它将平衡公共交通走廊上的流动。以前，作为一个惯例，放射形的交通比环绕形的交通得到好得多的发展，并且更加方便，因而主要的努力应该放在改善这些后者的线路上，然后在它们与现有的放射线的交叉点上，开发集中的较高密度发展的节点，而这些地方常常令人惊讶地开发薄弱。这儿，瑞典的密度金字塔原则将被采用：购物、服务和娱乐应该有力地集中于换乘站点周围，有较高密度的公寓在其上和围绕着这些节点，独户住房依托较长的步行或大约半英里（1 公里）半径之外的公共汽车线路。

2. **有选择的城市密度增加**：城市的紧凑或者密集化，是可以接受的，事实上是理想的，以便帮助城市经济复苏，使城市更有活力，引导人们更少使用小汽车，以及保护开放的乡村地区。

3. **避免填塞城市**：然而，密集化应当与良好的城市质量相协调。这当然将意味着对于城市绿色空间的严格保护。它可能意味着更高的居住密度在规模上的限制；否则这些政策将完全是反生产性的，导致更多的人离开。这是围绕着许多郊区公共交通节点的一个特有的问题，这些节点在一个世纪前或更早就首先发展起来，从一开始发展了一个基于独户家庭的别墅住宅而不是高密度公寓住宅的结构。伦敦有很多这样的地方——伊灵大街、温布尔登、山上的哈洛（Harrow on the Hill）、克罗伊登、布罗姆利南部（Bromley South）——它们中的大多数仍然提供了一个高质量的居住环境。当地居民强烈反对任何大规模再开发和密集化的企图，甚至将较大的房子改建为公寓也会引起 NIMBY 者的反对。因此，总的来说，在目前欠发达的新换乘点开发"城中新城"可能更容易和也更好。

4. **绿地开发的战略准备**：由于这些限制，有选择的密度增加，在最大限度

上，永远不可能猜想超过全英国住房需求一半的供应。在一些城市结构松散的地
区，如西北部，比例可能超过一半；在其他地区比例则要少很多，如西南部，在
城市包层内可获得的土地稀少，更多有前途的开发趋势的可能性微小。结果，作
为一种可能，我们应该准备大约所有开发的55％—60％，以新的绿地开发的形式
来进行。这种绿地开发的规模是如此地遍布与广泛，以至于单纯的地方性的解决
手段将是效率不高或不充分的；战略要求在一个区域性的、然后在一个次区域的
层面制定出来，超越地方规划权限的界限。

5. *距离*：开发应当距离最大的大都市城市足够远，到目前为止，这总会是可
能的，以确保就日常活动而言，它们将合理地相对独立于大都市。在霍华德的年
代，将莱奇沃思从伦敦分开的35英里（56公里）的一段距离已经足够。现在，
莱奇沃思舒适地位于西英格兰和大北部铁路公司（Great Northern Railway）郊区电
气铁路线的范围内。彼得伯勒是20世纪60年代后期指定的"计划2"新城之一，
5000人及更多的人每日从彼得伯勒往返伦敦，因为高速列车将它带进了金斯克罗
斯车站一个仅40分钟车程的范围之内。几年之内，随着"城际—125"让位于时
速140英里或者可能150英里（225—250公里/小时）的"城际—225和250"，
正如H·G·韦尔斯在霍华德的著作发表三年后所预言的[1]，英格兰的大多数地区
将潜在地成为一个单一的巨大郊区。

但这并不意味着，我们不得不放弃任务。当一些人选择新的铁路将给予他们
的自由时，大多数人将为了就近工作而定居下来。我们把新的开发安置得离伦
敦、或伯明翰、或曼彻斯特越远，新开发自我制约的这个程度就越高。作为一个
粗浅的常识，这种集中的大规模开发的最小距离应该在大致"计划3"新城离开
伦敦的位置，也就是50—90英里（80—140公里）。实际上，这意味着1970年
《东南部战略规划》（Strategic Plan for the South East）编制者们的解决方法的一种
继续和延伸，当他们修改了规划委员会1967年战略中的走廊战略时：长廊应当限
制，在半径50英里（80公里）的环内应当有选择地开发，超出那个之外则可以
是更大规模和更高强度的开发。[2]

6. *最好品质的联系*：然而，由于一些人将要两地通勤（事实上一些人必须这
样；双重职业和更高的专业化，意味着工作的世界再不像霍华德的时代那样简
单），那么确保他们尽可能快捷、容易地来完成他们的旅程是当然的，并且首要
地，要以最小的资源成本和最小的污染。这明白地意味着对现在正处于改进和升
级过程中的高速列车网络的依赖，以及对伦敦区域大都市铁路（London Regional
Metro）这个新概念的依赖，这一概念能被整合，以产生一个不仅服务于一个伦敦
终点站，而且服务于伦敦商务核心各个站点的服务网络。这些服务的第一批三

---

1. 韦尔斯（Wells）1901年.

2. 大不列颠东南经济规划委员会1967年；大不列颠东南经济规划委员会联合规划组1970年.

个，在新世纪的前几年内，将是：升级的西海岸主线，它在圣潘克勒斯被直接连接到通往东肯特郡的海峡隧道铁路线；以及泰晤士铁路 2000 的服务，将贝德福德、彼得伯勒、剑桥/金斯林与盖特威克、布赖顿、伊斯特本连接起来。这些服务实质上延伸了潜在的伦敦通勤圈，某种程度上比 1970 年可能的更远，重点放在离伦敦中心介于 60—85 英里（100—140 公里）之间的地方。

7. 簇状开发：我们在第 8 章概括的近期文献中，研究者与实践规划者之间，在英国（布雷赫尼、鲁克伍德、欧文斯）和美国（卡索普），对于最可持续的城市形式惊人的认同程度是最清楚不过了。基本上，这是霍华德社会城市的一个线形版本，相当小的步行尺度的社区（人口：2 万—3 万），沿着公共交通线路，尤其是铁路、轻轨或引导路，成簇状地发展。这些社区在距主要大都市中心较近的位置（例如大约 50 英里或 80 公里之内），比距离主要大都市中心更远的位置，可能呈现为反而更稀疏的簇状，在较远位置，社区可以更靠近地成簇状发展，以形成实际上的区域集聚：在 1970 年的《东南部战略规划》中发展起来的概念，不过在那里应用于距伦敦不同距离的各种区位。

8. 城镇扩张与新城镇：在这些走廊内，簇群将包括不同种类开发的一个混合。沿着这些走廊的中等规模的和较小的城镇可以被扩张（伴随着地方化的、可以接受的紧凑），围绕着良好质量的公共交通节点进行，典型地提供了在较长距离的铁路或轻轨车站和地方疏散系统之间的换乘点。新城镇也可以是一种合适的解决办法；事实上，它们可能为"撒胡椒式"的开发提供了唯一的选择，那种开发毫无战略意义，并且在地方层面极不受欢迎。

然而，这些新的社区，可能并且很可能将与 1945—1950 年间"计划 1"新城或 1961—1970 年间的"计划 3"新城都有很大的不同。正如早已提出的，它们可能是由小型的半自我制约的、物质形态上分离的、2 万—3 万人口的混合用途单元组成，类似于埃比尼泽·霍华德原先的田园城市模型，但是成簇状——又像霍华德建议的——沿交通走廊形成将近 20 万或 25 万人口的更大的单元，这也包含着现存城镇的扩张。这是一个争论的问题，将需要周密的区域的（并且可能是区际的）考虑。

9. 密度金字塔：在主要的城市地区，围绕这些车站，我们应当遵循瑞典于 20 世纪 50 年代在斯德哥尔摩卫星城采用的原则：在车站的步行距离内，较高的密度，包括公寓住宅街区的一个数量上的优势；购物和其他服务设施集中紧靠车站，使得实现一种交通—购物—居家的转变成为可能。这一原则既应该应用于正在扩张的现有城镇，也应用于新城镇。

10. 因地制宜：正如霍华德在他著名的图式中提醒我们的，所有的理论原则与规划都必须根据土地的状况而修正。尽管普遍来说，发展应当沿着交通走廊簇聚，但这一原则并不适用于杰出自然美景地区（Areas of Outstanding Natural Beauty）；例如，没有人将企图在肯特郡的新福里斯特（New Forest）或科茨沃尔兹

（Cotswolds）或威尔德地区（the Weald）进行大规模的开发。相反，一个有物质空间可供扩张的城镇，可能应该被鼓励这么做，即使它不直接位于铁路线上。

11. *平静的地区*：英格兰乡村保护委员会（Council for the Protection of Rural England）已经引起人们对偏远乡村地区在过去40年中所受侵蚀的注意，就低噪声标准而言，这些乡村地区是适度地平静的。我们赞同，最大程度可能地保护我们现存的平静地区，应该成为一个基本的政策目标。要达到这个结果，我们需要回到奠定1970年《东南部战略规划》基础的原则：每个区域应当明白地被划分为重点更新地带和发展地带，通常只占每个区域的一小部分，而大得多的地区作为受保护的平静乡村。这是那些并非偶然发现的范例之一，此时一项好的政策也可能产生好的政治。

在这些更为乡村化的地区，如果就业和人口的去中心化继续给当地的住房市场施以压力，把生长集中于重点的村庄可能是恰当的。这可能具有避免不受欢迎的多重的村镇扩张，以及支撑公共交通和服务的优点。然而，在平静地区，普遍的原则应当是，开发只限于满足当地的需求，这就要求，要给予社会住宅的优先供应以特殊的注意。

12. *激励偏远的乡村地区*：在来自城市和集合大城市的外向压力地带外面，乡村的分散实际上应当被鼓励。这样的分散近年来仅仅维持着这些村庄，帮助它们保持作为服务中心的作用，服务于土生土长的当地人口，特别是老年人与低收入人口。但是这种开发必须通过村镇规划微妙地被合并。

泰晤士河口：可持续发展的样板

在伦敦东部的泰晤士河口，英国的规划者们最终援引了伟大的美国规划师丹尼尔·伯纳姆的精神：不做小规划。1995年公布的这个地区的发展框架，代表了一个思考的新尺度：一条超过40英里（64公里）长的不连续的开发走廊，以从伦敦到海峡隧道的新的高速列车联系为基础，围绕两个规划的车站将有就业的集中，在两个车站之间将有密集的地方的火车出行。[1] 它不仅仅在规模上大，比任何早先的类似项目都更大（图43），而且也被假定为关于一项新的交通技术影响的一次重大冒险。

用科林·克拉克（Colin Clark）的有力名言来说[2]，就如在过去，交通已经被证明是城市的创造者与分割者，这儿亦如此。空间的影响将十分不同于传统的城市轨道系统，像伦敦地铁或巴黎铁路或斯德哥尔摩的地铁：它将缩短到距伦敦

---

1. 英国泰晤士河口（GB Thames Gateway）1995年.
2. 克拉克（Clark）1957年.

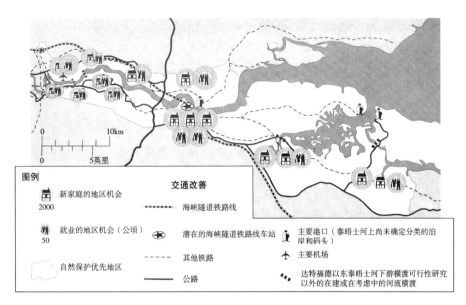

图 43　泰晤士河口。沿着新"海峡隧道铁路线"簇聚的混合用途开发，主要的活动中心围绕着线路上的两个车站，斯特拉特福（Stratford）和埃贝斯弗利特。图片来源：英国泰晤士河口任务组，1995 年

60—80 英里（100—130 公里）范围内的地区的出行时间。但是克拉克的假定在此具有一个更为深刻的重要性。在希思罗的伦敦机场的建立，是 1943 年一个仓促的战时决策的结果，在从伦敦西区延伸到雷丁并越过此——或许甚至达到布里斯托尔（Bristol）的整个走廊上，通过它对商务活动的磁石效应，深远地影响了大都市及其地区战后的成长。我们现在有了一个重要的技术突变点，以高速列车的形式：事实上一个新的运输技术，它的影响可能是同样重大的。在密集的城市化区域，它恢复了地位，伴随着大量主要的集合城市相互处于大约 300 英里（500公里）距离内，因为那是高速列车对空中旅行构成高度竞争的距离。欧洲的西北角——被欧洲委员会称作中央资本区域的地区，包括伦敦、巴黎、布鲁塞尔、阿姆斯特丹和科隆—波恩——就是这样一个区域，在其内，火车将迅速地成为商务和休闲目的的城际旅行的常规方式。

更进一步，它的城市影响将是深远的：火车将会在城市的心脏再次集中商务活动，尽管不必恰好位于火车站，但它们也可能鼓励在主要的大都市地区边缘的有选择的大规模开发。这早已出现，在东京城外原先的东海道新干线（Tokaido Shinkansen）上的新横滨（Shin-Yokohama），以及法兰西岛地区西南部分的马西（Massy），在大西洋新干线与新的互联（Interconnection）高速线之间的关键结合点，在那儿，一个重大的开发被规划为通往号称法兰西岛南部科学城（Cité Scientifique Ile-de-France Sud）的通道，是 M4 走廊的法国对应物。1995 年环境部发布的《泰晤士河口

规划框架》（Thames Gateway Planning Framework），通过靠近 M25 达特福德交叉口、在斯特拉特福和埃贝斯弗利特的规划车站周围两处活动中心，实现了这一开发。[1]

可以确信地说，这两个区位，为整个开发中的就业与活动提供了两个重要的锚靠，而且它们的间距大约 20 英里（32 公里），是恰恰合适的。这其中，最重要和最让那些将要规划走廊开发的人员感兴趣的任务之一就是，什么活动的混合将发生在埃贝斯弗利特，而什么活动的混合又将发生在斯特拉特福，在皇家码头与斯特拉特福相邻的地区又怎样。已经出现的有科学研究和高等教育、娱乐与文化活动，还有展览和会议空间：巨大尺度的人际互动中心。

这两个中心或者说锚靠，将被一条强有力的线形交通设施连接起来，包括高速线、也将在这条线上运行的国内服务、河流南北两岸现有的铁路线——两者均计划全面升级，而它们可以成为伦敦一个区域快速铁路类型系统的要素——以及主要的交通干线、河北岸的 A13，与河南岸的 A206、A2/M2，它们也正在全面升级。将有交叉联合，将这些系结在一起：两个，以后可能三个，布莱克沃（Blackwall）隧道、一条东伦敦河横渡线（East London River Crossing）、M25 线和未来的泰晤士下游横渡线（Lower Thames Crossing），加上极有可能的在伍利奇或其附近一个未来的跨河铁路联系。

这项基础设施有几点显著的特征。一是，它的大多数在世纪转折之后不久应该到位。另一点是这个一揽子投资是一个公路和铁路的混合（并且可能还有水路；我们不应该忽略快速水上巴士服务的可能性），其中非公路模式将有一个重要的份额。我们不得不意识到这些要素，但是，至于设计一个环境友好的一揽子交通，作为一个环境友好的城市开发的基础是可能的，肯定是如此。

当然还有其他的活动中心。一些早已经存在，像查塔姆默里塔姆（Chatham Maritime）；有些则是潜在的，例如雷纳姆湿地（Rainham Marshes）。在它们之间将会有广大的以居住为主的地区；居住并非唯一的，因为它们将与制造、仓储、零售、开放空间以及其他多样的活动相混合。这样，泰晤士河口是在一个宏大尺度上设计样板的、可持续的城市开发的一个独特机会，一个全世界的样板。这首先因为轨道基础设施，其次因为——任凭隔壁中心伦敦的巨大磁石——现状的居住结构已经提供了大量的自我制约：大约三分之二的现有居民已经在当地工作，提高这一比例应该是可能的，既通过在两端建设强有力的活动磁石，又通过在它们之间强调更小规模的地方就业机会。进一步，可以这样说，泰晤士河口是与非放射状出行的愿望毫不相干的：在北面，泰晤士河提供了一个有效的屏障，在达特福德的 M25 桥－隧道下游没有固定的横渡地点；在南面，英格兰花园将保持一个低密度的、几乎没有任何开发机会的农业地区。这基本上是欧文斯、布雷赫尼

---

1. 英国泰晤士河口 1995 年．

和其他人的构想，在一个开发规划中真实地实现了。在 15—20 年内，我们应该能够看到它在可持续方面表现如何。

正如已经强调的，泰晤士河口不是，也将不会是一个"线形城市"，尽管这个措辞构成了好的报刊新闻材料。它将是线形的：泰晤士河确保了这一点。它将是城市的，尽管它也将是乡村的；将有城市地区和介于其间的绿带、绿条、绿楔的一个复杂的插入。但它肯定不会是一个单一中心的城市；它将是一个总体上比那更为复杂的东西，有着大大小小多个中心、居住地串接其间的一条廊道。它也拥有大量介于其间的开放空间：城市要素被湿地沼泽或采掘白垩的巨大空间分隔，总是以定期涨落的泰晤士河同样广大的扩张为背景。它是一个非常水平的景观，一个非常东英格兰化的景观：常常被野蛮地贬低，常常单调异常，但却拥有它自身的一种惊人的戏剧性或者荣耀，这归因于巨大量的水体，以下这是通往欧洲和世界的真正的英格兰雄伟廊道的那种感觉。

城镇景观也同样重要。它们往往给人以一种特别的历史感。在斯特拉特福，在大东邮政路的支路上，有大型的街道市场，古老的中世纪鲱鱼港口毗邻巴金古老没落的大教堂的巨大空间，格雷夫森德（Gravesend）大街，那样戏剧性地从河岸徐徐向上；所有这一切和其他的将被保护起来并加以改进。但是关于如何处理介入的空间，它们没有给我们许多线索。这将成为一项任务，不是设计一座新城市，而是旧城镇、新城镇和新郊区的一个复杂模式；实际上，要设计数量众多的不同城市形态。

那么，有人几乎会说，设计的主要元素理应各就其位。在泰晤士河自身的两岸，将有平行的公路与铁路线路。新的铁路线及与之相关联的通勤服务，将提供联系这些其他方面的一个附加的斜向路径。所有这一切将通过许多短程的交叉联结接合起来，其中的两条将较长，并起到区域的重要性：M25 线与新的东伦敦泰晤士河横渡线。在西部端头，将有两处强大的活动据点，其中之一将形成与码头地开发的某种连接或接合结构。在东部端头，将有一个或更多这样的据点。在它们之间，或是围绕它们，特殊特征的地区将会提供发展的制约和机会，这是城市设计将不得不认清的。

但是插入的空间又如何呢？毕竟，整个实践的一个主要目标必须是提供住房，以满足今后 15 年内在英格兰东南部地区整个预计需求的一部分：大约 10 万套新住房，几个中等规模新社区的等量物，其中的 3 万位于伦敦地区，其余主要在肯特郡。然而，我们不是在谈论"计划 1"或者"计划 2"新城；也不是像斯通巴西特（Stone Bassett）和福克斯利伍德那样更小的、自我制约的、私人资助的新社区，这种社区在 20 世纪 80 年代房屋建造者中变得如此流行（但是在国家环境大臣中却极少受欢迎）。这是因为廊道中的地理条件强有力地规定了什么样的社区可以被开发：可利用的土地——在巴金河域（图 44）、黑弗灵河滨和泰晤士河畔肯特（Thamesside Kent，图 45）——每一块都是十分离散的，将支持典型的每项 5000—10000 户住房的开发。

图 44　巴金河域。泰晤士河口首个主要的居住开发场地：6000户家庭和相关的工作岗位，目前在建之中，位于蒂尔伯里（Tilbury）铁路线和河流之间的地区。图片来源：彼得·霍尔摄

图 45　东采石场。泰晤士河畔肯特一个主要的居住开发的位置，靠近在海峡隧道铁路线上的埃贝斯弗利特车站及其联合商务园区。图片来源：彼得·霍尔摄

这里真正有疑问的是田园郊区。根据定义，它们将由于三条主要原因成为郊区。第一，尽管在廊道内部我们可以而且应该提供许多工作，但是许多来此居住的人将会在中心伦敦找到就业岗位，而相当少的人可能在他们自己的家门口寻找合适的就业。第二，线形的形态意味着，运动的主导方向将是沿着脊柱由东向西，或者相反。第三，它们将由私人建造者建设，以便在市场上出售他们的住房，而市场显示，大多数人打算寻找相对传统的带私人花园空间的独户住宅。

历史上维多利亚时代的田园郊区之所以运作良好，是因为它们是盘算周到而又自觉的铁路郊区，限制于车站与商店区域，而且与绿色空间如此关联，以至于它们有着一种田园牧歌式的半乡村的宁静。维多利亚时代的通勤者将他的乡村退隐地集中于车站附近，那可以将他带到喧闹的城市；他回来了则投入田园牧歌式的退隐地。但是显然，后来的田园郊区将不得不将维多利亚时代城市设计师们永远不必操心的整个范围的考虑事项纳入考虑。对个人安全的新的关注就是一例，而它与到达场所的安静的步行通路设计的每一条好的原则相矛盾。另外一点，非常确定地，无论你如何努力设计郊区，以说服人们使用方便的公共交通，他们中大量的人仍然打算使用小汽车通勤。这意味着凯文·林奇（Kevin Lynch）所称的路径系统将不得不提供——无论就功能还是视觉而言——作为另一个进入郊区的通道模式。这带来一个困难的问题：那应该是一个完全不同的模式，或我们是否应当努力将高速公路与铁路系统集中于一个中心的进入点，这个进入点也将包含商店和社区设施？

提到商店就捅了另一个马蜂窝。肖（Shaw，理查德·诺曼·肖，英国后维多利亚时期最有影响力和最成功的建筑师——译者注）在贝德福德公园（Bedford Park，伦敦一个著名的田园郊区，始建于1875年，以有行道树的街道、非正式的

花园、城镇中心为主要特征——译者注）可以提供一家小型综合商店，昂温在布伦特汉姆（Brentham）满意于提供一种不大的成排商店。现在居民将期望一家赛恩斯伯里（Sainsbury）或乐购（Tesco）超级商店。你将怎样将此融入城市结构而又不破坏你寻求发展的所有田园牧歌式的品质呢？是否可能产生一种城市形式？如彼得·卡索普所相信的，许多人将乐意推着购物车回家而不需要小汽车？或者正如昂温做的，有必要将商店放逐到郊区以外吗？

　　或者是否可能，也许异想天开，通过结合一种前后通道，一个内向的和以步行为基础的，另一个外向和以小汽车为基础的？若果真如此，对这个运行模式来说，那又带来什么？我们是否能够回到隔离步行活动和小汽车活动的原则？60 年前它在新泽西的拉德本（Radburn，亦译成"雷德朋"——译者注）首先发展起来，若干年后在首都华盛顿城外马里兰（Maryland）绿带的新城规划中，以及后来在斯德哥尔摩郊区完美实现。我们能否使得它与个人安全不矛盾——20 世纪后期新的规划噩梦？

　　泰晤士河口与 20 世纪 60 年代规划中被长期遗忘的一个部分有着奇怪的相似，20 世纪 60 年代规划由现在已不存在的东南部经济规划委员会制定，它吸取了斯堪的纳维亚规划实践的经验，较前在本书第 8 章描述过，建议沿着从伦敦放射出去的主要交通走廊进行走廊式开发；30 年后，似乎这一战略的要素之一最终几乎实现（图 46）。[1] 但它也与第 8 章描述的来自"伦敦交通"的 20 世纪 90 年代中期新的概念相关：区域大都市铁路，或区域高速列车（TGV）。

区域大都市铁路：区域战略的关键

　　规划的伦敦区域大都市铁路实际上是制定一个可持续的区域战略的关键。这一系统将提供一个在英国或其他任何地方前所未知的服务水准。它将验证科林·克拉克法则的另一个引人注意的实例：再一次，交通将创造城市。新的服务影响将不亚于 20 世纪 20 年代和 30 年代地铁延伸影响之大，而阿什菲尔德勋爵（Lord Ashfield, Albert Henry Stanley, 1874—1948 年，在伦敦地铁最主要的扩张时期，曾任伦敦地下电气化铁路公司的总经理和主席以及后来伦敦客运交通局的主席——译者注）和弗兰克·皮克（Frank Pick, 1878—1941 年，自 1928 年起任伦敦地铁集团的总经理，从 1933 年伦敦客运交通局成立起任局长直至 1940 年——译者注）正是借此，创造了现代化的伦敦。但是空间上的影响却将大相径庭：因为它们的速度不同，新的高速通勤列车，以时速 100 英里（160 公里/小时）甚至可能更快的运行，将戏剧性地缩短到达距离伦敦 60—80 英里（100—130 公里）

---

1. 英国东南部经济规划委员会（GB South East Economic Planning Council）1967 年；霍尔 1967 年.

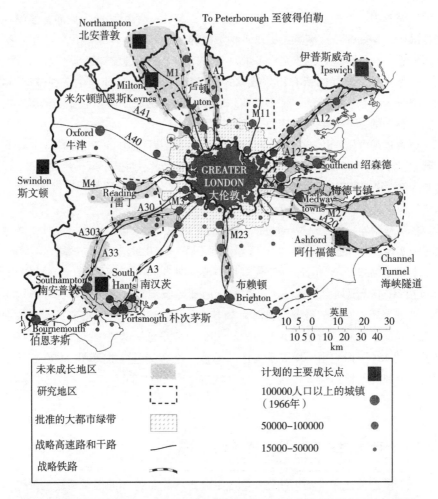

图 46   东南部规划委员会 1967 年战略。这个建议，在 1970 年东南战略规划中调整过，建议集中到主要的放射交通走廊上的不连续簇聚开发。1995 年《泰晤士河口开发框架》最终实现了这个战略的一部分。图片来源：英国东南部经济规划委员会，1967 年

主要范围内的地方的时间。例如，海峡隧道铁路联线将从把伦敦至阿什福德的行程时间由 70 分钟缩短至 40 分钟。

这是真的，这可能鼓励长距离的通勤，它将远非可持续的。但是，正如上面指出的，假定将存在一些长距离的通勤，在轨道上比在公路上更受青睐。所有先前的证据表明，像这些距离的城市开发将是相当自我制约的；进一步，许多通勤者都将在几年之内找到当地的工作。所以我们应当将我们新的定居战略建立在这个系统的基础上。

关键将是把区域高速列车——因为这是它将成为的——在关键的站点与当地疏散换乘系统衔接起来，可能是轻轨，但是可能同等好地有引导的巴士线路，就

如他们在阿德莱德和埃森（Essen，德国西部城市——译者注）以及目前在利兹拥有的，或者是非引导的巴士线路，就像在渥太华（Ottawa）。这些系统将有着强烈的线形形态，它可能平行于区域高速列车，或可能成角度偏离于它；一个有效的形式将通过一根间接的线路连接两个高速列车车站。巴士运送系统较之轻轨有一个优越之处，在于其可以呈枝状散开，以服务于从换乘车站更广泛地分散的中等密度居住地区，就如在阿德莱德。然而，在其中，重要的一点将是，保持对线形的强调，这将鼓励换乘使用，并且无论如何避免鼓励穿越地带的土地使用。沿着这些交通走廊，我们将串联混合用途的开发簇，典型地大约 1 万—2 万居民，通过围绕换乘车站周围中心的服务集中，进一步组成最大人数为 20 万—25 万的线形或矩形单元。

可持续的发展走廊

梅西亚城（City of Mercia）*

自伦敦尤斯顿（Euston）站至伯明翰、利物浦和曼彻斯特的西海岸主线，从伦敦出发，高效地铺设了 82 英里（132 公里）长的四条轨道；四条轨道平行地从尤斯顿延伸至距伦敦 60 英里（97 公里）之遥的洛德（Roade），北安普敦线分叉的地方，但是它在拉格比市南面又回到干线以与之相交。该线不久将由路轨集团联合"维尔京列车"（Virgin Trains）以 1 万亿英镑的造价升级，达到 140 英里/小时（225 公里/小时）的标准，这条线路将提供创造可持续的社会城市簇的无可比拟的潜力。

它早已支持了一座"计划 1"新城，距伦敦 25 英里（40 公里）的赫默尔亨普斯特德（Hemel Hempstead），和三座"计划 2"新城中的两座，距伦敦 50 英里（80 公里）的米尔顿凯恩斯，以及距伦敦 66 英里（106 公里）的北安普敦。这些新城通过应该被保护以增强三座城镇特性的开放的绿色地区隔开。但是在赫默尔亨普斯特德和米尔顿凯恩斯之间，一个小型新社区可以围绕距伦敦 37 英里（59 公里）的切丁顿（Cheddington）的车站建造起来，距伦敦 40 英里（64 公里）的双子小镇莱顿巴泽德（Leighton Buzzard）和林斯莱德（Linslade），可以加以扩张。

然而，遵循基本原则，主要发展应当出现在距伦敦 50 英里（80 公里）的北部点上。米尔顿凯恩斯应当向西扩张，以完成最初的规划构想，这样将使其人口由 14.3 万人（1991 年）增长至初始 25 万人的目标。北安普敦应当以簇群形式向北朝向隆巴克比（Long Buckby）扩张，重新开启在彻奇布兰普敦（Church Bramp-

---

＊　原英格兰中部和南部的一个盎格鲁－撒克逊王国。——译者注

ton）与奥尔索普帕克（Althorp Park）的车站，再将城市的人口由 18.4 万人提高至大约 25 万人。然而，一个潜在的开放缓冲区，应该在这儿与拉格比市之间的北安普敦高地的优美风景地区被留出来。拉格比市本身应当向南朝基尔斯比（Kilsby）充分地扩展，重新起用基尔斯比和克里克（Crick）车站，同时向东北朝邓斯莫尔（Dunsmore）的克利夫顿（Clifton）扩展，以便完善围绕车站的城镇——一个被这个地区的成长充分地证明为合理的开发，该地区作为一个关键的国家货运后勤定位，提供了进入欧洲大陆的公路与长途货物托运之间转换的一个基础。

第二条紧密关联的铁路线路为在伦敦与贝德福德之间的"泰晤士铁路2000"最西部的支线，平行于米德兰主线（Midland Main Line）。这曾经是英国连续的四轨形式的铁路最长的伸展，从圣潘克勒斯至凯特林（Kettering）北部的格伦登（Glendon）南站点，长达72英里（121公里），虽然在贝德福德北部已不再运营（也不是电气化的）。

因而，这儿的建议涉及新的投资。它牵涉到从贝德福德至格伦登的四轨形式的电气化和恢复，重新开通乘客服务，并将电气化路线延长4英里（6公里）直至科比。这将广泛促进沿着介于距伦敦65英里（105公里）的韦灵伯勒与距伦敦80英里（130公里）的科比一线簇集的城市发展。也有建议开设连接韦灵伯勒和北安普敦的导引道路或轻轨系统，并服务这两座车站，威尔逊（Wilson）和沃姆斯利（Womersley）的一个建议，曾早在1967年在他们原先的北安普敦指定报告中提出，30年后又一次被纳入积极的地方检验。[1]

在此，再一次，距伦敦50英里（80公里）的南部点上的扩张和新的居住，存在着有限的可能性。弗里特韦克（Flitwick）与安特希尔（Ampthill），伦敦北部40英里（64公里）处，可以被扩张以形成一个簇集的开发，它将带动安特希尔车站的重新开发，进一步簇集的发展可能出现在贝德福德南面复兴的砖厂地区，这一地区需要一个或数个新车站。而贝德福德北面，相当不错的石灰石坡地的开敞乡村，应当被保留为一个绿色缓冲地带，尽管可能存在着奥克利－克拉珀姆（Oakley-Clapham）与沙恩布鲁克（Sharnbrook）的有限扩张，同时围绕重新开启的各车站，和一个相当大规模的围绕在距伦敦63英里（101公里）的厄切斯特（Irchester）一座重新开启的车站的扩展，这将标定出更为强劲的开发边界。

实际上，这一点以北的建议将是，扩展沿着宁河谷（Nene Valley）早已为一种多中心的集合都市。它将形成一个长度为大约40英里（64公里）的马蹄铁形态，在西北端从拉格比起，通过北安普敦、韦灵伯勒和凯特林，直到东北端的科比。我们建议称之为"梅西亚城"（图47）。在其内部，所有的地方将被两条铁

---

1. 存在着于20世纪60年代关闭的、在两镇之间的一条铁路的通行权。它在提议的引道的南侧2英里（3公里）处运行，穿过应当作为绿色缓冲区的一部分加以保护的草场地。然而，它应当被重新开放，以支撑在其南侧的新社区簇.

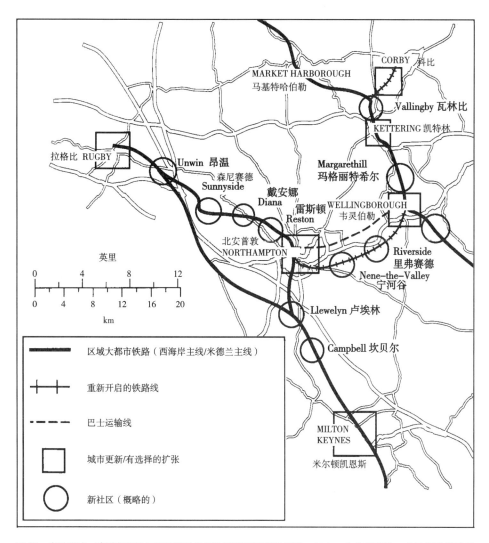

图 47 梅西亚城。建议沿现状的和重新开启的轨道线路簇集地开发，加上一个北安普敦 – 韦灵伯勒换乘系统，将拉格比、北安普敦、韦灵伯勒、凯特林和科比整合起来。图片来源：彼得·霍尔

路与一条连接两铁路的引道相连。沿着泰晤士线的延伸，韦灵伯勒将进一步向东伸展，以围绕车站形成一个更完整的形式（现状车站目前位于城镇东部边缘的一个完全偏心的位置）；围绕距伦敦 67—68 英里（108—109 公里）的伯顿拉蒂默（Burton Latimer）与法恩登（Finedon），一个重新开通的车站可能存在有限的扩张，而一个主要的扩张在距伦敦 72 英里（116 公里）的凯特林。凯特林占有一个重要的战略位置，处于从米德兰至东海岸的新 A14 高速公路的交叉点上，将成为一个对制造业与货运后勤极富吸引力的区位。最后，"计划 1"新城科比将谨慎地在它的东南侧朝向盖丁顿（Geddington）扩展，那儿车站将被重新开启，城镇人

口由 4.7 万人（1991 年）增至大约 8 万人。

英吉利亚城（City of Anglia）

伦敦北部，有"泰晤士铁路 2000"的两条向东的支线，一条通往彼得伯勒，另一条通往剑桥与金斯林，这两条线路真的必须整体考虑，因为它们只是在希钦，金斯克罗斯车站北部 32 英里（51 公里）处才分叉。这根共同的茎干形成了霍华德最初的社会城市的基础，它从哈特菲尔德［距伦敦 18 英里（29 公里）］经由田园城市韦林［距伦敦 21 英里（34 公里）］和斯蒂夫尼奇［距伦敦 28 英里（45 公里）］至剑桥支线上的莱奇沃思［距伦敦 35 英里（56 公里）］。东海岸干线也有"计划 3"新城彼得伯勒，在伦敦北面 76 英里（122 公里）处，目前正由一个在老的砖厂上的新城镇向南大大地伸展。

这儿，我们可从伦敦开始，沿着利河谷，利河谷可能将来会有一条泰晤士铁路 2000 的支线，不过目前只有从利物浦街经由毕晓普斯托福德（Bishop's Stortford）至剑桥的铁路服务于它，这一铁路几乎毫无价值地穿过一块工业地点与污水农场的废弃地。沿着利河谷区域公园的乔木灌木丛和湖泊，我们可以在工业用地上建造高密度住房的富有戏剧性的墙体：不是在 20 世纪 60 年代给了高密度这样一个坏名声的铁板一块的高层住房，而是由拉尔夫·厄斯金在他的斯堪的纳维亚方案和泰恩河畔纽卡斯尔的"贝克尔墙"（Byker Wall）中发展起来的人性化版本，它可以给予每位居住者一个属于他或她自己的迷你露台花园。

当然，我们将保护绿带不受侵蚀，也不会寻求向赫特福德郡四座田园城市任何微小的伸展。但是我们将发展在希钦与彼得伯勒之间的走廊，沿着"泰晤士铁路 2000"的主线，通过小的、簇状的、新的开发进行，围绕像［距伦敦 44 英里（71 公里的）］桑迪（Sandy）、［距伦敦 52 英里（84 公里的）］圣尼茨（St Neots）和［距伦敦 59 英里（95 公里）四轨形式的铁路的终点］亨廷顿（Huntingdon）车站，以及重新开放的在阿伯茨里普登（Abbots Ripton）［距伦敦 63 英里（101 公里）］、霍姆（Holme）［距伦敦 69 英里（110 公里）］的车站，还有在距伦敦 73 英里（117 公里）的亚克斯利（Yaxley）重新开放的车站，以服务彼得伯勒南部的新镇区。最终，彼得伯勒本身将向西侧朝卡斯托（Castor）扩展，这样完成原先针对新城的 1966 年汤姆·汉考克（Tom Hancock，1933—2006 年，英国著名建筑师与规划师，20 世纪 60 年代在《新城法》的指导下完成了大彼得伯勒最初的总体规划——译者注）总体规划，将它的人口由 1991 年的 13.8 万人提高至 20 万人。

沿剑桥支线，在距伦敦 45 英里（72 公里）的罗伊斯顿（Royston），只有有限的扩张，以及对剑桥发展的整体限制——经由此线，距伦敦 58 英里（93 公里），或取道利物浦街一线，距伦敦 56 英里（90 公里）——将继续被保持。由于剑桥地区在高技术产业基础上的扩张几成定局，总的原则——在地方规划中长期被接受，但是在实践中引起激烈争论——将是以簇集的社区形式，提供沿公共交通线的成长，偏向于在较少压力的城市北侧的发展。

为要达到这个目的，关键将是建设一条轻轨或有引导的巴士道，在对乘客长期废弃的线路上，从桑迪到剑桥，并由剑桥回至亨廷顿，沿着这一线路可以串起一系列小规模的新的开发单元——实际上的新村庄。至少其中的一个将是坎伯恩（Cambourne）新村庄，由南剑桥郡区域规划师们规划，临近卡克斯顿（Caxton）村庄；其他的将位于在剑桥和亨廷顿之间的朗斯坦登（Longstanton）与圣伊夫斯（St Ives）附近。这些村庄可以通过相似的簇群增补，沿着剑桥北面金斯林铁路在沃特比奇（Waterbeach）、斯特雷特姆（Stretham）（有一座新车站）和伊利（Ely）等地，在这个走廊上距伦敦 70 英里（113 公里）处，设定一个有效的外围限定。

总而言之，沿着东海岸主线，以及沿着剑桥郡的运输线路，城镇簇群将构成另一个多中心的社会城市；我们建议它在逻辑上应该被称作"英吉利亚城"（图 48）。

肯特城（City of Kent）

最后，我们来到伦敦的南部和东部。如早已提到的，"伦敦和大陆铁路公司"（London and Continental Railways）赢得了包括从拉格比市、北安普敦、米尔顿凯恩斯经由圣潘克勒斯到斯特拉特福、埃布斯弗里特和阿什福德的区域高速列车服务设施在内的海峡隧道铁路线（CTRL）工程的投标。海峡隧道铁路的一个本质特点就是，它是一个专门的非常高速的连接，除了在斯塔特福德、埃布斯弗里特和阿什福德的国际站点那些指派的国际服务，没有提供中间站点。因而在距圣潘克勒斯 23 英里（37 公里）的埃布斯弗里特和距圣潘克勒斯 56 英里（90 公里）的阿什福德之间必定存在一个发展的空白，这合宜地对应于素有英格兰花园之称、并需要保护以对抗开发压力的中部肯特地区非常优美的景观。

虽然在埃布斯弗里特有一条通到现有的北肯特干线的国内支线，经由罗切斯特（Rochester）与锡廷伯恩（Sittingbourne）至赫恩湾与马盖特，但是与将来在阿什福德从海峡隧道铁路线（CTRL）引出的国内支线相比速度相当的慢。[1] 即使使用海峡隧道铁路线，火车经由罗切斯特到达马盖特仍将需要 100 分钟，仅仅节省了大约 8 分钟。然而可以在 40 分钟内到达阿什福德，从那儿列车能够在现有的电气列车线上发散出去，以服务于东肯特海岸的城镇圈：海斯（Hythe），福克斯通，多佛（Dover），迪尔（Deal），拉姆斯盖特和马盖特。阿什福德南面的哈姆斯特里特（Hamstreet）可以在 49 分钟到达，福克斯通在 50 分钟内，坎特伯雷（Canterbury）在 60 分钟内，拉姆斯盖特在 82 分钟内。如果发自阿什福德的现状线路能够被提速——它们非常笃定地与国家网络上的最佳时速 125 英里（200 公里/小时）相匹敌——那么这些时间还能够被减掉 10 分钟或更多。并且，通过重

---

1. 一个较远的出口将可能位于切里顿（Cheriton）货车编组地区，就在英吉利隧道门户之前，但目前尚未规划。

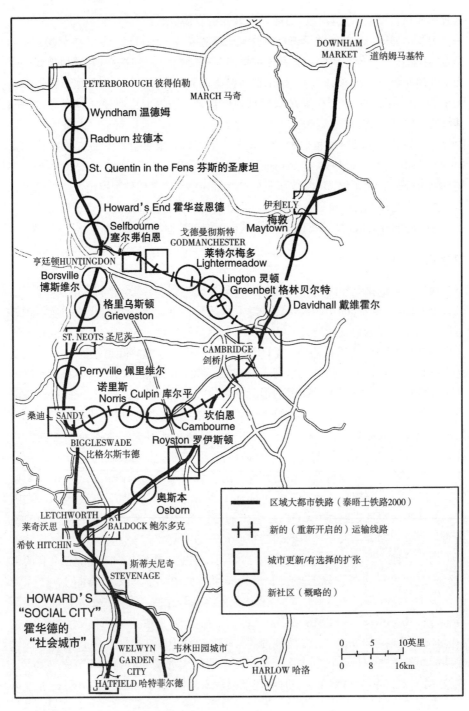

图 48 英吉利亚城。建议沿着重新开放的轨道通行权的开发簇群，它可能是铁路或巴士线路，以剑桥、亨廷顿和彼得伯勒城为中心，结合建议的剑桥郡的新居住。图片来源：彼得·霍尔

新起用一条废弃的从坎特伯雷至惠特斯特布尔（Whitstable）的线路，以提供到惠特斯特布尔和赫恩湾的一个戏剧性地改善的服务，在新的 A299 萨尼特大道（Thanet Way）上增设一个帕克韦（Parkway）车站，速度的提升还是可能的。

沿海城镇，被布置成几乎像沿着这个海岸的一串珠子——海斯、福克斯通、多佛、迪尔、桑威奇（Sandwich——英国五港之一——译者注）、拉姆斯盖特、马盖特、赫恩湾、惠特斯特布尔——实际上形成另一个马蹄形的线形集合都市，比宁河谷的城市簇群稍长一些，位于海斯与惠特斯特布尔之间，大约长 50 英里（80 公里）。作为港口或滨海城镇发展起来，它们已经遭受了来自英国假日产业逐步侵蚀的严重损耗和最终——就多佛与福克斯通的情况——来自海峡隧道的严重损耗；它们需要一个新的角色。通过开发它们通往伦敦的新的可达性——就时间而言，最引人注目的之一，在一个步骤中曾经取得的——它们能够开始建立一个它们自己的经济基础，就如已经渐进地出现在英格兰东南部、伦敦西北部的更加有利的扇形区域。这个系统的支线，从多佛经由迪尔与桑威奇至拉姆斯盖特形成一个环，也与诸如帕特里克·阿伯克龙比的 8 座规划的 20 世纪 20 年代新城镇等内陆居住相联结，其中之一——在艾尔舍姆（Aylesham）——实际上已经启动，它们中的大多数毗邻铁路线。[1]

还有一个进一步的因素：阿什福德南面是高度异常的支线，经由拉伊（Rye）至黑斯廷斯（Hastings），在伦敦南部整个系统中，是尚未电气化的极少数线路之一。阿什福德南面 8 英里（13 公里），肯特郡议会已经建立了实际上是一个经由哈姆斯特里特（Hamstreet）至阿普尔多尔（Appledore）的发展走廊。通过电气化和直接连接到海峡隧道铁路线，黑斯廷斯线可以传输对这一廊道非同一般的可达性。该线在拉伊进入"杰出自然美景"的南部丘陵地区，那儿的开发潜力是最小的。但是由阿普尔多尔至顿杰内斯动力站运行的一根货运支线，能够提供一个电气化服务的延伸，允许在布鲁克兰（Brookland）、利德（Lydd）、海滨利德（Lydd-on-Sea）和罗姆尼（Romney）的簇集的开发。

总体来说，东部肯特郡海岸城镇的发展与更新，伴随着阿什福德南面向顿杰内斯的发展，将构成第三个基于高速轨道联系的多中心城市区域；我们建议称之为"肯特城"（图 49）。

战略计划的实施

西海岸干线、泰晤士铁路 2000 的三条支线以及海峡隧道铁路线，应该毫无疑

---

1. 迪克斯（Dix）1978 年，337—339。一条重新开放的老的煤田线路，可以提供一个附加的联系。

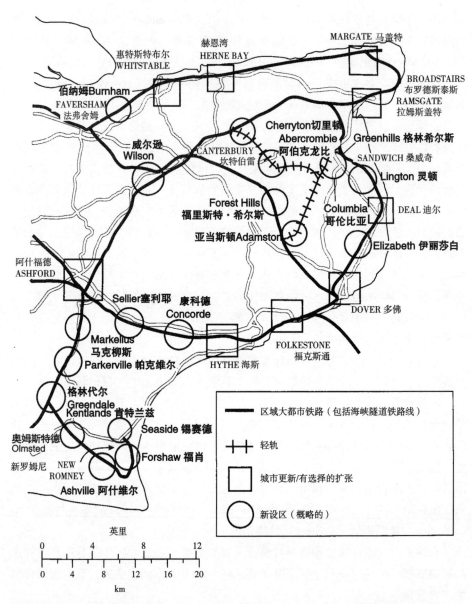

图 49 肯特城。通过在海峡隧道铁路线上的国内服务来服务的主要开发簇群的建议，以阿什福德为中心，但是结合了东部肯特郡衰落的港口和海边城镇的复兴和扩展，以及肯特煤田的更生。图片来源：彼得·霍尔

问地形成首批三条发展走廊，简单的原因就在于，它们构成了在 2005 年之前肯定会建成的新的区域高速列车系统的初始线路。进一步，从一个区域规划的观点看，我们建议在这些廊道上的三组"社会城市"恰好处在合适的地方。南米德兰是在东南部边缘刚好超出最大压力地区之外的适合主要开发的一个逻辑上必然的

地方，而东部肯特郡正亟需开发。当东西横线铁路很可能大约在 2010 年建成时，这三条走廊可能被另一条通往科尔切斯特（Colchester）、伊普斯威奇和哈里奇港（Haven Ports of Harwich）和费利克斯托（Felixstowe）的廊道增补。

　　精确的选择时机和平衡将需要仔细斟酌。但对项目的政治成就来说，有一点是至关重要的，那就是平衡廊道沿线的发展重点，而对廊道以外的开发予以一个更大程度的限制。发展走廊应当是保证其余地区平静的方法。逻辑上，在位于主要公路与铁路线路之间和之外的更广阔的乡村楔上，乡村和村庄居住的传统模式以及村庄生活能够被保护和被珍惜。相似地，即使在廊道内部，强调所有的土地无论如何将不能连续地城市化是至关重要的；这是与发展被要求的所有原则十分矛盾的。具有极高农业价值或景观价值的潜在地区，即使在这儿也将继续被保护：在梅德韦城镇和阿什福德之间中部肯特的环带提供了一个最好的例子。

　　我们将被迫回到住房问题，不是因为曾经如此震撼过霍华德及其更多富有思想的同时代人的维多利亚时代贫民窟的存在，而是因为我们面临着一个需求与供给之间巨大的缺口：一个很快将住房带回到政治剧场中心舞台的缺口，而所有立场各异的政治家们曾以为这一问题已经被消除。而当这发生时，规划将随之携手归来。我们面对了非常有趣的一些年头，在其中，一个新的政府不得不被劝说相信这个辩论的智慧。说也奇怪，就像 1946 年 F·J·奥斯本发现他自己所处的情形，当他不得不向艾德礼政府的规划部长刘易斯·西尔金游说新城的优点时；或者又一次在 1964 年，当他同样地不得不教育理查德·克罗斯曼（Richard Crossman）时。历史确实在重复它自身，尽管并非总是身着同样的外衣。

第 10 章
付诸实施[1]

在第 9 章概括论述的那种计划将不会容易地或自动地实现；它将要求在不同层面的审慎的行动：国家的、区域的和地方的层面。本章考察了所需要的机构和机制。

存在 5 项主要的挑战：

1. 在每个区域获得大规模可持续的、平衡的一揽子更新和再开发，尤其是在承受压力的英格兰南部和中部地区。

2. 发展合适的机构和机制，以便以适合这个目标的正确的数量和在正确的时机提出土地计划。

3. 在这样做时，不要对国库提出过多的要求。在过去的几十年中证明有效的传统机构，像新城开发公司和他们的继任者城市开发公司，因为在一个财政紧缩的年代它们趋于明显的对公共开支提出的要求，已经逐渐让人觉得靠不住。私有企业是有准备的，正等待建造新住房，只要它能找到买主；私营金融是可以获得的，以提供为自有住房的必要资金，但是它不能够自己为这个任务找到必需的土地。问题是，如何将私营金融和企业与战略规划，以及与开发和融资过程结合起来，以便将新的住房安置于正确的地方，这样来产生一个方便、高效、平等和首先可持续的开发模式。

4. 尤其要找到资金以支付必需的基础设施。超过半个世纪以来，在英国，关于赔偿来自土地开发而正当地属于社区的利润份额的方式之争已经激烈，因为公共机构不得不提供许多物质的和社会的基础设施，并且因为土地价值上升在很大程度上通过规划许可的授予。整个这一次，难倒我们的是要找到一种捕获这个附加价值的方式，它是有实价的、在活动中高效的，以及政治上足可以接受的以至于历时稳定的。

5. 在每个地区和每项重大的开发中，提供一个充分的社会住宅的混合。在可见的未来，对于一个不可忽视的剩余的人口少数部分来说，将需要一项可支付住

---

1. 本章大体上以城乡规划协会（TCPA）报告《建设新大不列颠》（城乡规划协会1997年），以及1997年10月在一次 TCPA 会议上对这份报告的讨论为基础，该报告由彼得·霍尔任主席的一个工作组完成.

房的供应。

这些问题已经困扰着我们，自从具有历史意义的《1947 年城乡规划法》以来，它是规划制度的起源，已经成功地引导英国城镇和乡村的发展半个世纪以上。但是当今问题的尺度给了它一个新的迫切性。

建筑在过去的教训之上：三次努力——三个失败？

政治家，尤其在像这样一个主要的关头，一般说来不会多注意历史。但是在这件事上，他们应该如此。在过去的 50 年中，工党对土地进行过三次立法。每一次，他们都有同样的双重目标，在《1965 年白皮书》中充分陈述的居于这些企图首位的是："确保合适的土地在合适的时间为了国家、区域和地方规划的落实是可得的"和"确保社区创造的开发价值的相当的部分返回社区，以及确保为了基本目的的土地成本负担得到削减"[1]。每一次，他们起草的法律都陷入近乎不可战胜的困难；每一次，一个随后的保守党政府或多或少及时地废除法律的全部或部分，把我们带回——但并非总是完全的圆——到起点。我们需要通过问为什么开始。假如开始回答这个问题，那我们就需要回到近代历史中这三个关键时期的每一个。

首先，1945—1951 年：《1947 年城乡规划法》有效地将开发权及其相关联的土地价值国有化了，在这个基础上，即所有的不动产的增值是社区创造的，因而属于它；对失去的开发价值的赔偿将被给予来自一笔 35000 万英镑的基金的补偿，不是作为权利而是减轻困难。相应地，在法律赋予的权力下，一个中央土地部（Central Land Board）对所有从开发中产生的价值的获得征收了 100% 的增值费。方案在 1949 年开始有效地运行。然而，只不过两年之后，在 1951 年，新的保守党政府认为，这将对私人开发起到刹车作用，就把它搁置起来；1954 年他们终止了"开发费"。

但是，非常重要地，他们没有试图废除 1947 年的法令本身。土地开发权利仍保持国有化，并一直保持到今天。反常的是，在这个系统里现在已没有逻辑：土地所有者又能够从他们的土地中获得巨大利润，只要他们能够得到开发土地的规划许可。并且在 1959 年，相同的原则被延伸到公共当局的强制购买中。然而，有一个重要的例外：在《1961 年土地补偿金法》（Land Compensation Act）的第 6 条，在逐渐为人所知的"潘特古尔德"制度下，"计划对价值的影响将不予理睬"。换句话说，土地取得的赔偿不应该包括任何价值，这个价值由给土地获取

---

1. 引自卡林沃斯（Cullingworth）和纳丁（Nadin）1997 年，140.

带来上涨的这个计划产生。在这部法律目录的第一栏，特别提出，一个新城开发公司将不必支付由一座新城扩展的指定所创造的价值。然而，接下来的案例法已经建立，如果假定的规划许可被授予与计划相关的任何东西，那么它的价值将必须考虑进去。

1947 年法令已成为将近半个世纪以来我们规划体系的基础。它允许地方规划当局为土地的最佳用途规划，而丝毫不用担心这将引起对失去的开发权利的大量赔偿要求。他们使用这些权力规划住宅用地的供应，通常保持一个五年的开发储备供应，定期修订他们的计划。尽管对一些问题存在着重要的争议，例如关于他们是否提供了足够的土地，以及关于严格的供应对土地与住房价格的可能影响，系统还是运行得相当好。但是有一个例外：体系不能保证用于可支付住房的足够的土地是可得的。只是在近来，政府鼓励地方当局为这个目的进行了专门的配给。

1951—1964 年的保守党政府也没有废除工党政府的《1946 年新城法》，在此法律下早已开始了围绕伦敦的 8 座新城和在威尔士、东北部及苏格兰的其他新城。确实，他们不情愿开始更多的新城（除了 1955 年在苏格兰的坎伯诺尔德）；他们偏向于通过《1952 城镇开发法》（实际上在即将离任的工党执政下准备），在此法律下，城市当局可以与乡村城镇交易，以容纳溢出人口，政府为基本的基础设施买单。但是自 1961 年以后，即使他们也由于上升的人口压力被迫恢复新城计划。

第二，1964—1970 年：《1967 年土地委员会法》（Land Commission Act 1967）建立起一个土地委员会，具有自愿地或强制地购买土地的广泛权力。该法律还引入一个增值税，当委员会购买土地时由委员会扣除，但是也由私人所有者由土地价值的实现来承担支付，这样保障了私人的和公共的购置得到同样的对待；遗憾的是，征税是由增值的实现来承担支付（而非由出售来承担支付）的事实意味着，个体们经常面临着他们无力支付的账单。这起初设置在一个合理的 40%，以刺激土地所有者出售，但是它被计划上升至 45%，后来又至 50%（这从未发生）。土地委员会于 1971 年被保守党人废除，因为他们说，它未能降低价格、缓解土地供应问题或支持市场效率。事实上全球力量以一场重大的财政危机的形式已经在干涉了。正如在以前的情形里，只是没有足够的时间检验它是否已经奏效。

然而，1964—1970 年期间的工党政府，还做了其他一些事。就在 1964 年选举之前，保守党政府发表了《东南部研究》（South East Study），遵循着退去的保守党政府设定的这一引导，工党政府委托了关于英格兰东南部的一项重要的战略区域规划和在其他区域的平行研究的工作。[1] 这些建立了在一些地方的主要成长地带的开发和在其他地方的乡村土地广泛保护的长期战略。尽管这些规划并非总是严格地得到执行，但是毫无疑问，通过对地方政府提供强有力的引导，它们帮助

---

1. 英国住房部（GB Ministry of Housing）1964 年；英国东南部联合规划组（GB South East Joint Planning Team）1970 年.

避免了在一个巨大的人口压力时期的混乱。后来，在1983年，第一届撒切尔政府本打算嘲笑战略区域规划是一个来自20世纪60年代的时尚，适合它的时机已经过去了；但是，不久，第三届撒切尔政府发觉它自己建立起了区域规划建议和引导体系，这个体系一直坚持到今天。

第三，1974—1979年：1975年，《社区土地法》（Community Land Act）提出开发土地的公共所有权的逐步扩展——在英格兰和苏格兰，通过地方当局的机构，但是在威尔士（由于它的较小的地方当局）产生了一个特别的机构，威尔士土地局。土地购买的根本基础将是现时的使用价值，伴随着在市场价值上的贱卖；假定地，将有一个开发土地税。[1] 法令实际上被1978年日益加深的财政危机给扼杀了；到1979年4月，就在保守党政府卷拢社区土地报表前，它显示亏空3300万英镑。[2] 但是，在结束这第三个努力时，有一个值得注意的细节：第一届撒切尔政府保留了开发土地税，实际上在资本所得税中合并了它，因为存在着广泛的赞成——在土地所有者和开发者中——它是合理的。它被保留在40%，直到在一个惊人的政治欺骗行为中，它被奈杰尔·劳森（Nigel Lawson）在他1985年的预算中不声不响地取消。

得到教训

为什么这三个努力每个都失败了？一个相当的原因是时机选择。每一个都需要立法，一律地需要两年时间进入一届政府的任期，再需要一到两年将它付诸运行；到那时，另一场普选又在逼近了，继之以一个政府的更替或（在1950年）一个悬而不决的议会。教训是明确的：任何这样的程序几乎注定是破坏手段，因为它是政治上不稳定的。一个有效的解决办法是一个及早的解决办法，一个改革施政理想地在第一年投入运行，至少在第二年。这是在我们现在制定的一揽子政策中我们遵循的方法。

解决办法：（1）区域住房需求的规划

自1979年以来，继任政府已经假定，法定的规划体系将划拨足够的土地以满足全英国的住房需求。"市场"然后将开发一个足够的住房供应用于出售。通常，市场已经提出足够的土地给私人住房——尽管在国家的压力更大的地区伴随着更

---

1. 卡林沃斯和纳丁1997年，136—143.
2. 考克斯（Cox）1984年，187.

大的压力和限制。我们知道，规划制约，在这些地区和在国家的其他部分，已经提高了开发土地成本以及因之而来的住房成本。但是对社会住宅来说，有一个附加的和真正的问题。地方政府和开发机构所拥有的大部分土地，有步骤地出售给私人住宅和社会住宅；这些公共土地储备是得不到补充的。住房协会被指望以开放的市场价值为社会住宅购置土地。

结果，大多数地方政府并不拥有适合社会住宅的足够土地。在公共部门唯一重要的住房土地持有被掌握在新城委员会手里。这些是"计划3"新城未开发的部分。更有甚者，被城市开发公司屯聚用于私人住宅开发的场地，在这些开发机构解散前，被千方百计出售。城市开发公司不能出售的那些场地将被转让给英国合营公司（English Partnerships，EP）或新城委员会。但要缓解真正的土地短缺，以解决社会住宅的应急预备，这将是不充分的。

结果，现在的工党面临着一个选择：它必须决定，是完全依靠规划体系和私人市场来提出用于开发的住房土地计划，或是采用一个更加实际的途径。新城开发公司、威尔士土地局、城市开发公司，和在《城镇开发法》促进下的计划，是这种实际途径的主要范例。值得注意的是，它们已成功地建造起一个平衡的社会和私人住宅混合的社区。我们相信，政府必须找到一条实际的途径，以提出用于住房的土地计划，它将补充私人土地市场。

我们认为，对此解决办法来说，有三个部分，它们是必然关联的。

第一是，在全英国和区域层面，提供一个更加有效的规划机制，以便在正确的地方和正确的时机连续地带来土地，从而获得可持续的城市棕地更新与可持续的初次开发的平衡的区域—揽子计划。

第二是，遵循这一点，形成有效的机构，来提供在这些地方使得土地可以获得并作好开发准备的机制。这假定，大容量的开发，包括更新和新的建造，将由私人部门执行；关键是提供土地，充分提供后勤服务的和作好开发准备的土地。

第三是，找到一条支付所有这一切而不向国库提出一个过分要求的道路；真正地，在既给国库又给地方当局提供一个稳定增长的收入流的同时做到如此。

第一个根本性的是国家和区域引导的一个强有力的框架。政府必须首先产生一个明确的全英国性的规划政策指引的意见，关于它打算以何种方法来应对440万户额外家庭的挑战。尤其是，它必须设定原则，这个原则应该在发展合适的城市更新和新开发包上引导区域和地方主体。但许多的工作必将在区域层面被展开。要到达严格的平衡，将极大地依赖于每一区域的精确的地理。伦敦和东南部的报告精确地约束了棕地土地的可得性，正如西南和北部区域，而在西北，许多的需求可以在集合城市内被满足。[1]

---

1. 布雷赫尼和霍尔 1996 年 a.

因此，第一个关键的步骤是产生更加强有力的、更加详尽的区域引导。它将不但需要指出普遍的郡的住房目标，正如现在，而且需要广泛的区域规划战略，将穿越郡界线（甚至，就东南－东米德兰来说，越过区域界线）。它将以一种积极而实际的方式完成这个任务（不是通过如在近来的引导中太寻常地按比例分配），通过定义"更新和开发的优先地区"（Priority Areas for Regeneration and Development，PARDs）：作为一个最初的步骤，政府区域办公室将采用由环境、交通部和区域总部设定的广泛的区域要求，并将此与结构规划和地方规划中的规定比较，然后将在一个由国家大臣召集的区域会议上，建立起更新和开发的优先地区的边界，与此同时带有一个对新定居点广阔定位和城镇扩张方案的指示。

归根结底，这些规划应该并将来自被选举出来的区域政府。但是，要将这个原则扩展至整个国家，将耗时数年，几乎当然地超过一届议会的寿命。所以旨在提供建议的区域常设协商会（Regional Standing Conferences）和旨在产生区域引导的政府区域办公室（或区域发展机构）的现存机制将继续，后者应该被设置得更加规范得多。

正如政府报告书承认，郡和中央集权下的下级政府（unitary authorities，自1996 年英国地方政府的两级结构在苏格兰、威尔士以及英格兰的一些地方不再存在，被中央集权下的下级政府取代，负责所有地方政府服务。1996 年 4 月产生了首批 13 个下级政府，1997 年又增加了 13 个，1998 年增加 19 个。目前，中央集权下的下级政府在英格兰总数为 46 个，另外加上现存的早已是中央集权的伦敦及其自治大都市。在威尔士设立了 22 个，在苏格兰设立了 32 个。在某些郡，二级结构仍被保留下来——译者注）需要更加积极地介入这个过程，因为他们的官员拥有复杂的专门技能。但是那个专门技能近年来已经由于经费削减非常严重地被侵蚀。整个的过程不被地方的 NIMBY 压力所危害也将非常重要，而这总是太有可能存在。我们因而认为，支持郡和整体规划的官员到区域办公室参与《区域引导》（Regional Guidance）的提出将是有益的，在必需的地方由独立的顾问支持，但是在"建议"和"引导"之间既定的差别应该被保留（政府如果已经超越这个，意味着它们将被压缩为同一个过程）。我们也认为，在新的一体化的环境和交通结构中，以下这是根本的，区域大臣（Regional Ministers，区域大臣于 2007年 6 月始由英国首相任命，9 个英格兰区域每区设一名大臣，分别为各自区域提供一个清晰的战略指向，以及帮助加强它们与中央政府的联系——译者注）应被设立负责每一个区域办公室，作为一个主要的责任，直接负责被提议的区域协商会的组织和被认同的区域引导的传达。这是一个短期的规定；最终，《区域引导》应该（作为立法的部分设立区域管理委员会）被赋予作为一个区域规划（Regional Plan）的法定效力。

作为最后结果的区域引导将比现在更加详细，具有一个区域结构规划的特征。然后这将需要被转变为更加详细的法定地方规划。在许多情形下，这些将需要跨区——并且甚至有时跨郡——的边界进行，以及将在许多情形中覆盖现在处于"整体发展规划"（Unitary Development Plans，UDP 是一个土地使用规划，它为地方规划当局提供法定的规划框架，陈述未来 10—15 年内地区开发土地、改善交通和保护环境的规划目标、政策与建议——译者注）的地区和二级的结构/地区规划体系的地区。假定这个事实，即结构性引导将早已被发布，那么这些将成为地方规划（或整体发展规划第 2 部分）。国家大臣早已拥有权力，要求地方规划当局在合适的地方产生联合的结构规划，如果必须的话，指名要求政府区域办公室服务这个目的；我们认为，同样的原则应该在这儿发挥作用。然而，这非常依赖于被选择来执行这个开发的确定的机构——我们在这章的下一节转向的要点。

1998 年初政府报告书的骤风暴雨[1]，《规划现代化》（Modernising Planning）和《区域规划未来的引导》（The Future of Regional Planning Guidance），随后是《为未来的社区规划》（Planning for the Communities of the Future），只是某种程度上着手解决这些争论问题：要根本地重新定型 1947 年规划体系的大决策，仍然有几年之遥。

《规划现代化》说，必须有更加特定的国家规划引导——一个真正的创新，如果它随后通过的话。它也要求，地方当局产生新的调整规划，更短和更清楚，并带有设定目标的审议会。并且报告书说，规划责任体系应该被制定得更加可预言和透明。我们可以发现对这儿极少不赞同。事实上，报告书似乎重复了紧接着 1997 年选举后城乡规划协会置于住房和规划部长尼克·雷恩斯福德的一些思想。在一个高度动态的世界中，伴随着一个规划引导的体系，加速规划制定的过程必定是正确的。由于公共经费的缩减，在最大数量的机会中，提取最大可能的规划利益，一定同样是聪明的。

《规划现代化》也拖带出《区域规划未来的引导》，后者以更多的细节陈述了中央的建议。这儿，政府泄漏出它自身处于某种左右为难的尴尬境地。相较于在过去十年中由保守党政府发展起来的高度集中的一个体系，它不但需要一个更加强有力而且需要一个更加以区域为基础的体系。但是它已经拖延了经过选举的区域政府的到来至少五年。它仍然提议区域发展机构，但是它们是不经选举的。所以它提议它称作的一个混合的解决办法：取代近年来的双重两步骤，协商意见/最后意见/协商引导/最后引导，它建议，地方政府的区域协商会通过两个阶段与政府办公室、与"协商"和"调整"以及与一种公共审查相联合。

《区域规划未来的引导》论述了甚至比这点更多：它要新的战略是"空间的"，不仅仅是处理土地使用，而且包括其他方面，像交通和环境，以及因而提

---

1. 英国环境、交通和区域部 1998 年 a，1998 年 b；大不列颠副首相 1998 年.

供其他机构一个强有力的指导，包括给私人机构。它提议针对棘手地区的次区域战略的开发，像处于压力下的跨边界地带——例如像东南区域规划（SERPLAN）邻接西南部、东米德兰和东部地区的地带。它想要看见一个环境评价，作为每个结构的部分，迅速地演变为一个"可持续能力评价"，包括可持续能力的不同方面——经济的、社会的以及环境的。

又一次，我们只能欢呼——因为城乡规划协会（TCPA）一直在说同样的事。产生区域的引导是一项非常困难的工作，因为它意味着权衡如此众多的不同的合法利益：城市以及农村的 NIMBY 者们，未来以及目前的居民，甚至尚未形成的家庭以及组织良好的利益团体。并且，因为政府目前已经从选举的区域政府中撤退，它让区域协商会——地方利益的联盟——提出关键的战略：这未必就是适合于有力的或有想象力的思考的一个处方。

1998 年 2 月的报告书《为未来的社区规划》，作为对这个利益冲突直接表现的反应出现：为预测到 2016 年的 440 万家庭做准备的困难处境，与此同时与一个组织和资金提供非常良好的拯救乡村的运动作斗争。基本地，如在第 7 章中被介绍到的，它转向了由约翰·格默（John Gummer，1993—1997 年任英国环境大臣，在此之前的 1989—1993 年任英国农业、渔业和粮食部部长——译者注）制定的以前的目标：所有新住房的 60%，全英国性地，继续转向棕地土地——但是只在十年的时期内，并伴随着区域的变化。而且，遵循 1 月份的声明，它表明，区域战略应该由地方政府的协商会制定——虽然伴随着由区域政府施加的一定数量的强大压力。

换句话说，可以被认为，政府已经把问题转嫁到地方政府的掌管范围内：它看起来似乎在说，他们应该在自己内部打个青红皂白并设法达到一致。但是它没有让一切听其自然。新的白皮书退守到较早的声明的提法上：是的，区域协商会将被给予每一个支持，以达到对正确战略的一致同意，但是如果它们浪费时间太长，政府区域办公室将一直存在于那儿，以促进他们。

这儿，白皮书的错综复杂的语言比崇高的抱负更加有趣："相关的政府区域办公室将在拟定草案建议中扮演一个积极的角色；"并且，"在例外的情况下，如果他（国家大臣）不想接收主席关于住房数目的推荐，或者区域规划引导（RPG）草案的任何其他方面，他将发布带有一个原因陈述的草案修正；"并且最后，"区域规划引导的发布将归属国家大臣的责任。"此外，一旦发布，"将假定，住房数量将在结构规划和城市发展规划中得到反映。"住房数目可以在公众审查（Examinations in Public，EIPs）或调查中被讨论，但是集中于区位问题。

显然，距离区域自治的巴塞罗那或不来梅城市类型，这还有一段漫漫长路；它是略经调整的老式的中央集权制。而原因必定是闭着眼睛也明显的：在这个转变时期，政府在将责任、固定资本、股份和选举经费移交给区域协商会中感觉到不安全。那种方式将 NIMBY 置于保护状态，而这是没有哪个政府能够泰然熟视无睹的事物。

中央集权制合乎逻辑地出现在对解决住房挑战的引导中：全英国的目标是60%的棕地，但是这将被允许从区域到区域的多样化。在1991—1993年实际的百分比，就在棕地上建造的住房单元而言，从伦敦的87%到默西赛德郡的69%，到西南的37%和东米德兰的35%。含义是非常明显的：集合城市，首先是伦敦，将被鼓励超过60%（它们几乎别无其他选择），但是如果没有政府的任何严责，郡所辖行政区很可能走得较低。

各郡不会当然地想这么干。问题是，首先，这是否将使由乡村反对引起的即刻的危机失去导火线，其次，是否存在一个长期的方式，将区域战略规划置于区域政府的手中。它将不会是容易的，因为区域政府可能证明只会像他们最保守思想的成员一样坚决，以及因为一些最强大的压力目前正在区域边界处被感受到——就如在纽伯里（Newbury）和斯温顿、米尔顿凯恩斯和北安普敦、贝德福德和韦灵伯勒，或者斯坦斯特德（Stansted）和剑桥。次区域战略必定是在这些地方的答案，但是它们将不会轻易地与一个区域政府的体系一致。

给定一点点运气，政府已经给予它自身一个4年的呼吸空间，但是一些困难的思考将是必需的。现在我们回到我们自己的建议。

解决办法：（2）从规划到执行

不管法规和反法规的历史的记录，值得注意的是，仍然存在着产生土地开发机构的广泛力量，而在一些案例中，机构本身在继续业务。我们需要重新检验这些机构，然后要问，它们中的哪一个，或者它们的哪个联合，能够最好地从事支持私人住房建造者来完成提供需要的440万套新住房任务的大规模工作。

新城开发公司

依然见诸法规卷册（《1981年新城法》的第一节）的《1946年新城法》规定，新城将通过开发公司的机构被规划和建造，通常每座新城一家公司，由国家大臣在他或她对如此执行"在国家利益上得当"感到满意的地方建立。它们被给予广泛的权力："获得、持有、管理和处置土地和其他资产，执行建造和其他活动，提供水、电、燃气、污水和其他服务，经营任何为了新城目的的业务或事业，以及为了新城目或附带这么做的目的，广泛地做任何必要的或得当的事情。"这意味着与保留规划权力的地方政府间一个需要审慎的关系。20世纪60年代的"合作"新城，就是围绕着早已建成的城镇像北安普敦、彼得伯勒和沃灵顿而建设的新城，并且在那儿，地方议员——每个案例中四位——在开发合作中被给予一个主要角色的新城，只是部分地例外。[1] 在北安普敦合作据说运行得很好，尽管城镇坚持在老的建设周围保留规划权力，结果在新老地区之间存在着一个关系的缺乏。[2] 在彼得伯勒，以前的总经理温德姆·托马斯（Wyndham Thomas）回忆，保持关系平稳和合作占据了几乎日常的工作。

开发公司通过统一基金由国库贷款资助。直到 20 世纪 80 年代中期，36 亿 2500 万英镑以在 60 年中可付还的贷款形式提供，利息在借贷之日应支付；没有任何通过一个让步方式的补贴，除了这样一个事实，财政部的立场允许它略微低于市场利率借出。财政部坚持，每个提议必须得到国家大臣的批准，这意味着环境部大量的详细的检查。

建立一家新城开发公司的程序必然是漫长而复杂的。环境、交通和区域国家大臣可以指定一个地区的土地由一家开发公司开发为一座新城。他或她必须对此感到满意，即对国家这是有利的。他或她可以为这个目标制定一个法定文件，但是如果一个郡的规划当局反对的话，这可以通过上院或下院中任一院的一个决议被废除。一个详细的程序规定了对决议的一个公共审查。只有在指定之后，国家大臣才可以建立一个开发公司。整个过程可能耗时数年。

新城委员会

在《1959 年新城法》中，当时的政府规定，终止开发公司的同时，所有权和管理应该转让给一个独立的公共主体：新城委员会（Commission for the New Towns，CNT）。新城委员会是一个常设的机构，负责"保持和提高他们持有土地的价值和他们从中得到的盈利"的职能，与此同时，含有"对发展城镇的目的和在那儿人们的便利及福利、居住、工作或经营业务的考虑"。

然后，在 1976 年，《新城（修正）法》［New Towns（Amendment）Act］规定了住房和所有相关的资源（例如土地和建筑物）向地方当局的转让；这发生在 1978 年 4 月，然而这批住房的许多现在已转化为私人所有权。[3] 尽管如此，在 1998 年委员会仍然拥有在大约 19 座英格兰新城的相当的商业资产，它为之大力做广告和宣传。它的权限——在 1981 年法案的第 36 条详细说明的——然而是有限的。不像开发公司，它首先关注土地处置而不是土地集中和开发。它在这个领域的权力根本上是实现它的主要宗旨。合法的建议是，为允许委员会在直接的开发中变得积极的它的权力的任何延伸，将需要附加的基本立法。

---

1. 卡林沃斯 1985 年，248.
2. 阿依 1996 年，304.
3. 卡林沃斯 1985 年，255.

城市开发公司

城市开发公司（Urban Development Corporations，UDCs）由《1980 年地方政府、规划和土地法》（Local Government，Planning and Land Act of 1980）创设。迈克尔·赫塞尔廷（Michael Heseltine）本人公开发表见解说，城市开发公司是有意识地仿照新城开发公司；用他的话来说，意图是"在老的城市创造新城"。这也许被认为是令人啼笑皆非的，假设新城开发公司（NTDCs）是一个激进的左翼政府的创造物，而城市开发公司是一个同样激进的右翼政府的创造物，但是在本质上逻辑是同样的，都是为了创造独立于它们坐落地区的地方政府的公共公司，并且有取得和开发土地的自由。恰如新城开发公司，城市开发公司只对议会负责；它们是由国家大臣指定的委员会，而非由选举出来的代表指定。

然而，城市开发公司被给予比新城开发公司曾经拥有的权力广泛得多的权力：国家环境大臣可以简单地制定一个规章，授权由地方当局、法定的经营人或其他的公共机构持有的土地归属于城市开发公司。这特别地应用于大面积的土地，由诸如伦敦港口局、默西（Mersey）码头和海港委员会或者以前的燃气委员会等重要的营业者所持有的，所有的被自动地转让，而没有诉求的权利。事实上，转给伦敦码头开发公司的大量土地以这种方式被授予。

然而，最重要的权力的延伸是，只要它们保持存在，城市开发公司将作为开发控制的权威者，接替在它们地区的地方当局：他们将决定规划采用，和决定什么应该和不应该获得规划同意。它们必须"有对开发计划规定的考虑"，不管那意味着什么，但是如果与地方规划当局有一个区别，问题将被提交给国家大臣，他能够授予规划许可，通过一个特定的开发规定（它将要求议会批准）；通常的结果是，城市开发公司包含了规划权力。通过这种方法，他们能够授予开发许可而没有任何协商或审查。有趣的是，在威尔士卡迪夫湾开发公司——负责在规模上仅次于伦敦码头的一个更新计划——拥有这些权力但是选择了不要行使它们。它自愿地与在它地区内的两个地方当局合作，后者保留着所有的开发控制权力。

构成城市开发公司基础的根本的概念是美国的一个杠杆概念。许可给城市开发公司拥有和取得土地、建造工厂和投资于基础设施和环境改善的彻底的权利——在实践中许多他们并未使用——是为了吸引私人资金到工业、商业和居住开发中来。中心的思想是，一定数量的公共投资可以有效地为城市更新的进程提供最初推动力，同时吸引一个大得多数量的私人资金。

这不是检验城市开发公司的成就或局限的地方；这是一个历史的事件，它们正被解散，它们的资产正被转移到新城委员会（CNT）。现在的主要问题是处置在城市开发公司范围内剩余的、仍然有待开发的土地。至于新城土地，新城委员会的支付是有限的。它不是一个开发机构，它为困难地点的开发提供财政的权力是有限的。因而不可避免地它将发现它自己与英格兰合营公司以一种密切的关系共事。

英格兰合营公司

英格兰合营公司于 1994 年创建，是迈克尔·赫塞尔廷为一家英格兰开发公司辩论的结果，它是平行于苏格兰开发机构（现在是苏格兰企业）和威尔士开发机构的一个机构，后两者是在大不列颠它们各自的部分有着经济更新的长期历程记录的机构。中心的思想是一种流动开发公司的思想，它将在全英国层面运行，但是在某些时期可能稍微集中于重要的计划［就如在 20 世纪 70 年代后期，苏格兰开发机构（SDA）对格拉斯哥东部地区更新（GEAR）计划的促进］。对于极大规模的泰晤士河口更新计划来说，代表伦敦码头在一个大得多的尺度上的一个延伸，并向东沿着泰晤士河而下延伸了大约 40 英里（64 公里），没有城市开发公司得到推荐；当然，英格兰合营公司被期望通过用于土地准备的基金的提供，扮演一个重要角色。

英格兰合营公司对自身的描述是"首要地作为一个创造条件者，以合营公司的形式与公共的、私人的和志愿的部门合作，支持土地收复、不动产开发和为了就业、住房、休憩和绿色空间的战略开发包的形成"。自从 1994 年 4 月创立以来，它已经从事了 4.6 亿英镑的开发计划，已经吸引了 8.8 亿英镑私人资金，并开辟了 3220 公顷空置和弃置的土地，以及支持超过 150 万平方米的工业和商业面积的形成，并促进了 7850 套住房单元的开发。

看起来似乎毫无疑问，英格兰合营公司是逻辑上必然的机构，就是为了困难的棕地地点的再开发，运用资金提供和专门技能，执行支持地方政府工作的机构。问题是，它有限的资金离满足问题规模的足够资金仍然差距甚远；这一点早已清楚，例如，在巴金河域，泰晤士河口的第一个主要开发地点，在那儿开发处于停顿，急需用于废物清除和动力线路下埋的基金的提供。如果任何政府严肃地对待 50% 的棕地开发的约束，更不要说 60% 了，关键只能在于提供更多特定的资金用于这些困难地点的修复，这样才能提供一个能够保持一定水平的游戏场，相对于较容易的首次开发场地而言。

威尔士土地局

1975 年法令（即《社区土地法》）有一个相当引人注意的幸存者：威尔士的土地局。它在一笔 2000 万英镑的财政部启动担保的帮助下建立（按照 1998 年价格将被换算成大约 4000 万英镑），足够允许它在几年内朝向一个平衡的预算运转。它在开放的市场上免除开发土地税购买土地，直至 1985 年当开发土地税被取消；它仍然以减去任何规划方案效应的价格购买土地（潘特古尔德原则）。然后它持有、服务和开发土地。只有当它相信，对私人和公共部门的住房建造和工业以及商业开发来说，土地是社会地和经济地必需时，它才将土地继续带到开放市场。买卖对私人部门以完全的市场价格正常地发生，为未来的活动积累一个盈余。关于这一点存在着争论，即威尔士土地局是成功的，因为它从地方政府分裂出来；它有它自己的规划师、估价师和测量员等职员，他们一心一意地从事他们的活动。还有，当它与地方政府协商时，作为一个自治的机构，它避免了与政治偏见相关联的固执，政治偏见使许多地方当局的工作带有成见，既来自保守党也来自工党。[1] 这是有趣的，撒切尔夫人允许它继续，但是明显地没有认识到它在别处的潜在的有益。

哪家机构？

看起来似乎有四个现实的选择。所有的都将要求一个强有力的《区域引导》的框架和联合结构或整体发展规划的生成，如果必需的话，由环境和交通国家大臣通过政府区域办公室对顾问的任命来执行。

1. 新城委员会（CNT）作为土地当局：新城委员会将被重新命名为"英格兰土地"，将被给予——可能通过"环境、交通和区域"国家大臣的一部规章，但是更加可能通过立法——额外的权力，以便在联合开发规划特定的区域内，取得和处置土地，以及提供基础设施。"英格兰土地"将不会自己开发这个土地，而是将它转让用于在私人开发者/建造者的协定下的开发，仿照彼得伯勒南部城镇。

2. 新城委员会（CNT）和英格兰合营公司（EP）的合并：除了新城委员会和英格兰合营公司将在英格兰土地的名义下合并，其余与上述选择（1）一样。新的机构将拥有上文描述的延伸的新城委员会权力，加上英格兰合营公司所有目前的权力，以支持更新。这将具有如下优点，即"英格兰土地"的运作可以被管理，以提供困难的棕地地点更新进一步的帮助。

3. 区域土地当局：如上述选择（2），但是合并的机构将被区域化（对目前两个主体来说，事实上正是这个情况），将在政府提议的区域发展机构的保护下行动，作为它们的土地开发分支机构。

4. 次区域新城开发公司：在更新和开发的优先地区（PARDs）内（见本章前面部分），新城开发公司可以被指派在不连续的开发地带或走廊内运作；与之类似的可能存在于20世纪60年代为中部威尔士的线形新城或者包括普雷斯顿（Preston）、莱兰（Leyland）和乔利（Chorley，普雷斯顿、莱兰和乔利都是以制造业为主的城镇——译者注）在内的中兰开夏新城制定的原先的规划中。在这些地区，公司将使用传统的新城权力。它们将主要地与私人开发者合作，但是将自己建造一些得到支持的住房，以及使得一定比例的它们的土地对住房协会来说是可得的。

看来很明白，（1）是最容易、最简单和最牢靠的，（4）是最缓慢和最复杂

---

1. 考克斯1984年，200.

的。选择必须取决于关于问题的紧迫性以及还有关于哪个机构将最有效的一个政策的判断。我们不希望多样的官僚机构；目标必须是只在确实必需的地方创造一个机构，以帮助私人企业做它最了解的事。

出于平衡，城乡规划协会（TCPA）的观点是，最容易的和最有效的解决办法将是，延伸新城委员会和英格兰合营公司的相关职责，以创造英格兰区域的类似威尔士土地局的机构[1]，它将作为新的区域开发机构的独立权力运作；它们是否应该在"英格兰土地"的称号下被全英国性地联系起来，这一点尚有讨论余地。它们将与新的区域机构合作，以支持地方当局确保城市更新、重要的城市扩张方案和新的定居的努力。它们的活动将使得来自资产处置的增长的净收益被再投资成为可能——如新城委员会（CNT）资产现在被投资——在城市更新、城镇扩张方案和新的定居中。

新的机构将在开放的市场上购买开发土地，免除影响费，并且也免除任何特殊的资本收益税（Capital Gains Tax）（见下文），这个资本收益税相当于由在土地上的一个规划方案带来的附加价值的一半。在某些情况下，当被某个地方当局征求如此做时，它们将不得不使用强制购买权。它们应该被授权将来自新开发的一些利润转移到困难的棕地地点的准备中。

当土地被用于社会住宅和其他的社区利益时，正确的方式将是采用与《新城法》同样的原则：土地所有者应该得不到由于计划本身的存在而带来的价值上的任何增长。这个原则应用在新城类型的较大范围的开发中是更容易的；逻辑上，许多必需的社会住宅应该在这些较大范围的单位的混合开发中。

这些区域的土地当局的创立可能不要求基本的立法，但是很可能可以通过在现有立法下的一个规章被建立；如果不是，它们可以作为建立区域开发机构的提议立法的部分容易地被建立。机构然后将出让土地给私人开发者，以完成实际开发。但是，像在今日新城中的新城委员会（CNT），它们将通过包括设计要点的协定这么做。米尔顿凯恩斯和其他地方的实践是，这些协定已经产生了极高程度的城市设计和环境气氛，这在高于平均水平的销售价格中反映出来；但是它们可以轻易地与社会住宅的一体化供应结合起来，没有任何经常在居住邻里中发现的抵制。我们相信这将是规划的一个重要长处：它能保证，在接下去的 20 年里，既在新的开发，也在棕地场地上的，一个特别高质量的城市环境的开发。

但是，正如早已解释的，我们相信，在被指派的更新和开发的优先地区（PARDs），新城开发机制应该采用。实现这个的最简单的方法将是，对区域土地机构来说，作为开发公司，在来自 1946 年法令的权力下运作。它们将以同样的方

---

1. 政府对在威尔士的区域责权转移的最新提议似乎可能是，将威尔士土地局合并入一个新的威尔士开发机构．

式在其他地方运作，通过设计要点，但是这儿它们将拥有更大的全局责任，因为在某一指定的更新和开发的优先地区（PARD）内的所有的土地将属于它们，用作早期给私人开发者的出让。因为这个缘故它们将与私人部门以密切的关系合作，将要求私人以及少量公共的资本来为土地集合和基础设施供给资金。需要被强调的是，作为结果的开发，将绝不重复20世纪50年代至80年代时期的新城：开发将是较小规模的，但是沿着公共交通走廊簇集的，并且为了最大限度的可持续性，体现地方的、混合的土地使用。

解决办法：（3）投资于社区基础设施

最后的问题是，所有这一切如何被支付，而不滥用公共支出——也没有开始一个很可能再一次证明无用的第四次立法的风险，而是通过运用手边的工具、以一种实际的方式进行。我们已经为新的区域土地当局的活动确认了三种潜在的金钱资源：通常由新城委员会预告的对财政部的净贡献；来自"规划责任/影响费"协定的收入和可能来自资本收益税的税收。这三个来源共同地将为增加住房土地供应提供充裕和强大的额外的金钱来源。

投资来自新城委员会的净收益

对此关键的将是新的区域土地当局（RLAs）的财政。新城委员会正在预测给财政部再多几年净利缴纳。保证新城委员会目前盈余资金的安全将是必需的，以便新的区域土地当局将它们应用到初期的土地购买中去。这将相当于原先给威尔士土地局的2000万英镑的经济刺激开支授予。换句话说，正如就威尔士土地局或新城来说，财政部将被请求短期内放弃一个收入源流，为了保证在未来年份里一个巨大得多的收入源流。对计划的成功来说，这是关键的，它实际上是以前试图为社区赢得开发收益一个份额的失败尝试的一个最低成本、迅速结果的版本，并将具有为城市更新提供一个适中的混合补贴的附加优点。

规划责任

术语"规划收益"（planning gain）可以一直被上溯到1909年，但是目前的体系真正地起始于1968年，当以前对规划协定要得到单独的行政赞同的需要被去掉以后，对地方当局来说，直接与土地所有者和/或开发商谈判规划协定变得可能。体系经历了所有随后的政府的变换；《1991年规划和补偿法》（1991 Planning and Compensation Act）第106款改变术语为"规划责任"（planning obligations）（"第106款责任构成法定的合同，通过它，规划立法的目标合法地被兑现和加强"）。

1991 年 10 月 25 日实行生效的规划责任，以两种不同的形式出现：或者是一个规划协定，借此一个开发商/土地所有者进入一个与地方规划当局的协定，或者是开发商/土地所有者对地方规划当局的一个单方约定。这样的责任可以制约土地的开发；可以要求特定的运作（工程）或活动（用途）在申请者持有的土地上被执行，或者是在场地上，或是在邻近的土地上；可以要求土地以特定的方式被使用；并且可以要求定期地或一次性地支付给当局（对于支付必须与土地本身相关或者与是规划申请的主题的开发相关，在法令内并没有特定的要求）。[1]

通报文件 16/91 关于什么构成一个可以接受的责任给予了指引。它结合了以前的检验，尤其是，所要求的范围在规模和种类上与提议的开发是相当而合理地相关的，并且它第一次陈述了，一个责任可以被用来"确保针对一个特定地区或开发类型的地方规划政策的执行"（例如，在一个较为广大的居住地区内可支付住房的结合）。关于什么是"合理的"，在法院内早已有大量检验；判断的广泛结果是，网被撒得非常广阔。[2]

规划收益就这样成为英国规划体系的一个主要部分，伴随着一段延续将近 30 年的历史。它是一个弹性的工具，这既是它的长处也是它的弱点。它在大量建造活动时期比在衰落时期更加有效，但那是任何征收增值的企图的本质。不寻常地，它是被用作担保的：因为它被认为是一样礼物，而不是一项税，财政部不占用它的任何部分，地区公共财政将得到收益。最重要的是，对两个主要政党来说，它证明了都是可以被接受的。

延伸原则：开发影响税

规划责任提供了一个高度有效的方法，不是征收"增值"的方法——自从 1942 年厄思沃特委员会（Uthwatt Committee，关于补偿和增值问题的专家委员会，由战时联合政府任命——译者注）报告以来一直困扰专家的那个无从捉摸的幽灵——而仅仅是为地方当局征收因为开发他们所承受的一些实际的成本费用的方法。我们相信，它们的用途应该被延伸和整理，来为这个目的提供一个可以接受的和持久的工具。完成这一点的方法数十年里已经在美国被反复检验：它就是通过所谓的开发影响税（Development Impact Fees）。这些开发影响税规定了涉及新开发成本的标准的课税税率，作为开发许可的一个条件向开发者征收。它们通常依据每套住房的成本表示；它们可以相当地不同，但是在 1987 年在加利福尼亚的旧金山湾地区——巨大的住房压力和高昂的住房费用的一个地区——开发影响税平均为每套住房 9110 美元。[3]

---

1. 拉特克利夫（Ratcliffe）和斯塔布斯（Stubbs）1996 年，92，95—97.
2. 拉特克利夫和和斯塔布斯 1996 年，96—97，101.
3. 德拉丰（Delafons）1990 年，11.

在美国，通过合法的行动，影响税已经大量地被检验。法院已经建立理性交易关系的原则：税所贡献的基础设施，必须与开发相关（近年来，一个非常相似的检验已经被英国法院应用于规划协定）。美国法院也已建立了一整套的增补准则：需求（开发必须要求这些设施），比例（税必须与实际成本相关），责任（它们必须被用于规定的目的），一致（税必须被用于一致的目的，例如，设施将被人们用在开发中），应支付的费用范围（资本，不是收入），诸如此类。最困难的是公正：这样的一个问题，即，如果开发影响税被传递给了住房购买者，这些购买者可能整个地支付两次，一次在开发影响税中，一次在普通的财产税中。似乎常常地，法院已逐渐被卷入高度隐蔽的地区，在那儿，没有任何容易的解决办法是可能的。

美国历史表明，计划越简单越好。然而，不可能存在一个标准的公式。考虑特定的环境是必需的——供应的类型、成本、利益和时机。

看起来，广泛延展的规划协定体系可以被修订，以包括谈判的开发协定和开发者分担（Developer Contributions）。这实际上在 1991 年法令中完成，除了在那里分担被称作单方责任（Unilateral Obligations）。因而，将被需要的是，整理和使得这些责任标准化。地方当局将其要求以公开形式发布，包括道路、开放空间和学校地点，如它早已被鼓励去做的，但是那么它将强加一个按照在那个地区的条件调整的标准的税率（巴克郡和肯特郡目前正努力引入这样一个体系）。处理美国法院称作的"理性交易关系"，存在着一组困难的问题，那就是开发和影响之间前后关联的强度和直接性，在英国法院中也已被检验［如在牛津郡威特尼（Witney）的乐购超市案例中］。我们相信，影响税应该在一个相当总合的层面被计算，没有太多关于与实际开发的严密关系的详细争论；尽管，为了引入更大的精确性，影响税可以通过次区域被分解，或者可以排除某些土地类型（例如困难的棕地），或者将只应用于超过一定规模门槛的开发。

存在一个必然要产生的问题，就如在美国：这些税将仅仅被加到土地价格和这样而来的"住房包"价格上吗？这看起来不可能：在英国条件下，这儿的土地早已非常昂贵，在总揽子中是一个主要因素，影响税将具有相反的效应，即降低土地投标价格，这样减少土地所有者的利润。

关于这样一个体系将是否要求立法也是个问题。约翰·德拉丰（John Delafons）[1] 的研究建议，它可以通过规划引导和/或控制完成，尽管谢菲尔德大学城镇和区域规划系于 1994 年发表的一份报告认为，它将要求对现有法定构架的修正，我们还是接受德拉丰的结论（然而它需要被检验）。环境、交通和区域部（DETR）将产生引导，包含样板的全英国条款，并带有针对地方变化的建议准备。地方课税的一个税率然后将被正式通过，接着是颁布和受到反对的准备，很

1. 德拉丰 1990 年.

可能覆盖整个区域；这可能必须得到国家大臣的点召。这些变化可以有效地被打包在一个标准的支付里，伴随着规划许可的授予。

这样一个标准化的体系可能实际上是受到开发产业欢迎的，因为它将提供一个确定性的程度。有许多问题将需要进一步的考虑：计算的精确方法（单元、面积、楼面面积?），与新的基础设施将带来的收益的精确关系，可能从它的使用中流失的收入；于边际生产率的场地上应用的难题，以及整个计划将如何被控制的问题。进一步，必须留心，这样一个计划，全英国性地对照，实际上不会构成一个税收格式，因而引起了因袭守旧的财政部对担保合约的反对。解决此问题之道可能是对此具体说明，就如现在，它将总是公开的，对假定的开发者来说，选择与规划当局达到谈判的协定，作为对标准税缴纳的一个可选择的办法。

这样一个计划，同时作为对公共基础设施供应课税问题的一个大体而现成的解决办法，有一个附加的优点：它可以使得地方当局对给予开发规划许可更加热心（或者也许，更加精确地，较少不热心）。在压力更大的区域，NIMBY 的政治压力与有关就地方公共开支来说对于开发牵连的担忧结盟。这个提议不能消除那个担心。但是它能够帮助改善它。

然而，如果局部的区政府打算征收来自影响税的所有收入，如他们现在从《规划和补偿法》第 106 款责任中所征收的，那将产生一个严重的不公平：在国家的那些地区，在那儿基础设施的供应将是特别困难和昂贵的（诸如被污染的地点），影响税可能是如此之高以至于抑制了开发。因此，存在一个情形，提取收益的一些小的部分，用于区域土地机构的使用，作为在那些困难地区一个再分配的手段之用。

资本收益税

影响税将被征收只是涉及地方政府的特定责任，并将代表当前征收“规划责任”安排的一个法规汇编。但是，在美国经验的基础上，它们将包含仅仅由开发强加给地方政府的实际基础设施成本的一部分，并且它们将绝不涉及跟随着开发许可的在土地价值中自然增值的更广泛的问题。为了解决这个问题，我们将建议，就土地价值中的收益来说，最少复杂的方式将是征收一个特定程度的资本收益税，正如在开发土地税的引入之前在 20 世纪 70 年代实际上执行的。这样一个税，就说 50% 的话，将是土地所有者或开发者通过影响税、单方承担或规划协定方式可能做出的任何贡献的净值。那么合乎逻辑地，像开发的土地税取消之前的威尔士土地局，“英格兰土地”将购买免除这个税的土地。

然而，对资本收益税的使用存在着限制。对纯粹土地买卖的公司是不可适用的，如果这样的话，将不能逮住许多发生的活动。要捕获这个，将需要回归到与那些在 20 世纪 60 年代和 70 年代被采用的解决办法相似的一个解决办法。出于已经陈述的原因，我们不相信，再沿着这条路走下去是政策上明智的。因此，我们建议的办法体现了三个因素：

1. 对较大计划的一个强调，既对于再开发也对于新开发，在这儿，毫不含糊地，在为土地支付的价格中将不管计划创造的价值。[1]

2. 对较小的开发来说，使用整编过的影响税。

3. 对非常小的开发来说，在那儿不存在物质性的影响，所有者可以保留开发益处。

新城机制

最后，存在一个新城机制。在更新和开发优先的地区（PARDs）——广阔但是常常不连续的地带或走廊，通常沿着主要的公共交通路线，特别适合于以可持续的城市主义为根据的集中的一揽子更新和新开发——潘特古尔德原则将起作用：新城法律将适用，区域土地当局将不支付归因于计划存在的任何价值。因而，通常地，这个土地将属于强制购买。除此之外，当然，给开发商的土地出售将包括标准的影响费，它将普遍地在每个更新和开发优先的地区（PARD）内一致，但是可能因而代表了一个平均标准，允许一个为了更多困难地点处置的混合补贴的要素。

---

1. 这不表示对开发收益征收一笔100%的税，因为法院已经建立这样一条，即在缺少计划的情况下，什么将是最可能被许可的使用，这个考虑是必需的。

第 11 章
DIY 新城

为了自己的利益企图搅乱规划体制的，通常都是土地所有者和投机的发展商。但是本书的两位作者，"服罪"于企图扩大土地使用立法全部范围中的漏洞的指责，不是为了资产投机的利益，而是为了人们多样性的利益，这些人们所选择的生活方式——或他们非自愿的贫穷——没能适合规划师的假设臆想。

大多数的专业活动对于个体负有一个主要的责任，但是职业规划师几乎独有地、明显地是当局和国家、全国或地方的服务者。寻求延伸他们的控制权力，是国家代表的一种特征。在规划领域一个明显的例子就是，官方的决策制定从土地使用到美学的扩展。就如 F·J·奥斯本在 1969 年 3 月对刘易斯·芒福德解释的，即便是奠基之父，埃比尼泽·霍华德，"并不相信'国家'，尽管他对人类天性中的基本美德有着一个信仰，他并不指望，任何环境的改变会将我们所有人变成天使。"[1] 在同一个月，在《新社会》周刊中四分之一数量的攻击传统观念的作者们投出了一篇叫做"无规划：自由中的一个实验"的讽刺短文，文章极力主张，应该有"一个在无规划状态下的精确的并严密控制的实验"，在实验中，"人们应该被允许建造任何他们喜欢的"。它总结道，"除非有一些保护区域，我们希望作为活的博物馆保护下来，物质形态规划者无权利制定他们的价值判断，违背你们或实际上其他任何人。如果无规划实验进行得确实顺利，人们应该被允许建造任何他们喜欢的。"[2]

这篇文章被视作一个愉快的恶作剧，而被忽略了。但是在 1975 年，天赐良机在田园城市/新城论坛上演讲，这次机会被抓住了，从而把这种渴望和英国战前的小地块的实际经验、在拉丁美洲、亚洲和非洲自建的非正式城市联系起来。[3] 这篇论文声称，早已经有"对于谋生的可选择的方式感兴趣的大量人们：寻找劳动力密集的、低廉资本工业，因为资本密集的工业已经不能提供给他们收益"，并且它表明，"一座 DIY（Do-It-Yourself，自己动手完成）新城的本质之一将是建造规定的一个放宽，使得人们以可选择的建造和维修房屋的方式进行实验成为可

---

1. 休斯（Hughes）1971 年，453.

2. 班纳姆（Banham）等 1969 年，443.

3. 沃德 1990 年，15—35.

能，并且允许一套住房以一个极其基本的待逐渐完成的条件被拥有。"[1]

这种诉求可能已经遇到了与规划自由地带的鼓吹曾遭受的同样漫不经心的无所表示，但它在米尔顿凯恩斯开发公司员工中赢得了一些支持（和大量的反对）。意外地，机构的下一任由政府任命的主席也是城镇和乡村规划协会的主席。这就是伊斯坎（Eskan）的坎佩利勋爵（Lord Campbell），一位实业家，他也是一位工党的贵族。在1978年城乡规划协会年度总会上，他回忆，他在20世纪30年代成为一名社会主义者，这时他成为经营在当时英属圭亚那殖民地糖业的一家公司的董事，对他公司雇员的"道德上、社会上、政治上完全地不称心的"生存条件十分惊讶。

> 但是由于糖的价格和公司的利润像当时那样低，连我们能够为每个人支付建造合适住房的想入非非都没有。然后有一天我想起了一个主意：为什么不把建造场地布置在毗邻每个种植园的空地上呢——大约10英亩地；铺好道路、排水系统、配水塔，然后让每家拥有一块建造地皮，他们现在住所的材料——所有的房屋都是木头建造的——一些免费的涂料，一份25英镑的馈赠和一笔250英镑的无息贷款，从工资中缓慢偿还。这些不大的数字后来继续上升。计划像野火一样呈现蔓延，在几年之内，实际上每个人都在新地区重新置屋。在殖民地地区，由于没有有效的规划或建造法规，太阳下出现的各种房屋都被造起来，从波状铁皮小屋，其地块上的剩余空间饲养牛羊，到花费1万英镑甚至更多的宫殿似的大房屋。[2]

向这个经验学习，并自由使用霍华德的词汇里"令人惊讶地有启发性的与相关的"原则，坎佩利主张，城乡规划协会（TCPA）应该为在它自己的市场土地带内的一座小乡村城镇而战，作为一座第三田园城市，因为"这样一个项目能够承接城乡规划协会给予这个世纪的思想到下个世纪"。他提出，为了公司的未开发土地中两幅方格地块［大约500英亩（202公顷）］提供用于这样一个实验，应该给他的开发公司找出一个方法来。这个想法是在米尔顿凯恩斯举办的英国"社区技术节"上，在一个拥挤的大帐幕里提出的，60位未来的居民在同一天举行了一个进一步的会议，以形成"绿色城镇团体"。与此同时，城乡规划协会建立了一系列工作分队来考虑这样一个定居点的九个方面：住房、就业、农业与景观、个人服务、公用事业、交流、社区结构、财政和开发，以及与内城的关系。

开发公司确认了一块34英亩（13.7公顷）的场地。城乡规划协会认为这太小了，"公司又被要求同意相邻土地的让与，还要符合正当的程序。"公司对地方

---

1. 沃德1990年，32.
2. 坎佩利1978年，2.

舆论敏感，作为回答，说这么做是"极不可能的"。[1] 城乡规划协会，面临着一个最后的通牒，于 1981 年从此项冒险事业中撤出。而且在土地价格飞涨的趋势下，

> 作为一个最后挣扎的企图，想从这经历中打捞些什么，那些留在"绿色城镇团体"里的人们决定减少他们对 6 英亩地作为一个自建住宅计划的要求。混合使用建议的抛弃，加上它自力更生的因素，尽力对自治市议会让步……谈判最终被终止……由于团体未能提呈一个令人信服的经济管理策略。[2]

在米尔顿凯恩斯插入一座自力更生建造的田园城镇的企图，有几个教训。在那些时日，对政府任命的开发公司来说，服从选举出来的地方当局和避免对抗是一桩原则性的事情。枢密院被"绿色城镇"惊动了。他们将继承一个简陋的棚屋镇？他们将成为一个嬉皮士群居组织的主人？开发公司的唐·里聪（Don Ritson）解释说，"我们得不到规划许可，即便是概略的，关于在这块地上要发生什么，都没有一份清晰的说明，但是如果我们具体指明什么是将要发生的，我们就在预先限制那些我们期望要安置在那里的人们的渴望。并且，整体的理念是，给予他们选择的自由。"[3]

总之，开发公司本身的基调被迫改变，随着 1979 年继任的政府着手"将热情的、慈母般的、公共服务为导向的 20 世纪 70 年代的米尔顿凯恩斯变成一个锁定工具，自我融资，预定适合 80 年代商业信徒的资产投资机器"[4]。开发公司作为一个享有特许权的试验促进者的概念已经蒸发了。

但是在另一座新城，希望在 1980 年重又升起，当时什罗普郡（Shropshire）的特尔福德开发公司的主席诺思菲尔德勋爵（Lord Northfield），写信给城乡规划协会的会长戴维·霍尔（David Hall），提出了一个可能性，在特尔福德一块遭受两个世纪的老煤厂破坏并被认为不适合常规开发步骤的场地上，为一个非传统的社区提供土地。公司的总规划师参加了城乡规划协会新社区项目的其中一个工作分队。开发公司拨出 250 英亩（100 公顷）的三等用地，对这片土地尚未发现其他潜在的用途。吉莲·达利（Gillian Darley）随后向朗特里基金会汇报，准备解释，所有这样的风险投资都取决于一位土地所有者的偶然性，土地所有者准备延长投资的经济回报，"或者他能够而且愿意以极低的价格转让土地，作为在风险投资中一番好意的姿态表示，就像特尔福德开发公司当初为预期的莱特摩尔

---

1. 哈迪 1991 年 b，180.

2. 伍德（Wood）1988 年，24.

3. 沃德 1993 年，129.

4. 本迪克森（Bendixson）和普拉特（Platt）1992 年，181.

（Lightmoor）社区所作的那样，在那儿公司的纡曲行为意味着，从2—50英亩的提供已被减少到23英亩，以及一个进一步同样小的第二阶段"。[1]

先锋的 14 户家庭在他们的 23 英亩（9.3 公顷）地上的实验，证明了来自非规划（Non-Plan）思想方式或法律上自由的"自己动手建造的新城"的涌现中建造的智慧（图 50 和图 51），对专家而言，专业的建议和法律中特殊条款的利用得被寻找出来，只不过为了让莱特摩尔从地下冒出来：

图 50 莱特摩尔。在特尔福德新城建造著名的社区，建造在居民重新开垦的土地上；在米尔顿凯恩斯的一个失败之后，在城乡规划协会的动议下获得成功。图片来源：城乡规划协会

特尔福德开发公司得到了来自环境部在《新城法》7.1 节的一个许可，在莱特摩尔一个新社区的建立，它允许场地的混合用途。住房和/或作坊的每个单独的规划得在法令条款 3.2 下被批准认可……将这个程序与正常规划区别开来的关键要素是，

图 51 莱特摩尔。完成了的开发；栅栏里饲养鸡和山羊。图片来源：城乡规划协会

条款 7.1 的认可允许居民建立他们自己的以家庭为基础的企业的机会，或者在一个坐落在他们地块上的作坊里，或者结合进他们的住房设计。这与半英亩的地块大小相配合，在其上有空间饲养家畜，它们能够提供家庭鸡蛋、牛奶、奶酪，意味着使得居民能够选择一个多来源供应的经济成为可能，如果他们是这样希望的。[2]

读者将会惊讶这些不大的、很好的愿望该会面临这样的困难。实际上，无论在没有实现的米尔顿凯恩斯的"绿色城镇"项目，还是在莱特摩尔，最大的障碍都是它们在地方当局引起的恐惧。而在莱特摩尔，最怪诞的讽刺是这样的事实，

---

1. 达利 1991 年，13.

2. 布鲁姆（Broome）和理查森（Richardson）1991 年，93.

14 户先锋家庭在这片被遗弃的场地上的活动（它引起了全英国性的巨大的兴趣，以至于成员们不得不声明，"不速之客"将只在每月第一个星期日的下午受到欢迎），已经如此提升了未来扩展的概念价值，以至于在 20 世纪 80 年代中期新的以市场经济为导向的趋势中，对这样一个低收入人口的边缘定居来说，它被认为太宝贵了。

这脱离了先驱者们，他们已征求了最好的建议，并发展了一个"已经引起许多挫折和开支的合法的框架"和一个打算用于 400 户住房而不仅是出现的 14 户的管理的苦心经营的公司结构。但是这个很小的项目引起了巨大的兴趣，正是因为它代表了这种广泛流传的梦想的实现。在地方上它被称作"好生活村庄"，一半是嘲弄，一半是羡慕。据预测，在寻求生活的可选择方式和提供自己住房的可选择方式的人们中，将会有一个竞争和仿效的激增。

它没有发生。不是因为这些渴望不存在，而是因为一系列因素保证了任何事情都不能够发生。其中之一是土地的价格，人为地被规划政策提高了（在英格兰的东南部，地基成本占到一套新住房价格的 65%）。另一个是 NIMBY 因素：我们对有着不同愿望的邻居的想法怀有敌意。但是最不能改变的决定性因素是规划政策。对这个情形最有说服力的挑战来自西蒙·费尔利（Simon Fairlie），"低影响"农村开发的一位倡导者。

费尔利属于那些人中的一员，他们渴望将"永续农业"作为一个土地使用体系进行实验，在一小块土地上有机地养活他们自己。词汇不同，但是这种渴望紧密地类似于在第 5 章描述过的一个世纪前的简朴生活者。西蒙·费尔利是一群朋友当中的一员，他们在一处乡村地产上租了一套带有一个大花园的宅子，但是被赶出来了，以便给一个高尔夫球场让出空间。在一辆行李车里住了两年后，他加入了另一个团体，并且买了没有附属房屋的一小块地。他们搭了七个帐篷，开始耕种。他报道说，结果是"在自从我们搬到我们土地上的两年间，我们已经历了几乎规划程序的整个领域：委员会决定、强制命令、停止公告、章程 4 的申请、条款 106 的协约、上诉、大臣召见和在议会的法定再审查"。但是他的目的不是妖魔化规划机器。他相信它，因为他知道，如果没有它，投机的开发者将已经完成由农民们发动的对乡村的破坏，农民们被收买来毁坏林地、湿地、篱笆和野生生物。他认为：

> 如果在农村建造或生活的许可会被分配，不只是给那些可以负担得起人为暴涨的土地价格的人，而且也给任何一位能够表明一份愿望与一份能力以贡献给一个繁荣的地方环境和经济的人，那么一种非常不同性质的农村社会将会出现。低影响开发是一个社会契约，由此人们被给予在乡村居住的机会作为提供环境恩泽的报酬。规划师将会认定这个，作为他们称之为"规划得益"的一个形式。到达这样一个契约的机制，绝大多数早已经写进英国规划

体系，并因此没有任何结构性的改变的必要。[1]

当然，他是乐观的，但他没有寻求到比现有政策的一个简单的再阐释更加激进的任何东西。例如，他认为，由《1986 年住房和规划法》（Housing and Planning Act 1986）在立法中引进的简化规划区（Simplified Planning Zones，SPZs），也许作为对本章开头回忆的建议的一份过时的礼物，能够非常好地被用于管理这种低影响开发的场地，无论是居住还是混合用途，有两个主要优点：

> 首先，"简化规划区"的所有者可以自由建造任何东西，在任何地方，在计划拟订的约束内由此将独创性的最大"用武之地"与最低限度的干涉及行政记录程序相结合。其次，开发是一个"一次性的"活动，对在这一区域的其他地方的规划管理来说，是一个明显的例外，因而它不能被用作惯例。[2]

按费尔利所言，他的目标并非摧毁现有的规划体系，而是利用像"简化规划区"这样的遁词——为了其他目的被引入，并在环境部《规划政策指引》注解（PPG5）中描述的——使得地方当局来扶植低影响的农村开发的试验，"它们中的一些在社会的边缘开展，其他的则企图去迎合更传统的人们。"[3]

论点已经很好地被证明。我们可以肯定，在 21 世纪的头几十年，将会看到这样一种人群数量的一个增长，他们渴望一种绿色生活方式，渴望提供他们自己住房，以他们认为是一种低影响的方式，他们将断言，这种方式是比现在的可持续能力的解释更加可持续的。也将有急于生根的"新时代"旅行者和已将公共权威改造成了他们的观点而急于退却的疲乏的环境抗议者，他们所有人都在寻求以一种基本的方式提供自己住房。他们的情况将不适合在抵押贷款者的办公室里，而是适合在灵活劳动力的新的不安定中，但那些更加遵守惯例的人们则不适合这个新的不安定。

自建住宅在有时间由他们自己负责照管但是非常低收入的人们中的扩展，已成为英国 20 世纪后期住宅事件的极少数使人振奋的方面之一。[4] 像从地下得到一座第三田园城市的失败企图一样，首先在米尔顿凯恩斯，然后在特尔福德，最有限的自建项目都不得不与不是预定来满足他们需求的行政管理的想当然交战。然而，使得失业的年轻人能够提供他们自己住房的一项运动的促进者，"北泰恩塞

---

1. 费尔利 1996 年，68.

2. 费尔利 1996 年，124.

3. 费尔利 1996 年，130.

4. 布鲁姆和理查森 1991 年.

德青年自建企业"，作了这样的评论，"它是我整个职业生涯中所专注的最值得做的事业。"并且他们常常会补充说，"你应该看看它是怎样改变所涉及的人们的生活的。"[1]

　　建筑师沃尔特·西格尔（Walter Segal）通过设计一种任何人都可以使用的便宜、快速和简单的木结构的住宅建造方法的努力在晚年成名。当他最终说服一个地方当局提供一块场地给来自住房等候名单上的一群各阶层混合的人们时，在无尽的官僚拖延之后，结果是一个胜利，在这样一个国家，既有一个住房灾难的历史，又有着许多处于不期而至的失业之中的人们，这有着巨大的意义。不是灰心沮丧，如许多建筑师可能会的，在给予设计"数不清的小的多样性和创新以及附加"中，他努力做好每一单个住宅，他很高兴那样做，当他表述"在生活在这个国家的人们中蕴藏着如此丰富的天才"，并且他发现如若这个创造力将继续被拒绝出路是令人难以置信的（图 52）。[2]

　　我们中的大多数人将会和他共有对于这个方式的困惑，政府机器以及土地市场的傲慢继续忽略人们在明日可持续的社会城市中可以扮演角色的方式，人们拥有他们自己的渴望，如此地接近埃比尼泽·霍华德的世界。

图 52　单人住宅。一套实验住房，由帕特·博尔（Pat Borer）运用由沃尔特·西格尔发展起来的方法设计，并且由在威尔士马汉里斯（Machynlleth）"可选择技术中心"自建住房的学生建造。图片来源：布赖恩·理查森（Brian Richardson）

---

1. 沃德 1993 年，131.
2. 沃德 1990 年，80.

第 12 章
不计较 NIMBY 者们

已故的利奥波特·科尔（Leopold Kohr）教授，在他大名鼎鼎的著作《国家的衰退》（The Breakdown of Nations）中，倡导城市区域作为 19 世纪对民族国家的崇拜在 21 世纪的对应物，包括标题为"但是将被执行吗？"的一章。它的原文只有一个词"不！"。[1] 基于同样的精神，我们可以沮丧地得出这样的结论，投合家庭形成计划的霍华德社会城市的明日版本，可以通过铁路和轻轨网络的智能化的利用来提供，但这是难以达到的，仅仅因为反对开发的活动集团增长的力量。在第 10 章我们提出，确保发展区域住宅战略的进程不被地方的 NIMBY 压力所损害将是重要的，而这总是太过可能出现。事实上，新近登场的"过河拆桥"团体，如彼得·安布罗斯（Peter Ambrose）称呼他们的，是一个极其形形色色的保护活动集团的一部分，并且，如他解释的：

> 这个团体来到这些农村地区主要是为了享受退隐之趣。他们最不想要的就是另外一群人的到来。换句话说，他们强硬地反对再有住宅建筑，如果它将破坏了他们的风景，或可能对不动产价值具有不利的影响。他们可能很乐意在广大的临近地区有更多的开发，也许是一条带给就业中心更好可达性的机动车道，但是他们会常常利用他们大量的专业知识来组织抵制进入或在他们特定的村庄视野范围之内的开发。[2]

这个活动集团的其他组成部分包括他称之为"自然资源保护论者的真正核心，那些对农村遗产、景观美感、野生生物、灌木保护等诸如此类问题有兴趣的人"，以及保护联盟的另一部分，那些"对维护建立在农业生产体系中地位基础上的旧的社会关系等级和支撑它所必需的各种技巧和手腕感兴趣"的人。几个有影响力的利益集团为这个主张辩解，以维护"乡村的生活方式"。其中一个是乡村土地所有者协会，其名称阐明了它的利益；另一个是乡村英格兰保护协会，它的雇佣研究人员常常比地方积极行动者具有更加广泛和更加综合的农村土地使用

---

1. 科尔 1957 年，197.
2. 安布罗斯 1992 年，186.

手段。

　　有一些证据表明，要赢得支持，甚至于"农村"这个词就足够了。1997 年 7 月 10 日，一个新形成的叫做农村联盟的团体，劝服 25 万人纠集在海德公园，以保护"农村价值"免于无知的城镇居民的破坏，并听取在野党领袖宣布，一部叫做《野生哺乳动物（打猎和犬）法》［Wild Mammals（Hunting and Dogs）Bill］的专用成员的法案，"是一个引起分裂的措施，通过将城镇与农村对立设置而产生了两个国家"。依据第二天《卫报》的说法，在那一时刻，最大的喝彩落到了农民威利·普尔（Willie Poole）的口号上，"停止让这些城里的小子榨干我们"。

真正的掠夺者：大农业

　　在现实世界中，是农业产业，而绝不是无知的城市居民，要对自第二次世界大战以来几十年中农村的被掠夺负责。正是一位农民及议会的保守党成员——理查德·博迪（Richard Body）爵士，于 1933 年在兰开斯特（Lancaster）提醒城乡规划夏季学期班，"在过去 25 年中，英国农业的加强已经走在前头，比在欧洲委员会的任何其他成员国更快和更猛烈"，并且他把他称之为"通过政府给农民的补贴使农村环境遭受破坏的统计数字的悲伤悼文"，读出来给聚集一堂的规划师们听。这些包括：

- 13 万英里（21 万公里）长度的灌木行被拆除了；
- 我们古老林地的 40% 消失了；
- 700 万英亩（280 万公顷）的牧场被耕种了；
- 我们湿地的 95% 以上干涸了；
- 875 英里（1410 公里）的石头墙被毁掉了；
- 南部英格兰 95% 的山地牧场消失了；
- 18 万英亩（7.3 万公顷）的荒野被耕种了。

　　"我们中的一些人，"他说，"制造了这样一个有关此农业野蛮破坏的骚动，以至于近年来，我们已经看到了旨在取消这些破坏使之恢复原状的几个计划的引入。"下述事实激怒了像他一样的有关的观察者们，我们以增加的粮食产量的名目，已经补贴了农村土地的所有者们进行所有这些破坏，现在我们"正在支付农民以管理农村，到这地步了来保护农村环境"。[1]

　　现在，就像我们在本书第 7 章已经发现的那样，依照官方统计数据，在欧盟的农业政策下，1995 年拨出的土地数量，盘算周到地把生产粮食或任何其他有经

---

1. 博迪（Body）1993 年，62—66.

济价值的作物除外，是预测容纳未来四分之一世纪内所有城市发展所需要土地数量的 3 倍。

到目前为止，强大的乡村活动集团对被重重补贴的农业产业保持缄默，并且保证了进入英格兰农村的移民是有限的针对富人；这样一来，当农村生活已被改变的同时，正如我们较早批评的，农村人口最底端的 25% 没有被考虑的程度正如他们总是被遗漏的那样多。保护珍贵的农村自然环境意味着保护富人，他们可以负担得起农村住房价格，但不会使用正在衰退的公共交通系统，也不会光顾残存下来的村庄商店，并且他们的孩子不会就读于濒危的村庄学校。

在那个星期，当"农村价值"的有组织的保卫者们聚集在海德公园，农村发展委员会颁布了一份关于在普通低收入农村家庭年轻人状况的报告，他们不得不呆在他们父母的家里直到足够成年，由于"农村"没有空间给他们，唯一的选择就是在最近的城镇租赁房间。

这份报告的总结句是：

> 乡村地区的年轻人，以及支持他们的计划，正碰到他们自己无能力改变的社会、交通、住房和劳动力市场结构的困难。处理这些结构性的议题将处理农村地区的年轻人考虑住房时面临的问题的根源。[1]

这些剥夺恰恰就是一百年前埃比尼泽·霍华德在他的三磁体图式中列举的那些，并且恰恰就是将被在铁路线上簇集的新社会城市减缓的那些。但是这样的发展最有可能遭到乡村"保卫者"的最有力的反对。

所有之中最新的压力集团

但是最近的乡村压力团体是所有反对力量当中最有挑战性的。在 20 世纪 60 年代，当时的政府曾委托过对规划中公共参与的一个调查。斯凯法恩登委员会（Skeffington Committee）在其报告中，将规划的目的定义为"设定框架，在其中，住房、道路和社区服务能够在合适的时间和合适的地点被提供"。[2] 引出公共参与很困难，除了在现存的已授予利益的保护中，但是在 20 世纪 90 年代，一个新的形式已经戏剧性地出现了。

这次是以一个环境抗议组织的形式，一个引起人们兴趣的新老农村自然环境保护者的联盟，绝不是无意识的对财产价值和自身利益的关注。斯凯法恩登未能

---

1. 农村发展委员会 1998 年.
2. 大不列颠环境部 1969 年.

预料到道路抗议者的决心。但是，在目睹私人小汽车工具胜利的 20 世纪的最后十年里，一场斗志昂扬的反击以道路抗议者的形式兴起了。

他们年轻、有献身精神、机智并且富有智谋。而且他们的策略，在濒危的树上搭建树屋，或者在挖土机的路线下挖隧道，这些都引发了公众的想象力。在一系列道路建设工作上都存在着被拖延的斗争，大众英雄是以"牲畜"和"沼泽"之名为人们熟知的年轻的反对者。在"沼泽"被赶出他的"公平英里"隧道前两天，《每日镜报》（1997 年 1 月 29 日）登载了一个特辑，赞颂"战斗阻止了小汽车接管不列颠"，并且登载了一篇社论，解释了"为什么'牲畜'是对的，"社论认为"英国面临着一个拥塞的、交通大堵塞的未来"。并且，好像为了强调这一点，以前的保守党交通部部长史蒂文·诺里斯（Steven Norris）（不是在寻求再次当选），在 1997 年 3 月"全景电视"的一档节目中承认，以他的观点来看，在纽伯里旁线沿线树屋中的反对者"是正当的"，并且道路决不应该修建在已经选择的线路上。他说，"我认为这样说是公平的，方案更多是以开汽车的人为基础的，超出了它应当的程度，并且它未将同样性质的现金价值应用于环境考虑，而在对小汽车驾驶者不方便的考虑中却采用了。"[1]

由于政府的更替，一些道路提案被砍削了，一些被搁置了，特定的辩论被应用于推荐一个对小汽车依赖的减少和一个对公共交通更大的依赖。然而，没有任何说服人们回到公共交通和围绕潜在的铁路和轻轨网络规划未来定居的政策约束的迹象。

这就要求一些非常类似于一百年前埃比尼泽·霍华德的概念的东西。开放大学新城研究分部的斯蒂芬·波特（Stephen Potter）发现，虽则田园城市和新城都摒弃了霍华德的交通优先配给：

> 真正的机动性是依靠未受阻挠的通道和使用一切主要的可以获得的交通形式的能力。没有什么是太不重要以至于在规划范围中不值得考虑的，或在未来预期不值得成为的。但是这些交通体系的运作要求是刚刚所说的这些，以至于在对每一个来说都是最适宜的城市形式方面，严重的设计冲突产生了。自从世纪转交之际埃比尼泽·霍华德开始新城运动以来，从我们建造新城类型项目的经验来看，无疑，只有一组优先考虑的事能够成功地完全解决这些设计冲突。那就是给予步行者和骑自行车的人第一位的考虑，继之以公共交通的考虑，伴随着灵活的和可以适应的小汽车安排到如此被决定的结构。这是埃比尼泽·霍华德在 1898 年建议的优先考虑的安排，结果被那些建造田园城市的人否决了，我们只是又回归到它，并且承认它是一个正确的处

---

1. 阿侬 1997 年 a，44.

理方法。就针对新社区的交通规划原理和哲学而言，距离达到 80 年来工作的顶峰（如许多可能让我们确信的那样）差得远呢，我们只不过东倒西歪地回到了起点！[1]

巨大的任务将是说服道路抗议者接受这个观点。在田园城市协会的早期，它开始了一场紧张的宣传战役以争取市民。据记录，"从 1902 年 8 月 17 日到 1903 年 5 月 17 日，在分布于从奇普塞德（Cheapside）到爱丁堡的区位中，协会提供了超过 260 场会议或讲演，通过'引人注目的见解'来说明。"[2]自己动手建造新城的拥护者的经验表明，在本书第 11 章描述过的，霍华德之后的一个世纪，我们缺乏那使人们改变信仰的干劲和把他们争取过来所需要的合适的宣传手段，这些人们与其说是专门致力于此的道路抗议者，还不如说是他们的难以计数的同情者，他们意识到需要新的定居点，但是对于他们应该选取的形式和地点感到迷茫。

规划体系无意识地对被认定了的投机开发者青睐有加，而投机开发者自动地接受在可靠职业中的白领男性户主。但是后者是一个正在减少的物种，不仅在人口统计上，而且就 20 年来政府寻求的灵活的劳动力市场而言。开发者已经寻求挣得他们的提供"规划受益"的份额，通过包括在他们提议内的由住房协会提供用于出租的"可支付住房"的一些地点。可支付住房的概念是这个事实的另一个提示，正如本书自始至终强调的，我们在与土地开发价值的重大议题达成协议上已经失败。

作异想天开之举

我们如何做这件特殊的异想天开的事呢？有解决 NIMBY 者们和所有人利益的方法吗？——在他们的 200 万—300 万人之间，从任何合理的方面说——谁是几乎无疑正在吵吵闹闹地要加入他们？尽管可能看起来令人惊讶，但是也许存在。

事实是以前有一次它完成了。在 20 世纪 30 年代，在他那个时代最著名的英国规划师帕特里克·阿伯克龙比，任乡村英格兰保护委员会（它那时的名称）主席并且是城乡规划协会理事会的一名成员。远不止此：与像 F·J·奥斯本那样其他思想相近的人们一起，他帮助定型了一个乡村保护活动团体和新城运动参加者联盟。奥斯本在某一时刻认为阿伯克龙比已经背叛，由于在伦敦郡规划中引入太高的密度以至于无法给有孩子的家庭提供住房；但是然后由于大伦敦规划，伴随

---

1. 波特（Potter）1976 年，67.
2. 莫斯－埃卡德（Moss-Eccardt）1973 年，28.

着迁移一百多万伦敦人到新的和扩张的农村城镇的计划，他原谅了阿伯克龙比。正是这个联盟，产生了具有历史意义的战后的意见一致，一方面平衡了乡村的保护，另一方面和一项针对将近 30 座新城的计划一致。

联盟建立的这个历史的背景是重要的。乡村英格兰保护委员会和城乡规划协会在 1938 年投身于它们各自的事业和他们在 1998 年时完全一样。奥斯本，尤其不是生来的一位妥协者。他们面临着在郊区蔓延中一个共同的敌人，首先围绕着伦敦，以及在首都之外的乡村住房胡椒粉式的播撒（必须承认，包括小地块）。实际上，是任何人（意味着给《泰晤士报》写信的任何人）中的每一个都反对那种发展，并且把它们看作一个威胁，它要求一个共同的战线。奥斯本，在 1939 年像其他每个人一样，用军事说法讲话，现实地称之为"规划战线"（Planning Front）。[1]

作为结果带来的共同平台实质上有两个要素：一方面，通过将实际上禁止新建筑的有效的农村规划保卫大多数的农村土地；另一方面，发展密集的新城镇和城镇扩张，以供给来自城市的外溢人口。正是这个历史性的联盟，产生了《1946年新城法》和此后的《1947 年城乡规划法》，后者提供了严厉的权力（首要地，通过它所谓的赔偿和增值问题的解决办法[2]）以建立绿带和其他限制，这样一来有效地停止了在 20 世纪 30 年代模式上的进一步的郊区蔓延。

我们需要问，现在有什么不同呢？在当中的半个世纪中发生了什么，它可能禁止或阻止另一个这样的联盟，一个关注我们土地使用的主要运动组织的联盟？一个答案是，我们是四倍的富足，所以想要涌进乡村的人口数量现在要比那时多得多。但是这是一个过度的简单化：大多数人可能在 20 世纪 30 年代较少富裕，但是他们发现，支付新住房容易得多，就工资而论，这时期的新住房比之前或之后都更加便宜。

更可能是，在这半个世纪的在郡层面的有效规划后，大多数乡村居民的确感到更加安全和较少倾向于妥协。但是他们面临的本质的两难处境是，在现在和那时没有任何不同：如果他们不能采取措施，他们很可能面临着一个最坏情形的结果，在其中，持续的静脉滴注式的开发压力引起他们最害怕的结果：几万小簇的开发在被拙劣设想的场地上，在漫长的和折磨人的斗争之后胜诉。事实上，这不仅仅是一个可能的结果；它几乎是确定的，如果当局未能采取大胆而坚决的行动以按照需要的规模提供建造的土地。

---

1. 哈迪 1991 年 a，215.

2. 赔偿指的是中央或地方政府为强制性购买土地必须进行的支付，例如为了一座新城。增值，指的是通过公共工程产生的价值增加，像一条新的道路或铁路，或甚至通过规划限制产生的价值增加，像一个附近的绿带，这些给土地所有者带来自然增值而没有通过他们自己的任何努力。1947 年法律有效地将开发价值国有化，提供一次性结清，以减轻给土地所有者带来的困难；这样它允许土地以现有的农业价值被购买，并规定，价值上的增长应该通过一个"开发税"完全转让给社区.

又一次存在着来自过去的比较，在第3章描述过的。在20世纪40年代后期，赫特福德郡同意取得阿伯克龙比规划提议的8座新城中的4座，尽管它的许多居民强烈地反对这些新城——正如斯蒂夫尼奇的早些年，通过激烈的示威游行和火车站"西尔金格勒"站牌事件如此充分证明的（图53）。自那以后20年，在60年代中期，白金汉郡实际上同意接纳米尔顿凯恩斯新城作为一个一揽子计划的一部分，计划包括保护郡的南半部分以防大规模的开发。压力在20世纪40年代后期和60年代中期，至少与20世纪90年代后期是一样凶猛，但是有远见的公共当局明智地规划，将他们自己人民的利益放在心中。他们那时能做什么，我们现在也能。

图53 "西尔金格勒"。1947年在斯蒂夫尼奇的外观损毁的火车站标志，在它作为第一座战后新城的指派后不久；NIMBY主义早已活着而且活得很好，尽管那时无人听到过这个说法。图片来源：城乡规划协会

除了现在，郡也许不再是足够的单位：它们是太小了；尤其，自从1993—1997年的格默重组后，它们被各自的城市规划权力弄得太分裂或穿透了；并且，在许多情形下，它们的边界不再与有效的次区域规划需要被执行的地区相一致。区域会比较好，并且这就解释了为什么政府关于直接被选举的区域发展局的1997年提议会如此热情地被接受。但是它们不可能在2002年前出现。而且，在东南部，甚至区域权力将是否是足够的，这一点还不确定：在关键地区，像米尔顿凯恩斯－北安普敦－韦灵伯勒，需要是针对将跨越于目前标准区边界的次区域当局。

所以现在目标应该是重新创设规划战线，或规划联盟，以迎接新世纪的挑战。

自立的联盟

严格意义上讲，这样一个联盟可能会被称为保守主义者：它将存在，以便为它的大多数成员预防一个最坏情况下的结局。但是，也有一种情况，对于一个更加激进类型的联盟来说，如果你愿意的话可以称它为左翼联盟，有一个行动计划可能惊动上述人中的一些，但是可能非常好地投合其他许多人。因为，如果我们曾经赢得大众对在上一章中制定的计划的支持，作为一个既是原则也是战略的问题，我们需要包括被排斥的少数人的愿望。为自建者、口粮种植者和永续农业的倡导者在明日可持续的定居中提供必需的支持是有意义的，正如期望在整个美国发现的趋势在英国的发育成长是有道理的：农民市场。

这样一个联盟的口号将是自我帮助、自我建设、自我满足和自我可持续。中心的主题将是自治：是在 20 世纪末期尽可能地可以实行的，自我管治和自我独立的居住点建设。

这些定居地，它几乎不需要说，将不是新的小地块。20 世纪 90 年代的政治将否定那种可能性：它们将具体指定——像较早在米尔顿凯恩斯失败的试验和后来在特尔福德成功的试验——它们占有由规划体系限定的场地。最可能的地点，如那些较早的试验表明的，是新城镇的邻居或在新城立法下被规划和建造的定居地；开发公司发现执行这个比一般的地区协商容易得多，试想一下在那种协商场合，越过协商集体的肩膀，紧张不安地看着一个焦虑的选民全体。20 世纪 90 年代的建造规定，就公共卫生和隔离而言，有着它们的严格要求，将应用于在这儿建造的住房中，如它们会在所有其他地方的一样。但是这些住房将与小地块共享一个关键特征：人们将自己建造他们想要建造的住房。

完成这个的方式将拷贝建设小地块的公式，但是要适应 20 世纪 90 年代后期的条件。年轻的建筑师将被鼓励（事实上，他们将几乎不需要鼓励）产生可以现货供应的样板设计，像 20 世纪 20 年代的模式惯例。但是，通过年度有奖竞赛和大量的宣传，他们将被鼓励达到最高的设计水准。他们的设计将被特定地瞄准自建，有着大量从"家居超市"（Homebase，英国的 DIY 家居零售连锁超市——译者注）、"百安居"和"DIA"（Do-It-Alls）购得的自己动手装配部分的使用，像屋顶桁架和窗框。所选择的地区，容易地到达公共交通，带有自建地块、现成的服务，以及针对有效设计的自动规划许可的一个提供，将可以被得到。

还有其他的特征能够并且应该被结合到至少这些开发中的一些。最重要的特征在 1905—1940 年时期许多早期的田园城市和田园郊区中发现：在伊灵的布伦特汉姆（Brentham）田园郊区，在巴黎郊外的普莱赛 - 鲁滨逊（Plessy-Robinson），和法兰克福郊外的罗马人城。[1] 这是一个划成小块出租的副业田园，理想地将在一个超级街区当中的社群的开放空间中被提供，完全地被住宅和它们的私人小花园所包围。它将响应来自一个日益老练并烦恼的公众对自生自长的食物的迫切要求。

非传统农业的回归

但是原则可以走得更远，为了遵循在霍华德《明日！一条通往真正改革的和平之路》中的原始处方，以及在布伦特汉姆和在罗马人城的现实中发现的：更加大的小地块持有，实际上小农场，将被提供在毗邻的农业用地中，形成围绕每个独立居住点的一条绿带的一部分。在这儿，地方的人口将种植有机农产品用于出售，这样产生附加的收入，尤其是补充低的基本工资的收入。这个农产品将在农民市场上被出售，农民市场将形成每个定居点的城镇中心一个不可分割的部分，也许形成一个地方超级商店的专门化的延伸。

这不是由遥远的中世纪景象而来的一个怀旧的幻想。相反：它是一个思想，它的大好机会来临了。琼·瑟斯克（Joan Thirsk）对非传统农业的历史的权威研究给我们指出，这个思想在我们历史上已经四次生根：在黑死病（Black death，亦称 Black Plague，人类历史上最致命的传染病之一，14 世纪中期时在欧洲爆发，直到 18 世纪初才结束。这场瘟疫导致了当时欧洲大约总人口的 1/3—2/3 死亡。仅在其 1603 年卷土重来时，伦敦有 38000 人丧生——译者注）肆虐之后；在 1650 年之后的世纪，此思想鼓舞了杰勒德·温斯坦利（Gerrard Winstanley，英国资产阶级革命时期掘土派运动领袖，空想共产主义者——译者注）及其"掘地者"；开始于 1879 年的农业大萧条，并且此思想如此影响了霍华德的想法和他原先的追随者们；以及自 20 世纪 80 年代以来，作为对由产业化的农业制造的空前的环境破坏的一个反应。瑟斯克发现，在每个时期，非传统的农业都已经改善了我们的饮食，已成为一个关键的技术创新的源泉。要是自上而下的话，运动几乎不会发生。她总结道：

> 根据非传统农业以前三个阶段的经验判断，我们时代的有力假设，即无所不知的政府将从经济问题领路，实际上将不会有用。解决办法更可能来自下面，来自个体的主动精神，单独地或团体地摸索他们的路，在许多的试验和错误之后，朝向新生的事业。他们将跟随他们自己的预感、理想、灵机和

---

1. 伊灵田园居住者 1912 年；费尔 1983 年；霍尔 1988 年.

迷念，并沿着一些甚至将作为无害的疯狂之举被放弃的道路。[1]

现在，她确信，他们的时代又来了。因为在英国人口的爱好和习惯上有一个重大的变化，产生于广泛扩大的富裕和对一个健康生活方式的渴望。越来越多的人正尝试越来越多样种类的食物，部分地因为他们旅行更多，部分地因为媒体发现，食品文章让报刊卖掉并促进了媒体受欢迎的程度；更多的这些人对食物对他们健康的影响产生了一个明智的兴趣。人们的口味由于富裕正变得更加精细；证据是，例如，在面包师的隔板上面包的不同种类的激增。[2]

所以对革新的和聪明的农民来说，甚至对有成见的一些农民来说，有一个正在日益增加的任务，他们想要生产新种类食品和以更加有益健康的方法生产各种食品。而且这些不是大的农场大王。瑟斯克，一位经济历史学家，有着英国 700多年农业的独特知识，清醒地意识到情况的讽刺性。因为一个世纪之前这发生过；预见到它的幻想家是霍华德的一个同时代的人，他和霍华德于同一年发表了他自己的先见，他与霍华德共有基本的信念：

> 在非传统农业的 19 世纪晚期阶段，彼得·克鲁泡特金的辩论极其有说服力，赞成在土地上劳动力集中的工作。要求更多的园艺学，他首先强调在家庭种植水果和蔬菜以取代增加的进口的公共意义，但是他也解释了为所有人提供工作的有益意义……同样的话在今天也可以这么说。许多园艺学风险投资的一个值得注意的特征是此外它们的劳动强度，但在一个也承认劳动为一个疗法的意见倾向中，园艺学家们本身多么频繁地强调他们工作的令人满意，而不管艰辛的体力劳动，这是令人吃惊的。
>
> 自从有远见的个体已经预见到恢复完全就业的不可能性，这是由于现代技术正逐日减少必修的工作，我们坦白地期待另一位彼得·克鲁泡特金宣告同样的训诫，整个再来一次。持续的成见性的无论如何要促进技术和减少劳动力的倾向，特定地属于主流农业方面，而不属于非传统农业方面。[3]

非传统农业运动现在和在过去 700 年中的一样强大，但是在我们思维定式和在我们习惯中的革命——尽管它可能看上去显著——到目前为止仍然像在早期；它将花费也许另一个 30 年来成长。但是它正在发生。对于年轻伦敦人的一般民众研究表明，他们在"道"（Tao）（或者说"随大流"）、"激愤"和"独立"方面得分非常高；他们说，这些新的前沿边缘价值是在伦敦朝向新的主导价值一个更

---

1. 瑟斯克 1997 年，256.
2. 瑟斯克 1997 年，260.
3. 瑟斯克 1997 年，263.

加广泛的转变的一部分。但是这些年轻的伦敦人与年长的人们一样执著于像环境行动、社区和联系等核心价值，并且"这些主要的核心价值在紧接着来到的20年里对伦敦人来说有希望保持重要性"。[1] 这意味着一个重大的新的政治态度的配合：今天看似属于激进边缘的观念很快将处于中年人的主流，并且他们提出，自我可持续的自治是它的时代正要开始来临的一个思想。

事实上，我们知道，"农民市场"思想是一个正在来临的思想，因为这样的市场在美国是繁荣的。他们是一个遭受预先包装、长距离交通和超级市场侵蚀的传统的再发明，以及生产者在市场日带着他们的水果和蔬菜来到城镇的古老习惯的一个复活。它们在整个美国可以被发现，并且在不同地方拥有不同的名称和习惯。它们在伊利诺伊州被称作"社区农家市场"、在亚拉巴马州被称作"食品集市"，以及在东北部被称作"场外市场"。在加利福尼亚州，过去只有一家公共市场，在那儿农场主们可以出售他们的产品直接给消费者。到1990年在这个州有超过50家的公共市场。来自威斯康星州麦迪逊（Madison）的哲学家马库斯·辛格（Marcus Singer），对我们解释了它的重要性。

> 它们从20世纪60年代非传统的农业和在循规蹈矩的农民失败的地方的土地上有机种植的雄心中出现。这些人清早来到城里以摆好摊位，带着不是大量生产出售的水果和蔬菜。每个星期六他们接管州首府建筑物对过的巨大广场，交通被转移。其他地方，他们一周两次使用超级市场的小汽车停车场，超级市场实际上在这一天结束时购进剩下的产品。它仍然比较新鲜和比较便宜。[2]

农民市场必然要传播到英国。英国的对应物已经采用了亭子方案的形式，在那儿，寻求有机种植（有机种植，指在粮食、蔬菜、瓜果的种植过程中，不使用化肥、农药和其他任何化学品，以及用有机饲料饲养家畜。英国有机食品业认为，有机种植的食品更有营养，更有利于健康和环保——译者注）粮食的家庭网络，同意租借一个一周一次的时令水果和蔬菜的亭子，这些水果和蔬菜来自少量的当地种植者甚至和副业生产地持有者。但是在1997年9月，英国的第一家美国风格的农民市场在巴斯靠近老格林公园车站举办了。它由帕特里夏·塔特（Patricia Tutt）发动，她是巴斯和东北萨默塞特郡的《地方21世纪议程》（Local Agenda 21）协调人，有40位卖主来自城市35英里（56公里）半径范围内的地方。当我们把这本书寄给出版者时，她告诉我们，等到在那儿举办第三次农民市场时，超过40个其他地方的当局已经对此表达了一个兴趣。

---

1. 贾普（Jupp）和劳森（Lawson）1997年，18.
2. 沃德1992年.

　　确定的一件事是，环境议题的急务，伴随着《21 世纪议程》，以及伴随着对私人小汽车交通减少的需求，必然在 21 世纪初期增加。将这些主题结合进新居住地规划的提议，是将最有可能赢得来自巨大的市民选举权支持的那些，市民们想要"绿色"，但是永远不十分确定走哪条路。

　　霍华德的一世纪之久的处方保持着非凡的有效性，既对规划政策，也对其反对者。成功的政策行动的本质就是冲浪运动：与潮流俱进，但是预先捕捉浪头。现在我们拥有这个机会，如霍华德一个世纪前拥有的那样，但是我们得抓住这个时刻。我们可以建立联盟，它将允许我们创造霍华德的 19 世纪理想的 21 世纪版本。它将不会是容易的，由于肤浅偏见和自私自利的力量是猖狂的，并且它们伪装在环境主义的外衣里，而它们与之毫无干系。但是它能够被完成，为了我们所有人的利益，城镇居民和乡村居民一样，它必须得完成。

参 考 文 献

Aalen, F.H.A. (1992) English Origins. In: Ward, S.V. (ed.) *The Garden City: Past, Present and Future*, 28–51. London: Spon.

Abercrombie, P. (1945) *Greater London Plan 1944*. London: HMSO.

Adams, T. (1905) *Garden City and Agriculture: How to Solve the Problem of Rural Depopulation*. London: Simkin Marshall.

Ambrose, P. (1992) The Rural/Urban Fringe as Battleground. In: Short, B. (ed.) *The English Rural Community: Image and Analysis*, 186. Cambridge: Cambridge University Press.

Anon. (1992) New Town Legacies. *Town and Country Planning*, 61, 298–302.

Anon. (1995) Paul Delouvrier 1914–1995: Le Grand Aménageur de l'Ile-de-France. *Cahiers de l'Institut d'Aménagement et d'Urbanisme de la Région Ile-de-France*, 108, special supplement.

Anon. (1996) The New Town Experience. *Town and Country Planning*, 65, 302–304.

Anon. (1997a) Necessity Breeds Ingenuity. *Squall*, 15, Summer.

Anon. (1997b) Living Within the Social City Region: An Edited Version of the TCPA's Response to the Household Growth: Where Shall We Live? Green Paper. *Town and County Planning*, 66, 80–82.

Ashworth, W. (1954) *The Genesis of British Town Planning: A Study in Economic and Social History of the Nineteenth and Twentieth Centuries*. London: Routledge & Kegan Paul.

Bailey, J. (1955) *The British Co-operative Movement*. London: Hutchinson's University Library.

Banham, R., Barker, P., Hall, P. and Price, C. (1969) Non-Plan: An Experiment in Freedom. *New Society*, 26, 435–443.

Banister, D. (1992) Energy Use, Transportation and Settlement Patterns. In: Breheny, M.J. (ed.) *Sustainable Development and Urban Form* (European Research in Regional Science, 2), 160–181. London: Pion.

Banister, D. (1993) Policy Responses in the U.K. In: Banister, D. and Button, K. (eds.) *Transport, the Environment and Sustainable Development*, 53–78. London: Spon.

Banister, D. and Banister, C. (1995) Energy Consumption in Transport in Great Britain: Macro Level Estimates. *Transportation Research, A: Policy and Practice*, 29, 21–32.

Banister, D. and Button, K. (1993) Environmental Policy and Transport: An Overview. In: Banister, D. and Button, K. (eds.) *Transport, the Environment and Sustainable Development*, 1–15. London: Spon.

Banister, D. and Hall, P. (1995) Summary and Conclusions. In: Banister, D. (ed.) *Transport and Urban Development*, 278–287. London: Spon.

Batchelor, P. (1969) The Origin of the Garden City Concept of Urban Form. *Journal of the Society of Architectural Historians*, 28, 184–200.

Beevers, R. (1988) *The Garden City Utopia: A Critical Biography of Ebenezer Howard*. London: Macmillan.

Bendixson, T. and Platt, J. (1992) *Milton Keynes: Image and Reality*. Cambridge: Granta Editions.

Benevolo, L. (1967) *The Origins of Modern Town Planning*. Cambridge, MA: MIT Press.

Bibby, P. and Shepherd, J. (1997) Projecting Rates of Urbanisation in England, 1991–2016. *Town Planning Review*, **68**, 93–124.

Body, R. (1993) Countryside Planning. In: *Town & Country Planning Summer School, Lancaster*. London: Royal Town Planning Institute.

Bonner, A. (1970) *British Co-operation: The History, Principles and Organisation of the British Co-operative Movement*. Manchester: Co-operative Union.

Bramley, G. (1993) Planning, the Market and Private Housebuilding. *The Planner*, **79/1**, 14–16.

Bramley, G., Bartlett, W. and Lambert, C. (1995) *Planning, the Market and Private Housebuilding*. London: UCL Press.

Breheny, M. (1990) Strategic Planning and Urban Sustainability. In: *Proceedings of TCPA Annual Conference, Planning for Sustainable Development*, 9.1–9.28. London: Town and Country Planning Association.

Breheny, M. (1991) Contradictions of the Compact City. *Town and Country Planning*, **60**, 21.

Breheny, M. (1992) The Contradictions of the Compact City: A Review. In: Breheny, M.J. (ed.) *Sustainable Development and Urban Form* (European Research in Regional Science, 2), 138–159. London: Pion.

Breheny, M. (1995a) *Counter-Urbanisation and Sustainable Urban Forms*. In: Brotchie, J.F., Batty, M., Blakely, E., Hall, P. and Newton, P. (eds) *Cities in Competition*, 402–429. Melbourne: Longman Australia.

Breheny, M. (1995b) The Compact City and Transport Energy Consumption. *Transactions of the Institute of British Geographers*, **20**, 81–101.

Breheny, M. (1995c) Transport Planning, Energy and Development: Improving Our Understanding of the Basic Relationships. In: Banister, D. (ed.) *Transport and Urban Development*, 89–95. London: Spon.

Breheny, M. (1997) Urban Compaction: Feasible and Acceptable? *Cities*, **14**, 209–218.

Breheny, M. and Hall, P. (1996a) Four Million Households – Where Will They Go? *Town and Country Planning*, **65**, 39–41.

Breheny, M. and Hall, P. (1996b) Where Will They Go? A Response to the Response. *Town and Country Planning*, **65**, 290–291.

Breheny, M. and Hall, P. (eds) (1996c) *The People – Where Will They Go? National Report of the TCPA Regional Inquiry into Housing Need and Provision in England*. London: Town and Country Planning Association.

Breheny, M. and Rookwood, R. (1993) Planning the Sustainable City Region. In: Blowers, A. (ed.) *Planning for a Sustainable Environment*, 150–189. London: Earthscan.

Breheny, M., Gent, T. and Lock, D. (1993) *Alternative Development Patterns: New Settlements*. London: HMSO.

Broome, J. and Richardson, B. (1991) *The Self-Build Book: How to Enjoy Designing and Building Your Own House*. Hartland, Devon: Green Books.

Brotchie, J.F., Anderson, M. and McNamara, C. (1995) Changing Metropolitan Commuting Patterns. In: Brotchie, J.F., Batty, M., Blakely, E., Hall, P. and Newton, P. (eds.) *Cities in Competition*. Melbourne: Longman Australia.

Calthorpe, P. (1993) *The Next American Metropolis: Ecology, Community, and the American Dream*. Princeton: Princeton Architectural Press.

Campbell of Eskan, J. (1978) The Future of the Town and Country Planning Association (Address to TCPA AGM 23 May 1978). In: Darley, G. (ed.) (1991) *Tomorrow's New Communities*. York: Joseph Rowntree Foundation.

Caulton, J. (1996) Going to Town on Housing. *Planning Week*, 18 January, 14–15.

Cervero, R. (1985) *Suburban Gridlock*. New Brunswick: Rutgers University, Center for Urban Policy Studies.

Cervero, R. (1989) *America's Suburban Centers: The Land Use–Transportation Link*. Boston: Unwin Hyman.

Cervero, R. (1991) Congestion Relief: The Land Use Alternative. *Journal of Planning Education and Research*, **10**, 119–129.

Champion, A. and Atkins, D. (1996) *The Counterurbanisation Cascade: An Analysis of the Census Special Migration Statistics for Great Britain*. Newcastle upon Tyne: University of Newcastle upon Tyne, Department of Geography.

Cheshire, P.C. (1994) A New Phase of Urban Development in Western Europe? The Evidence for the 1980s. *Urban Studies*, **32**, 1045–1063.

Cheshire, P.C. and Hay, D.G. (1989) *Urban Problems in Western Europe: An Economic Analysis*. London: Unwin Hyman.

Clark, C. (1957) Transport: Maker and Breaker of Cities. *Town Planning Review*, **28**, 237–250.

Collings, T. (ed.) (1987) *Stevenage 1946–1986: Images of the First New Town*. Stevenage: SPA Books.

Commission of the European Communities (1990) *Green Paper on the Urban Environment* (EUR 12902). Brussels: CEC.

Cox, A. (1984) *Adversary Politics and Land: The Conflict over Land and Property Policy in Post-War Britain*. Cambridge: Cambridge University Press.

Craig, D. (1990) *On the Crofters' Trail: In Search of the Clearance Highlanders*. London: Cape.

Creese, W.L. (1966) *The Search for Environment: The Garden City Before and After*. New Haven: Yale University Press.

Cullingworth, J.B. and Nadin, U. (1997) *Town and Country Planning in Britain: Twelfth Edition* (The New Local Government Series, No. 8). London: Routledge.

Culpin, E.G. (1913) *The Garden City Movement Up-to-Date*. London: Garden Cities and Town Planning Association.

Daniels, P.W. and Warnes, A.M. (1980) *Movement in Cities: Spatial Perspectives in Urban Transport and Travel*. London: Methuen.

Darley, G. (1975) *Villages of Vision*. London: Architectural Press.

Darley, G. (ed.) (1991) *Tomorrow's New Communities*. York: Joseph Rowntree Foundation.

Delafons, J. (1990) *Development Impact Fees and Other Devices*. Berkeley: University of California at Berkeley, Institute of Urban and Regional Development (Monograph 40).

Denmark. Egnsplankonteret (1947) *Skitseforslag til Egnsplan for Storkøbenhavn*. Copenhagen: Teknisk Kontor for Udvalget til Planlaegning af Københavnsegnen.

Direction Régionale de l'Equipment d'Ile-de-France (1990) *Les transports de voyageurs en Ile-de-France, 1989*. Paris: DREIF.

Dix, G. (1978) Little Plans and Noble Diagrams. *Town Planning Review*, **49**, 329–352.

Douglas, R. (1976) *Land, People and Politics: A History of the Land Question in the United Kingdom 1978–1952*. London: Allison & Busby.

Ealing Garden Tenants (1912) *The Pioneer Co-Partnership Suburb: A Record of Progress*. London: Co-Partnership Publishers.

Evans, A.W. (1991) Rabbit Hutches on Postage Stamps: Planning, Development and Political Economy. *Urban Studies*, **28**, 853–870.

Evenson, N. (1979) *Paris: A Century of Change, 1878–1978*. New Haven: Yale University Press.

Fairlie, S. (1996) *Low Impact Development: Planning and People in a Sustainable Countryside*. Oxford: Jon Carpenter.

Fehl, G. (1983) The Niddatal Project – The Unfinished Satellite Town on the Outskirts of Frankfurt. *Built Environment*, **9**, 185–197.

Fishman, R. (1977) *Urban Utopias in the Twentieth Century: Ebenezer Howard, Frank Lloyd Wright and Le Corbusier*. New York: Basic Books.

Fulford, C. (1998) *Urban Housing Capacity and the Sustainable City, 1: The Costs of Reclaiming Derelict Sites*. London: Town and Country Planning Association.

Gallion, A.B. and Eisner, S. (1963) *The Urban Pattern*. Princeton: D. van Nostrand.

Garreau, J. (1991) *Edge City: Life on the New Frontier*. New York: Doubleday.

GB Department of the Environment (1969) *People and Planning: Report of the Committee on Public Participation in Planning* (Chairman: A.M. Skeffington). London: HMSO.

GB Department of the Environment (1992a) *Planning Policy Guidance: Housing* (PPG 3 (revised)). London: HMSO.

GB Department of the Environment (1992b) *The Relationship between House Prices and Land Supply.* (By Gerald Eve, Chartered Surveyors with the Department of Land Economy, University of Cambridge.) London: HMSO.

GB Department of the Environment (1993a) *East Thames Corridor: A Study of Developmental Capacity and Potential.* By Llewelyn-Davies, Roger Tym and Partners, TecnEcon and Environmental Resources Ltd. London: DOE.

GB Department of the Environment (1993b) *Strategic Planning Guidance for the South East.* London: DOE.

GB Department of the Environment (1995) *Urbanization in England: Projections 1991–2016.* London: HMSO.

GB Department of the Environment and Department of Transport (1993) *Reducing Transport Emissions through Planning* (ECOTEC Research and Consulting Ltd in Association with Transportation Planning Associates.) London: HMSO.

GB Department of the Environment, Transport and the Regions (1998a) *The Future of Regional Planning Guidance: Consultation Paper.* London: DETR.

GB Department of the Environment, Transport and the Regions (1998b) *Modernising Planning: A Policy Statement by the Minister for the Regions, Regeneration and Planning.* London: DETR.

GB Department of the Environment and Welsh Office (1994) *Planning Policy Guidance: Transport (PPG 13).* London: HMSO.

GB Department of Health (1998) *The Quantification of the Effects of Air Pollution on Health in the United Kingdom.* London: HMSO.

GB Deputy Prime Minister and Secretary of State for the Environment, Transport and the Regions (1998) *Planning for the Communities of the Future.* London: HMSO.

GB Government Office for London (1995) *Strategic Guidance for London Planning Authorities: Consultation Draft* (RPG 3). London: GOL.

GB Ministry of Housing and Local Government (1964) *The South East Study 1961–81.* London: HMSO.

GB Secretary of State for the Environment (1996) *Household Growth: Where Shall We Live?* (Cm 3471). London: HMSO.

GB South East Economic Planning Council (1967) *A Strategy for the South East: A First Report by the South East Planning Council.* London: HMSO.

GB South East Joint Planning Team (1970) *Strategic Plan for the South East: A Framework. Report by the South East Joint Planning Team.* London: HMSO.

GB Thames Gateway Task Force (1995) *The Thames Gateway Planning Framework* (RPG 9a). London: Department of the Environment.

Girouard, M. (1985) *Cities and People: A Social and Architectural History.* New Haven: Yale University Press.

Gold, J.R. and Gold, M.M. (1982) Land Settlement Policy in the Scottish Highlands. *Nordia,* **16,** 129–133.

Goodwin, P. and Hass-Klau, C. (1996) *The Real Effects of Environmentally Friendly Transport Policies.* Summary Report. (Mimeo.)

Gordon, P. and Richardson, H.W. (1989) Gasoline Consumption and Cities – A Reply. *Journal of the American Planning Association,* **55,** 342–346.

Gordon, P., Richardson, H.W. and Jun, M. (1991) The Commuting Paradox – Evidence from the Top Twenty. *Journal of the American Planning Association,* **57,** 416–420.

Green, F.E. (1912) *The Awakening of England.* London: Thomas Nelson.

Haggard, H.R. (1905) *The Poor and the Land.* London: Longmans, Green.

Hall, P. (1967) Planning for Urban Growth: Metropolitan Area Plans and Their Implications for South-East England. *Regional Studies,* **1,** 101–134.

Hall, P. (1988) *Cities of Tomorrow: An Intellectual History of Urban Planning and Design in the Twentieth Century.* Oxford: Basil Blackwell.

Hall, P. (1992) *Urban and Regional Planning,* Third Edition. London: Routledge.

Hall, P. (1995) A European Perspective on the Spatial Links between Land Use, Development and Transport. In: Banister, D. (ed.) *Transport and Urban Development*, 65–88. London: Spon.

Hall, P. (1996a) 1946–1996 – From New Town to Sustainable Social City. *Town and Country Planning*, **65**, 295–297.

Hall, P. (1996b) Le New Towns in Gran Bretagna: Passato, Presente e Futuro. *Urbanistica*, **107**, 141–145.

Hall, P. and Banister, D. (1995) Summary and Conclusions. In: Banister, D. (ed.) *Transport and Urban Development*, 278–287. London: Spon.

Hall, P. and Hay, D. (1980) *Growth Centres in the European Urban System*. London: Heinemann.

Hall, P., Sands, B. and Streeter, W. (1993) *Managing the Suburban Commute: A Cross-National Comparison of Three Metropolitan Areas*. Berkeley: University of California at Berkeley, Institute of Urban and Regional Development, Working Paper 596.

Handy, S.L. and Mokhtarian, P.L. (1995) Planning for Telecommuting: Measurement and Policy Issues. *Journal of the American Planning Association*, **61**, 99–111.

Hardy, D. (1979) *Alternative Communities in Nineteenth Century England*. London: Longman.

Hardy, D. (1989) War, Planning and Social Change: The Example of the Garden City Campaign, 1914–1918. *Planning Perspectives*, **4**, 187–206.

Hardy, D. (1991a) *From Garden Cities to New Towns: Campaigning for Town and Country Planning, 1899–1946*. London: Spon.

Hardy, D. (1991b) *From New Towns to Green Politics: Campaigning for Town and Country Planning, 1946–1990*. London: Spon.

Hardy, D. and Ward, C. (1984) *Arcadia for All: The Legacy of a Makeshift Landscape*. London: Mansell.

Hartmann, K. (1976) *Deutsche Gartenstadtbewegung: Kulturpolitik und Gesellschaftsreform*. Munich: Heinz Moos Verlag.

Headicar, P. and Curtis, C. (1996) *The Location of New Residential Development: Its Influence on Car-Based Travel* (Oxford Planning Monograph, 1/2). Oxford: Oxford Brookes University, School of Planning.

Hebbert, M. (1992) The British Garden City: Metamorphosis. In: Ward, S.V. (ed.) *The Garden City: Past, Present and Future*, 165–186. London: Spon.

Hedges, B. and Clemens, S. (1994) *Housing Attitudes Survey*. London: HMSO.

Housing Research Foundation (1998) *Homealone: The Housing Preferences of One Person Households*. Amersham: Housing Research Foundation.

Howard, E. (1898) *To-morrow! A Peaceful Path to Real Reform*. London: Swan Sonnenschein.

Howard, E. (1902) *Garden Cities of To-Morrow*. London: Swan Sonnenschein.

Howard, E. (1946) *Garden Cities of Tomorrow*. London: Faber & Faber.

Howard, E. (1904) opening the discussion of a paper by Patrick Geddes at the London School of Economics, reprinted in Meller, H. (1979) *The Ideal City*. Leicester: Leicester University Press.

Hughes, M. (ed.) (1971) *The Letters of Lewis Mumford and Frederic J. Osborn: A Transatlantic Dialogue 1938–70*. New York: Praeger.

Institut d'Aménagement et d'Urbanisme de la Région d'Ile-de-France, and Conseil Régional Ile-de-France (1990) *ORBITALE: Un Réseau de Transports en Commun de Rocade en Zone Centrale*. Paris: IAURIF.

Jackson, K.T. (1985) *Crabgrass Frontier: The Suburbanization of the United States*. New York: Oxford University Press.

Jupp, B. and Lawson, G. (1997) *Values Added: How Emerging Values Could Influence the Development of London*. London: Demos.

Kampffmeyer, H. (1908) Die Gartenstadtbewegung. *Jahrbücher für Nationalökonomie und Statistik, III. Serie*, **36**, 577–609.

Kelbaugh, D. et al. (eds) (1989) *The Pedestrian Pocket Book: A New Suburban Design*

Strategy. New York: Princeton Architectural Press in association with the University of Washington.

Kenworthy, J., Laube, F., Newman, P. and Barter, P. (1997) *Indicators of Transport Sustainability in 37 Global Cities: A Report for the World Bank*. Perth: Murdoch University, Institute for Science and Technology Policy, Sustainable Transport Research Group.

King, A.D. (1984) *The Bungalow: The Production of a Global Culture*. London: Routledge & Kegan Paul.

Kohr, L. (1957) *The Breakdown of Nations*. London: Routledge & Kegan Paul.

Lane, B.M. (1968) *Architecture and Politics in Germany, 1918–1945*. Cambridge, MA: Harvard University Press.

Leneman, L. (1989) *Fit for Heroes? Land Settlement in Scotland after World War One*. Aberdeen: Aberdeen University Press.

Llewelyn-Davies Planning (1997) *Sustainable Residential Quality: New Approaches to Urban Living*. London: Llewelyn-Davies.

Lock, D. (1995) Room for More Within the City Limits? *Town and Country Planning*, **67**, 173–176.

London Planning Advisory Committee (1993) *Draft 1993 Advice on Strategic Planning Guidance for London*. London: LPAC.

London Transport (1995) *Planning London's Transport*. London: LT.

London Transport (1996) *Planning London's Transport: To Win as a World City*. London: LT.

Macfadyen, D. (1933) *Sir Ebenezer Howard and the Town Planning Movement*. Manchester: Manchester University Press.

MacKenzie, N. and MacKenzie, J. (1977) *The Fabians*. New York: Simon & Schuster.

Mackett, R. (1993) *Why Are Continental Cities More Civilised than British Ones?* Paper presented at 25th Universities Transport Studies Group Annual Conference, Southampton, January.

Marsh, J. (1982) *Back to the Land: The Pastoral Impulse in England from 1880 to 1914*. London: Quartet Books.

Marshall, A. (1884) The Housing of the London Poor. I. Where to House Them. *The Contemporary Review*, **45**, 224–231.

McCready, K.J. (1974) *The Land Settlement Association: Its History and Present Form*. London: Plunkett Foundation for Co-operative Studies.

Meyerson, M. (1961) Utopian Traditions and the Planning of Cities. *Daedalus*, **90/1**, 180–193.

Miller, M. (1983) Letchworth Garden City Eighty Years On. *Built Environment*, **9**, 167–184.

Miller, M. (1989) *Letchworth: The First Garden City*. Chichester: Phillimore.

Ministry of Agriculture, Fisheries and Food (1996) *The Digest of Agricultural Census Statistics, United Kingdom, 1995*. London: HMSO.

Mokhtarian, P.L. (1991) Telecommuting and Travel: State of the Practice, State of the Art. *Transportation*, **18**, 319–342.

Moss-Eccardt, J. (1973) *Ebenezer Howard*. Tring: Shire Publications.

Mullin, J.R. and Payne, K. (1997) Thoughts on Edward Bellamy as City Planner: The Ordered Art of Geometry. *Planning History Studies*, **11**, 17–29.

Mumford, L. (1946) The Garden City Idea and Modern Planning. In: Howard, E., *Garden Cities of Tomorrow*, 29–40. London: Faber & Faber.

Netherlands, Ministry of Housing, Physical Planning and the Environment (1991) *Fourth Report (EXTRA) on Physical Planning in the Netherlands: Comprehensive Summary: On the Road to 2015*. The Hague: Ministry of Housing, Physical Planning and the Environment, Department for Information and International Relations.

Newman, P.W.G. and Kenworthy, J.R. (1989a) *Cities and Automobile Dependence: A Sourcebook*. Aldershot and Brookfield, VT: Gower.

Newman, P.W.G. and Kenworthy, J.R. (1989b) Gasoline Consumption and Cities: A

Comparison of U.S. Cities with a Global Survey. *Journal of the American Planning Association*, **55**, 24–37.

Newman, P.W.G. and Kenworthy, J.R. (1992) Is There a Role for Physical Planners? *Journal of the American Planning Association*, **58**, 353–362.

Newman, P.W.G. and Kenworthy, J.R. (1997) *Sustainability and Cities*. Washington, DC: Island Press.

Newman, P.W.G., Kenworthy, J.R. and Laube, F. (1998) The Global City and Sustainability: Perspectives from Australian Cities and a Survey of 37 Global Cities. In: Brotchie. J.R., Dickey, J., Hall, P. and Newton, P. (eds) *East–West Perspectives on 21st Century Urban Development: Sustainable Asian and Western Cities in the New Millennium*. Melbourne: Longman Australia (forthcoming).

Osborn, F.J. (1946) Preface. In: Howard, E., *Garden Cities of Tomorrow*, 9–28. London: Faber & Faber.

Osborn, F.J. (1950) Sir Ebenezer Howard: The Evolution of His Ideas. *Town Planning Review*, **21**, 221–235.

Osborn, F.J. (1970) *Genesis of Welwyn Garden City: Some Jubilee Memories*. London: Town and Country Planning Association.

Osborn, F.J. and Whittick, A. (1963) *The New Towns: The Answer to Megalopolis*. London: Leonard Hill.

Owens, S.E. (1984) Spatial Structure and Energy Demand. In: Cope, D.R., Hills, P.R. and James, P. (eds) *Energy Policy and Land Use Planning*, 215–240. Oxford: Pergamon.

Owens, S.E. (1986) *Energy, Planning and Urban Form*. London: Pion.

Owens, S.E. (1990) Land-Use Planning for Energy Efficiency. In: Cullingworth, J.B. (ed.) *Energy, Land and Public Policy*, 53–98. Newark, DE: Transactions Publishers, Center for Energy and Urban Policy Research.

Owens, S.E. (1992a) Energy, Environmental Sustainability and Land-Use Planning. In: Breheny, M.J. (ed.) *Sustainable Development and Urban Form* (European Research in Regional Science, 2), 79–105. London: Pion.

Owens, S.E. (1992b) Land-Use Planning for Energy Efficiency. *Applied Energy*, **43**, 81–114.

Owens, S.E. and Cope, D. (1992) *Land Use Planning Policy and Climate Change*. London: HMSO.

Pitt, J. (1995) Building on Resources. *Planning Week*, **3/15** (13 April), 14–16.

Potter, S. (1976) *Transport and New Towns: The Transport Assumptions Underlying the Design of Britain's New Towns 1946–1976*. Milton Keynes: Open University New Towns Study Unit.

Ratcliffe, J. and Stubbs, M. (1996) *Urban Planning and Real Estate Development*. London: UCL Press.

Rave, R. and Knöfel, H-J. (1968) *Bauen seit 1900 in Berlin*. Berlin: Kiepert.

Read, J. (1978) The Garden City and the Growth of Paris. *Architectural Review*, **113**, 345–352.

Rickaby, P.A. (1987) Six Settlement Patterns Compared. *Environment and Planning, B*, **14**, 193–223.

Rickaby, P.A. (1991) Energy and Urban Development in an Archetypal English Town. *Environment and Planning, B*, **18**, 153–176.

Rickaby, P.A., Steadman, J.B. and Barrett, M. (1992) Patterns of Land Use in English Towns: Implications for Energy Use and Carbon Monoxide Emissions. In: Breheny, M.J. (ed.) *Sustainable Development and Urban Form* (European Research in Regional Science, 2), 182–196. London: Pion.

Rural Development Commission (1998) *Young People and Housing*. York: York Publishing Services.

Schipper, L. and Meyers, S. (1992) *Energy Efficiency and Human Activity: Past Trends, Future Prospects* (Cambridge Studies in Energy and the Environment). Cambridge: Cambridge University Press.

SERPLAN (1998) *A Sustainable Development Strategy for the South East: Public Consultation*. London: SERPLAN (SPR400).

Sharp, T. (1932) *Town and Countryside: Some Aspects of Urban and Rural Development*. London: Oxford University Press.

Simpson, M. (1985) *Thomas Adams and the Modern Planning Movement: Britain, Canada and the United States, 1900–1940*. London: Mansell.

Smith, N.R. (1946) *Land for the Small Man*. Morningside Heights, NY: King's Crown Press.

Soria y Pug, A. (1968) *Arturo Soria y la Ciudad Lineal*. Madrid: Revista de Occidente.

Stern, R.A.M. (1986) *Pride of Place: Building the American Dream*. Boston: Houghton Mifflin.

Stone, P.A. (1973) *The Structure, Size and Costs of Urban Settlements* (National Institute of Economic and Social Research, Economic and Social Studies, XXVIII). Cambridge: Cambridge University Press.

Sudjic, D. (1992) *The 100 Mile City*. London: Andre Deutsch.

Sweden, National Rail Administration, City of Stockholm, Stockholm County Council and National Road Administration (1993) *The Dennis Agreement: Traffic System of the Future*. Stockholm: City, Office of Regional Planning and Urban Transportation.

Swenarton, M. (1985) Sellier and Unwin. *Planning History Bulletin*, 7/2, 50–57.

Tegnér, G. (1994) *The "Dennis Traffic Agreement" – a Coherent Transport Strategy for a Better Environment in the Stockholm Metropolitan Region*. Paper presented at the STOA International Workshop, Brussels, April 1994.

Thacker, J. (1993) *Whiteway Colony: The Social History of a Tolstoyan Community*. Whiteway, Gloucestershire: The Author.

Thirsk, J. (1997) *Alternative Agriculture: A History from the Black Death to the Present Day*. Oxford: Oxford University Press.

Thomas, R. (1969) *London's New Towns: A Study of Self-Contained and Balanced Communities*. London: Political and Economic Planning (PEP).

Thomas, R. (1996) The Economics of the New Towns Revisited. *Town and Country Planning*, 65, 305–308.

Thomas, W. (1983) *Letchworth: The First Garden City: Celebrating Eighty Years of Progress towards a Better Environment 1903–1983* (The Ebenezer Howard Memorial Lecture). Letchworth: ?Privately Printed.

Thompson, F.M.L. (1965) Land and Politics in England in the Nineteenth Century. *Transactions of the Royal Historical Society*, 15, 23–44.

Todd, N. (1986) *Roses and Revolutionaries: The Story of the Clousden Hill Free Communist and Co-operative Colony*. London: People's Publications.

Town and Country Planning Association (1997) *Building the New Britain: Finding the Land for 4.4 Million New Households*. London: TCPA.

Trevelyan, G.M. (1937) Amenities and the State. In: Williams-Ellis, C. (ed.) *Britain and the Beast*, 183–186. London: J.M. Dent.

Uhlig, G. (1977) Stadtplanung in den Weimarer Republik: sozialistische Reformaspekte. In: Neue Gesellschaft für Bildende Kunst (ed.) *Wem gehört du Welt? Kunst und Gesellschaft in der Weimarer Republik*. Berlin: Neue Gesellschaft für Bildende Kunst.

UK Round Table on Sustainable Development (1997) *Housing and Urban Capacity*. London: UK Round Table.

van den Berg, L., Drewett, R., Klaassen, L.H., Rossi, A. and Vijverberg, C.H.T. (1982) *Urban Europe: A Study of Growth and Decline* (Urban Europe, Volume 1). Oxford: Pergamon.

Ward, C. (1983) Growing Pains. *New Society*, 20 January.

Ward, C. (1990) *Talking Houses*. London: Freedom Press.

Ward, C. (1993) *New Town, Home Town: The Lessons of Experience*. London: Gulbenkian Foundation.

Ward, C. (1994) Lost in the Global Hypermarket. *New Statesman*, 25 November.

Ward, S.V. (ed.) (1992) *The Garden City: Past, Present and Future*. London: Spon.

Webb, B. (1938) *My Apprenticeship – 2*. Harmondsworth: Penguin Books.

Wells, H.G. (1901) *Anticipations of the Reaction of Mechanical and Scientific Progress upon Human Life and Thought*. London: Chapman & Hall.

Whittick, A. (1987) *F.J.O. – Practical Idealist: A Biography of Sir Frederic J. Osborn.* London: Town and Country Planning Association.

Williams-Ellis, C. (1928) *England and the Octopus.* London: Geoffrey Bles.

Williams-Ellis, C. (ed.) (1937) *Britain and the Beast.* London: J.M. Dent.

Wise, M.J. (Chairman) (1967) *Report of the Departmental Committee of Enquiry into Small Holdings, Part II: Land Settlement.* London: HMSO.

Wood, A. (1988) *Greentown: A Case Study of a Proposed Alternative Community.* Milton Keynes: Open University Energy and Environment Research Unit.

Yago, G. (1984) *The Decline of Transit: Urban Transportation in German and U.S. Cities, (1900–1970).* Cambridge: Cambridge University Press.

英汉词汇对照

'Great outdoors'   "野外"
Greater London Plan   大伦敦规划
Green Belts   绿带
Green, F. E.   F・E・格林
Green Paper 1996   《1996 年绿皮书》
Greenfield development   绿地开发
Greentown Group   绿色城镇团体
Greenwich, Millennium Village   格林尼治，千年村
Greenwich Peninsula   格林尼治半岛
Grossiedlung   大住宅区
Gummer, John   约翰・格默
Gurneys   格尼斯

H

Haggard, Rider   瑞德・哈格德
Hall, David   戴维・霍尔
Hampstead Garden Suburb   汉普斯特德田园郊区
Hardie, Keir   凯尔・哈迪
Häring, Hugo   雨果・黑林
Harlow   哈洛
Harmsworth, Alfred   艾尔弗雷德・哈姆斯沃思
Harmsworth, Cecil   塞西尔・哈姆斯沃思
Hatfield   哈特菲尔德
Haverhill   黑弗里尔
Havering Park   黑弗灵公园
Havering Riverside   黑弗灵河畔
Headicar, Peter   彼得・黑迪卡
Hebbert, Michael   迈克尔・赫伯特
Hedges, B.   B・赫奇
Hellerau   海勒劳
Hemel Hempstead   赫默尔亨普斯特德
Hertfordshire   赫特福德郡
Heseltine, Michael   迈克尔・赫塞尔廷
High-rise blocks   高层街区
High-speed train link   高速列车联系
Hitchin   希钦
Hoggart, Richard   理查德・霍格
Holidays With Pay Act 1938   《1938 年带薪休假法》
Hollesley Bay   霍里斯利海湾
Holmans, Alan   阿兰・霍尔曼斯

Hook   胡克
Hooper, Alan   阿伦・胡珀
House prices   住房价格
Housing   住房
    projections   住房预测
    regional needs   区域住房需求
    self-build   自建住房
Housing and Planning Act 1909   《1909 年住房和规划法》
Housing and Planning Act 1986   《1986 年住房和规划法》
Housing market   住房市场
Housing Research Foundation   住房研究基金会
Housing White Paper 1995   《1995 年住房白皮书》
Howard, Ebenezer   埃比尼泽・霍华德
    birthplace plaque   埃比尼泽・霍华德出生地纪念标记牌
Howard Shopping Centre   霍华德购物中心
Hufeneisensiedlung   胡芬艾森住宅区
Hyndman, H. M.   H・M・海因德曼

I

Idris, T. H. W.   T・H・W・伊德里斯
Impact Fee agreements   影响税协定
Improvement Rates   增进率
In Darkest England, and the Way Out   《在极度黑暗的英格兰，及其出路》
Individualism   个人主义
Industrial villages   工业村
Inner Urban Areas Act 1978   《1978 年内城地区法》
Inter-Municipal Railway   市际铁路
International Metro   国际大都市铁路
Irish Home Rule   《爱尔兰家庭法》
Irvine   欧文
Isle of Sheppey   谢佩岛

J

Jenkins, Hugh   休・詹金斯
Jobs   工作岗位

Joseph Rowntree Foundation　约瑟夫·朗特里基金

K

Kampffmeyer, Hans　汉斯·坎普夫迈尔
Kapper, Frank　弗兰克·卡珀
Kenworthy, John C.　约翰·C·肯沃西
Kenworthy, J. R.　J·R·肯沃西
Key, William　威廉·基
King, Anthony　安东尼·金
Kingdom of God Is Within You, The　《天国在你的心中》
Kohr, Leopold　利奥波特·科尔
Kropotkin, Peter　彼得·克鲁泡特金

L

La Conquête du Pain　《面包的征服》
La Cuidad Lineal　线形城市
Labour colonies　劳动聚居点
Laindon　莱登
Land Authority　土地局
Land Authority for Wales（LAW）　威尔士的土地局
Land colonisation　土地拓殖
Land Commission Act 1967　《1967 年土地委员会法》
Land Compensation Act 1961　《1961 年土地赔偿金法》
Land development　土地开发
Land development agencies　土地开发机构
Land Nationalisation　土地国有化
Land Nationalisation Society　土地国有化协会
Land prices　土地价格
Land question　土地问题
Land reform　土地改革
Land settlement　土地定居
Land Settlement Association（LSA）　土地定居协会
Land Settlement（Facilities）Act 1919　《1919 年土地定居（设施）法》

Land speculation　土地投机
Land tax　土地税
Land use planning　土地使用规划
Land values　土地价值
　　Rural　农村的土地价值
Landmann, Ludwig　路德维希·兰德曼
Langdon Hill　兰登山
Lansbury, George　乔治·兰斯伯里
Lawson, Nigel　奈杰尔·劳森
Le Cité Jardin　《田园城市》
Lee Valley Regional Park　利河谷区域公园
Legislation and counter-legislation　法规和反法规
Leighton Buzzard　莱顿巴泽德
Letchworth　莱奇沃思
Lever, William Hesketh　威廉姆·赫斯基思·利佛
Light rail systems　轻轨系统
Light, William　威廉·莱特
Lightmoor　莱特摩尔
Linslade　林斯莱德
Livingston　利文斯顿
Llewelyn-Davies Planning（LDP）　卢埃林－戴维斯规划
Local Government, Planning and Land Act 1980　《1980 年地方政府、规划和土地法》
Lock, David　戴维·洛克
London　伦敦
London Docklands　伦敦码头地
London Planning Advisory Committee（LPAC）　伦敦规划顾问委员会（LPAC）
London Regional Metro　伦敦区域大都市铁路
London Transport　伦敦交通
Looking Backward　《回顾》
LUTECE　外环可达性使用的连接
Lymm　利姆
Lynch, Kevin　凯文·林奇

M

Madrid　马德里
Magnetism　磁力
Mark One New Towns　"计划 1"新城

Parking　停车

Parks　公园

Peacehaven　皮斯黑文

Pearsall，Howard　霍华德·皮尔索尔

Pease，Edward　爱德华·皮斯

Perry，Clarence　克拉伦斯·佩利

Peterborough　彼得伯勒

Peterlee　彼得利

Pitsea　皮齐

Planned cities　规划过的城市

Planning，public participation in　规划中的公众
　参与

Planning Agreements　规划协定

Planning Alliance　规划联盟

Planning and Compensation Act 1991　《1991 年规
　划和补偿法》

Planning effects　规划影响

Planning for the Communities of the Future　《为未
　来的社区规划》

Planning Front　规划战线

Planning gain　规划收益

Planning guidance　规划指引

Planning legislation　规划立法

Planning obligations　规划责任

Planning policy　规划政策

Planning Policy Guidance　规划政策指引

Planning system　规划体系

Playing fields　规划领域

Plessy-Robinson　普莱赛—鲁滨逊

Plotlands　小地块

　attitudes towards　对小地块的态度

　characteristics　小地块的特征

　map　小地块分布图

Pointe Gourde system　潘特古尔德制度

Policy formation　政策形成

Pollution　污染

Poole，Willie　威利·普尔

Population changes　人口变化

Population density　人口密度

Port Sunlight　森莱特港

Portmerrion　波特美利安

Potter，Stephen　斯蒂芬·波特

Potters Bar　波特斯巴

Price of rural land　农村土地的价格

Principles of Political Economy　《政治经济学原
　理》

Priority Areas for Regeneration and Development
　（PARDs）　更新和开发的优先地区

Private enterprises　私有企业

Progress and Poverty　《进步与贫穷》

Property ownership　财产所有权

Protesters　抗议者

Public participation in planning　规划中的公众
　参与

Public Transport　公共交通

Purdom，C. B.　　C·B·珀道姆

R

Railways　铁路

Rainham Marshes　雷纳姆湿地

Ramuz，Frederick Francis　弗雷德里克·弗朗西
　斯·雷默兹

Rapid transit system　快速运输系统

Rates　地方税

Raymond Unwin paradox　雷蒙德·昂温悖论

Raynsford，Nick　尼克·雷恩斯福德

Redditch　雷迪奇

Regional Development Agencies　区域开发机构

Regional express rail（RER）system　区域快速轨
　道体系

Regional Guidance　《区域引导》

Regional Land Agencies　区域土地机构

Regional Land Authorities　区域土地当局

Regional Metro　区域大都市铁路

Regional Offices　区域办公室

Regional Planning Guidance　《区域规划指引》

Regional Standing Conferences　区域常设协商会

Regional Structural Plan　区域结构规划

Reith Committee　里思委员会

Reith，Sir John　约翰·里思爵士

Religious Society of Friends　教友会

Remote rural areas　遥远的农村地区

Rents　租金

V

Vällingby　魏林比

Vanishing Point of Landlord's Rent　地主租金的消失点

Värby Gärd, Stockholm　瓦尔比耶多，斯德哥尔摩

Variation according to geography　因地制宜

Villes Nouvelles　新城

W

Wagner, Martin　马丁·瓦格纳

Wakefield, Edward Gibbon　爱德华·吉本·韦克菲尔德

Waldsiedlung　森林定居地

Wales　威尔士

Wallace, Alfred Russel　艾尔弗雷德·拉塞尔·华莱士

Wallace, J. Bruce　J·布鲁斯·华莱士

Warrington　沃灵顿

Washington　华盛顿

Webb, Beatrice　比阿特丽斯·韦布

Webb, Sidney　西德尼·韦布

Wellingborough　韦灵伯勒

Wells, H. G.　H·G·韦尔斯

Welwyn Garden City　田园城市韦林

West Coast Main Line　西海岸主线

White Paper 1965　《1965 年白皮书》

White Paper 1997　《1997 年白皮书》

Whiteway　怀特韦

Wild Mammals（Hunting and Dog）Bill　《野生哺乳动物（打猎和犬）法》

Williams, Aneurin　安奈林·威廉斯

Williams-Ellis, Clough　克拉夫·威廉斯－埃利斯

Winstanley, Gerrard　杰勒德·温斯坦利

Wise, M. J.　M·J·怀斯

Women in community ventures　社区经营中的妇女

Workplaces　工作场所

Wormwood Scrubs　沃姆伍德灌丛

Wythall　怀索尔

Z

Zehlendorf　采伦多夫

Zetetical Society　探究社

译后记

　　《社会城市》一书由英国著名学者、伦敦大学学院教授彼得·霍尔爵士与社会和环境规划事务评论家科林·沃德博士合著，发表于 1998 年 10 月，霍尔爵士时任英国城乡规划协会主席。这本标志性的著作，系统而深刻地评价了诞生于整整一个世纪以前的霍华德田园城市思想在 20 世纪的成败，以及其更为核心的社会城市思想在 21 世纪的适用可能。《社会城市》的问世，引起了学术界和社会对城市与农村未来问题的广泛关注。

　　《社会城市》全书结构分为两部分。第一部分回溯了田园城市运动及其后继者们所经历的第一个世纪。广为人知的霍华德"三磁体"与田园城市图式，以及多数读者不太熟悉的多核心"社会城市"图式，与学者们亦长期忽略的获取开发价值的融资方法一起，被加以讨论；继之纪录了从田园城市和田园郊区到 1945 年战后英国新城的历史进程，并总结了田园城市思想在欧洲大陆的出口传播。第二部分涉及霍华德思想对当代城市可持续性议题的启示。作者将霍华德的理念带入了 21 世纪，检验了霍华德的思考与现代环境之间"一个惊人的、几乎是超现实"的相关性，并按照 21 世纪的可持续发展原则来理解霍华德的工作，表明多中心的社会城市如何可能被规划，并在社会需求的全部范畴——环境、社会和经济的范畴内，探寻保护和发展如何一致的议题。

　　简言之，《社会城市》的意义概述起来有三。

　　其一，本书是对霍华德思想的全面解读，具有从理论研究上正本清源的作用。霍华德的田园城市思想在学术界以及社会上流传之广，是任何其他城市规划思想与理论所无法相提并论的；但是另一方面，对于其思想的一知半解乃至附会曲解之严重，同样也是无法相比的。"田园城市"常常被当成一个万能标签，随心所欲地贴在人们各自认定的模型上受到追捧或抨击。彼得·霍尔与科林·沃德的《社会城市》一书，则如其书名所示，明确揭示了霍华德原初的社会城市思想，将会让大多数读者领悟到此前并未领会的这样一个重要事实，即社会城市，而非单个孤立的田园城市，才是霍华德三磁体的物质实现。顺便提一下，2003年，本书的两位作者又与丹尼斯·哈迪编辑出版了霍华德《明日！一条通往真正改革的和平之路》的最新评注本，其目的也是力图完整地解读、还原霍华德的社会改革理想。

　　其二，本书再次证明了霍华德高瞻远瞩的社会城市思想具有长期的普遍适用性。这个论证是通过作者独特的思考，揭示霍华德思想与现代环境的相关性完成的。如芒福德所言，霍华德的思想"涉及规划中的一些恒定因素"，今天，霍华德思想可能比最初公诸于世时更适用。在霍华德的社会城市规划方案中，只考虑了步行和铁路形式的公共交通，因此在小汽车时代出现后，霍华德思想的适用性似乎受到了挑战。而当人们认识到私人小汽车造成的问题与其解决的问题一样多时，在下一个历史路口，霍华德的社会城市思想又适时指明了道路，这次是"一条通往真正改革的可持续发展之路"。作者精辟地指出，可持续性恰是田园城市所从事的一切，霍华德的规划忠实地遵循了一个世纪以后好规划的原则：步行尺度的定居地，因而不需要小汽车出行；现代的高密度标准，因而在土地上是经济的；开放的空间，因而维持了一个自然的居住环境。可持续性原则没有比在霍华德对田园城市发展的处理中体现得更充分的了：不是出现一座单一的田园城市，而是形成一个这种城市的完整簇群，一个多中心的社会城市。社会城市、田园城市簇群，按照现今的标准，每个都是"可持续的"，每座田园城市提供一系列的就业和服务，相互之间通过一个快速交通系统联系（霍华德谓之市际铁路），这样创造了巨大城市里所有的经济机会和社会机遇。我们不得不承认，社会城市的确是一个令人惊讶的现代概念。

其三，本书对霍华德社会城市思想的延伸发展，对我国城市与城市规划问题的探讨亦具有重要的启迪意义。从田园城市到可持续的明日社会城市，按照21世纪可持续发展的原则来理解霍华德的工作，突破了被普遍误解的单个城市尺度，而扩展到了霍华德的"城市簇群"概念，以及当代的区域理念。并且，作者将霍华德的社会城市思想在英国中部和南部地区进行了应用，建议了首批三条可持续的发展走廊，从区域规划的观点看，在这些廊道上恰有三组适得其所的"社会城市"：沿西海岸主线、将提供创造可持续社会城市簇无可比拟潜力的梅西亚城，沿东海岸主线将构成另一多中心社会城市的英吉利亚城，东部肯特郡海岸城镇的发展与更新将构成的多中心城市区域肯特城。这三组"社会城市"簇群，均基于区域的高速轨道联系，表明了如何规划多中心的社会城市。正是在此意义上，本书已远远超越了围绕可持续发展的高谈阔论和陈词滥调，从霍华德的社会城市思想出发，在当今英国新的现实条件下，在区域空间战略规划层面，在城市巨型工程中探求城市的可持续性发展。书中对社会城市理念在当代英国的发展性阐释，是对霍华德思想有价值的延伸，对于我国城市规划具有迫切的理论与现实意义。在珠三角、长三角、京津塘以及辽中广大地区，正在崛起新的城市簇群，而城市发展问题与区域发展问题是密不可分的，本质上，可持续的明日社会城市正是我国区域与城市发展的正确目标。此外，作者承续了霍华德将城市和乡村问题整体思考统一处理的根本方法，对英国农村、农业和农民市场运动予以了足够关注，这提醒我们，必须统一处理农村和城市的资源、环境、经济和社会问题，只有城乡协同，才能真正全面促进社会的可持续发展。

将规划史料的周详分析与批判的眼光结合进当代议题，是本书重要的方法特色之一。综观全书，有许多值得推崇之处。第一部分对英国战后新城发展的阶段特征、代表、影响因素进行了完整清晰的脉络梳理，尤其是对新城计划的财政方式及政策经验教训作了深刻剖析；对于田园城市思想在欧洲大陆传播的论述亦是高屋建瓴。第二部分对于建设可持续的社会必须加以解决的三组关键议题所作详尽论述，具有霍华德在《明日！一条通往真正改革的和平之路》中突出体现的务实特征。可以说，《社会城市》通过对霍华德思想的跨世纪演绎，从一个极为重要的侧面，给读者展示了一个多世纪以来英国城市发展和城市规划波澜起伏的历史长卷，并对其中诸多具有重要影响的人物功过作了点睛之评。

译本保留了原书的脚注，并在文中增加了必要的译者注（以破折号"——"表示的译者注），对相关的人名、地名和事件名称进行补充说明，以提供充分的背景信息与知识，帮助读者更好地理解文意。书中地名、人名等专有名词的翻译，主要参考了《世界地名录》（上、下）（中国大百科全书出版社编辑、出版，北京·上海，1984年）和《世界人名翻译大辞典》（上下卷）（新华通讯社译名室编，中国对外翻译出版公司，1993年）。

承蒙彼得·霍尔爵士教授为本书中文版作序，在此深表谢意；并诚挚感谢同济大学建筑与城市规划学院院长吴志强教授的辛勤校对工作；还要感谢中国建筑工业出版社编辑们的辛劳合作。

希望《社会城市》的中文版有助于将原著介绍给更多的中国读者，并以此丰富我国城市规划理论的研究，以及给予城市规划实践以启发与借鉴。

黄怡

2009 年 3 月于同济园

译者简介

黄怡，同济大学建筑与城市规划学院副教授，城市规划博士，国家注册城市规划师。主要研究领域包括城市规划理论与设计、城市社会学以及住房与社区发展。